21 世纪高职高专工学结合型规划教材·建筑设备系列

流体力学及泵与风机

主　编　王　宁　李宝祥

副主编　熊文生　代莎莎

参　编　王西云　刘　超　刘立宁

主　审　杜广生

北京大学出版社

PEKING UNIVERSITY PRESS

内 容 简 介

本书分为上、下两篇，上篇为流体力学，下篇为泵与风机，具体包括流体静力学、流体动力学、管路的水力计算、泵与风机性能分析、泵与风机的运行调节等内容。通过对本书的学习，读者可以掌握流体力学及泵与风机的基本理论，能够运用流体理论解决工程实际流动问题，具备泵与风机运行管理的基本技能。

本书可作为高职高专院校供热通风与空调工程、制冷与空调工程、建筑环境与设备工程、热能工程等专业的教材和指导书，也可供中职院校、函授、电大等相关专业师生使用，还可作为专业工程技术人员、建造师、暖通空调及动力公用设备工程师执业资格考试的参考书。

图书在版编目(CIP)数据

流体力学及泵与风机/王宁，李宝祥主编. —北京：北京大学出版社，2015.1
(21 世纪高职高专工学结合型规划教材·建筑设备系列)
ISBN 978-7-301-25279-6

Ⅰ. ①流… Ⅱ. ①王…②李… Ⅲ. ①流体力学—高等职业教育—教材②泵—高等职业教育—教材③鼓风机—高等职业教育—教材 Ⅳ. ①O35②TH3

中国版本图书馆 CIP 数据核字(2014)第 305066 号

书　　　　名：	流体力学及泵与风机
著作责任者：	王　宁　李宝祥　主编
策划编辑：	刘晓东　杨星璐　赖　青
责任编辑：	伍大维
标准书号：	ISBN 978-7-301-25279-6/TU·0444
出版发行：	北京大学出版社
地　　址：	北京市海淀区成府路 205 号　100871
网　　址：	http://www.pup.cn　新浪官方微博：@北京大学出版社
电子信箱：	pup_6@163.com
电　　话：	邮购部 62752015　发行部 62750672　编辑部 62750667　出版部 62754962
印刷者：	北京鑫海金澳胶印有限公司
经销者：	新华书店
	787 毫米×1092 毫米　16 开本　17.5 印张　403 千字
	2015 年 1 月第 1 版　2015 年 1 月第 1 次印刷
定　　价：	35.00 元

目　　录

上篇

流体力学

第1章

流体力学基础

学习引导

本章是流体力学的开篇，主要介绍流体力学的发展及应用、流体力学的研究方法，流体的主要物理性质等基础理论知识，是学习流体力学的基础。

学习目标

了解流体力学的发展历史，熟悉流体力学的工程应用；掌握流体的定义及流体的显著特征；了解工程流体分析的假设前提；掌握描述流体性质的物理量，能够辨别并分析工程中常见的流体。

学习要求

能力目标	知识要点	权重
了解流体力学的发展历史及研究方法；熟悉流体力学的工程应用	流体力学的发展历程；流体力学的工程应用；流体力学的研究方法	10%
掌握流体的定义、流体区别于固体的主要特征，能够辨识、分析工程中常见的流体	流体的定义；流体的特征	10%
了解流体的连续介质假设、不可压缩流体及理想流体假设等工程流体计算分析的前提	连续介质模型；无黏性流体模型；不可压缩流体模型	10%
掌握描述流体性质的物理量，如密度、比体积、压缩系数、热胀系数、黏度等，能根据流体的不同性质分析工程流体	流体的密度、比体积、热胀性、压缩性、黏性、表面张力特性	70%

引 例

"尧舜时，九河不治，洪水泛滥。尧用鲧治水，鲧用雍堵之法，九年而无功。后舜用禹治水，禹开九州，通九道，陂九泽，度九山。疏通河道，因势利导，十三年终克水患。一成一败，其治不同也。"

——选自《经典史记》

传说在尧舜时期，黄河流域经常发生洪水。为了制止洪水泛滥，保护农业生产，尧帝曾召集部落首领会议，任用当时的治水能手鲧来平息水害。鲧花了九年时间治水，但没能把洪水制服。因为他只懂得水来土掩，造堤筑坝，结果洪水冲塌了堤坝，水灾反而闹得更凶了。最后鲧被放逐羽山而死。舜帝继位以后，又任用鲧的儿子禹治水（图 1.1）。禹总结父亲的治水经验，根据流体具有流动性的显著特征，改"围堵障"为"疏顺导滞"的方法，利用水自高向低流的自然趋势，因地制宜，顺地形把雍塞的川流疏通。把洪水引入疏通的河道、洼地或湖泊，然后合通四海，历时十三年，终于平息了水患。百姓得以从高地迁回平川居住并从事农业生产。禹治水成功，并因此而成为夏朝的第一代君王，被人们称为"神禹"而传颂于后世。

图 1.1　大禹治水

1.1　流体力学的发展及应用

流体力学是力学的一个独立分支，是研究流体的平衡和运动规律及其工程应用的一门技术科学。

根据研究内容，流体力学可分为流体静力学和流体动力学。流体静力学主要研究流体处于静止或相对平衡状态时，作用于流体上的各种力之间的关系；流体动力学主要研究流体在运动状态时，作用于流体上的力与运动要素之间的关系，以及流体的运动特征与能量转换等。

1.1.1　流体力学的发展历史

流体力学是在人类长期同自然界做斗争和在不断的生产实践中逐步发展起来的。人类最早对流体力学的认识是从治水、灌溉、航行等方面开始的。

我国水利事业的发展历史十分悠久。距今四千多年前的大禹治水，顺水之性，变"堵"为"疏"，最终治水成功，说明我国古代就有大规模的治河工程。秦代修建了都江堰

（图 1.2）、郑国渠、灵渠三大水利工程，特别是李冰父子领导修建的都江堰，既有利于岷江洪水的疏排，又能常年用于灌溉农田，使成都平原成为"水旱从人，不知饥馑，时无荒年"的天府之国，这说明当时对明槽水流和堰流流动规律的认识已经达到相当水平。西汉武帝（公元前 156—前 87 年）时期，为引洛水灌溉农田，在黄土高原上修建了龙首渠，创造性地采用了井渠法，即用竖井连通长十余里的穿山隧洞，有效地防止了黄土的塌方。

图 1.2 都江堰水利工程

在我国古代，以水为动力的简单机械也有了长足的发展，例如用水轮提水，或通过简单的机械传动去碾米、磨面等。东汉的杜诗在任南阳太守时（公元 37 年）曾创造水排（水力鼓风机），利用水力，通过传动机械，使皮制鼓风囊连续开合，将空气送入冶金炉，较西欧早了一千多年。古代的铜壶滴漏（图 1.3），就是利用孔口出流的原理，根据铜壶的水位变化来计算时间。这说明当时对孔口出流已有相当的认识。北宋（公元 960—1126 年）时期，在运河上修建的真州船闸与 14 世纪末荷兰的同类船闸相比，早三百多年。明朝的水利家潘季顺（1521—1595 年）提出了"筑堤防溢，建坝减水，以堤束水，以水攻沙"和"借清刷黄"的治黄原则，并著有《两河管见》《两河经略》和《河防一览》等。

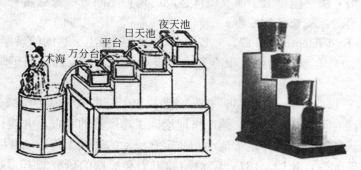

图 1.3 古代计时工具——铜壶滴漏

西方有记载的最早从事流体力学研究的是古希腊学者阿基米德（Archimedes，公元前 287—前 212 年），其《论浮体》和《流体静力学》是人类最早的流体力学专著，奠定了流体力学的基础。之后很长一段时间内，流体力学的发展没有什么重大突破。

直到 15 世纪末和 16 世纪初，著名物理学家和艺术家列奥纳多·达·芬奇（Leonardo da Vinci，1452—1519 年）系统地研究了物体的沉浮、孔口出流、物体的运动阻力以及管道、明渠中的水流等问题。托里拆利（E. Torricelli，1608—1647 年）论证了孔口出流的基本规律。帕斯卡（B. Pascal，1623—1662）提出了密闭流体能传递压强的原理——帕斯卡原理。

而流体力学尤其是流体动力学作为一门严密的科学，是随着经典力学建立了速度、加速度、力、流场等概念，以及质量、动量、能量三个守恒定律的奠定之后才逐步形成的。如图 1.4 所示的众多科学家对流体力学的发展做出了巨大的贡献。

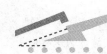

| (a) 牛顿 | (b) 伯努利 | (c) 欧拉 | (d) 雷诺 |

图 1.4 对流体力学做出贡献的科学家

牛顿(I. Newton, 1642—1727 年)于 1687 年出版了《自然哲学的数学原理》。他研究了物体在阻尼介质中的运动，建立了流体内的摩擦定律，为黏性流体力学初步奠定了理论基础。

伯努利(D. Bernoulli, 1700—1782 年)在 1738 年出版的名著《流体动力学》中，建立了流体位势能、压强势能和动能之间的能量转换关系——伯努利方程。在此历史阶段，诸学者的工作奠定了流体静力学的基础，促进了流体动力学的发展。

欧拉(L. Euler, 1707—1783 年)是经典流体力学的奠基人，1755 年他提出了流体的连续介质模型，建立了连续性微分方程和理想流体的运动微分方程，给出了不可压缩理想流体运动的一般解析方法。他提出了研究流体运动的两种不同方法及速度势的概念，并论证了速度势应当满足的运动条件和方程。

达朗伯(J. le R. d'Alembert, 1717—1783 年)1744 年提出了达朗伯疑题(又称达朗伯佯谬)，即在理想流体中运动的物体既没有升力也没有阻力，从反面说明了理想流体假定的局限性。

拉格朗日(J. - L. Lagrange, 1736—1813 年)提出了新的流体动力学微分方程，使流体动力学的解析方法有了进一步发展。他严格地论证了速度势的存在，并提出了流函数的概念，为应用复变函数来解析流体定常流动和非定常流动的平面无旋运动开辟了道路。

弗劳德(W. Froude, 1810—1879 年)对船舶阻力和摇摆的研究颇有贡献，他提出了船模试验的相似准则数——弗劳德数，建立了现代船模试验技术的基础。

亥姆霍兹(H. von Helmholtz, 1821—1894 年)和基尔霍夫(G. R. Kirchhoff, 1824—1887 年)对旋涡运动和分离流动进行了大量的理论分析和实验研究，提出了表征旋涡基本性质的旋涡定理、带射流的物体绕流阻力等学术成就。

纳维(C. - L. - M. - H. Navier, 1785—1836 年)首先提出了不可压缩黏性流体的运动微分方程组。斯托克斯(G. G. Stokes, 1819—1903 年)严格地导出了这些方程，并把流体质点的运动分解为平动、转动、均匀膨胀或压缩及由剪切所引起的变形运动。后统称该方程为纳维—斯托克斯方程。

著名的学者谢才(A. de Chézy, 1718—1798 年)在 1755 年总结出明渠均匀流公式——谢才公式，一直沿用至今。

雷诺(O. Reynolds, 1842—1912 年)1883 年用试验证实了黏性流体的两种流动状态——层流和紊流的客观存在，找到了实验研究黏性流体流动规律的相似准则数——雷诺数，为流动阻力的研究奠定了基础。

瑞利（L. J. W. Reyleigh，1842—1919 年）在相似原理的基础上，提出了试验研究的量纲分析法中的一种方法——瑞利法。

普朗特（L. Prandtl，1875—1953 年）建立了边界层理论，解释了阻力产生的机制。他针对航空技术和其他工程技术中出现的紊流边界层，提出了混合长度理论，对现代航空工业的发展做出了重要的贡献。

儒科夫斯基（Н. Е. Жуковский，1847—1921 年）找到了翼型升力和绕翼型的环流之间的关系，建立了二维升力理论的数学基础，研究了螺旋桨的涡流理论以及低速翼型和螺旋桨桨叶剖面等，对空气动力学的理论和实验研究都有重要贡献，为近代高效能飞机设计奠定了基础。

卡门（T. von Kármán，1881—1963 年）提出了分析带旋涡尾流及其所产生的阻力的理论——卡门涡街，并在 1930 年提出了计算紊流粗糙管阻力系数的理论公式。此后，在紊流边界层理论、超声速空气动力学、火箭及喷气技术等方面都有不少贡献。

布拉休斯（H. Blasius）在 1913 年发表的论文中，提出了计算紊流光滑管阻力系数的经验公式。

伯金汉（E. Buckingham）在 1914 年发表的《在物理的相似系统中量纲方程应用的说明》论文中，提出了著名的 π 定理，进一步完善了量纲分析法。

尼古拉兹（J. Nikuradze）在 1933 年公布了他对砂粒粗糙管内水流阻力系数的实测结果——尼古拉兹曲线，据此给紊流光滑管和紊流粗糙管的理论公式选定了系数。

科勒布茹克（C. F. Colebrook）在 1939 年提出了把紊流光滑管区和紊流粗糙管区联系在一起的过渡区阻力系数计算公式。

莫迪（L. F. Moody）在 1944 年给出了他绘制的实用管道的当量糙粒阻力系数图——莫迪图。至此，有压管流的水力计算已渐趋成熟。

我国科学家的杰出代表周培源（Zhou Peiyuan，1902—1993 年）在 1940 年创建湍流模式理论，在湍流统计理论的研究方面取得了很多成果。

钱学森（Qian Xuesen，1911—2009 年）早在 1938 年发表的论文中，便提出了平板可压缩层流边界层的解法——卡门-钱学森解法。他在空气动力学、航空工程、喷气推进、工程控制论等技术科学领域做出过许多开创性的贡献。

从 20 世纪 60 年代起，由于工业生产和尖端技术的发展需要，流体力学开始了和其他学科的互相交叉渗透，形成新的交叉学科或边缘学科，使这一古老的学科发展成为包括多个学科分支的全新的学科体系，焕发出强盛的生机和活力。这一全新的学科体系，目前已包括：（普通）流体力学，黏性流体力学，流变学，气体动力学，稀薄气体动力学，水动力学，渗流力学，非牛顿流体力学，多相流体力学，磁流体力学，化学流体力学，生物流体力学，地球流体力学，计算流体力学等。

1.1.2　流体力学的工程应用

流体力学既包含自然科学的基础理论，又涉及工程技术科学方面的应用。

流体是气体和液体的总称。在人们的生活和生产活动中随时随地都可遇到流体，大气和水就是人们生活中最常见的两种流体。

实际上，流体及流体力学现象存在于人们生活和生产的各个方面，如水的流动、云彩的漂浮、天气变化、建筑物的气动力荷载、液体渗流、液压传动、气力输送等。动力工程、水利工程、机械工程、环境工程、石油和化学工程、交通运输工程、建筑工程等诸多领域都有大量的流体问题需要应用流体力学的知识来解决。因此，从事与静止流体或运动流体相关的研究及工程应用的技术人员都应该了解或掌握流体力学的基本原理及应用。

（1）土建工程。基坑排水（图1.5）、路基排水、地下水渗透、基坑渗流稳定处理、围堰修建、海洋平台在水中的浮性及抵抗外界扰动的稳定性等都涉及流体力学的相关知识。

（2）市政工程。桥涵孔径设计、给水排水管道布置（图1.6）、管网计算、泵站和水塔的设计、隧洞通风、城市防洪堤坝的作用力与渗流问题、防洪闸坝的过流能力等。特别是给水排水工程中，无论取水、水处理、输配水都是在水流动过程中实现的。流体力学理论是给水排水系统设计和运行控制的理论基础。

图1.5　基坑排水　　　　　　　　　图1.6　市政管道施工

（3）建筑环境与设备工程。室内给水排水、集中供热、供冷、通风除尘、空调工程（图1.7）以及燃气输配工程等的管道设计布置、设备的选用均需利用流体力学的基本知识。

图1.7　中央空调风管安装

1.1.3　流体力学的研究方法

流体力学的研究方法有理论分析、数值计算和实验研究等三种。

（1）理论分析方法是通过对流体物理性质和流动特性的科学抽象，提出合理的理论模型，建立控制流体运动的方程组，将具体的流动问题转化为数学问题，并运用数学手段求解，根据结论分析推导流体的实际运动规律。

（2）数值计算方法是采用离散化方法建立数值模型，利用计算机进行数值计算和数值实验，最终获得定量描述流体流动的数值解，根据数值结论分析揭示流体的运动规律。

（3）实验研究方法是通过对具体流动的观察与测量来分析认识流体的运动规律。流体力学的实验研究包括原型观测和模型实验，实际主要以模型实验为主。

理论分析方法需要经过实验验证，实验分析方法又必须用相应的理论来指导。某些无法进行实验或实验耗资巨大的工程流动问题，数值计算方法具有明显的优越性，但数值模型的建立必须以理论分析和实验研究为基础。因此，上述三种方法相互关联，为解决工程实际中遇到的复杂流体问题奠定了基础。

1.2 流体的定义及特征

1.2.1 流体的定义

在任何微小的剪切力作用下都能够发生连续变形的物质称为流体。通俗地说，能够流动的物质就是流体。

物质存在的主要形式有固体、液体和气体。液体和气体统称为流体。

根据流体的性质，流体可以分为牛顿流体和非牛顿流体、理想流体和黏性流体、可压缩流体和不可压缩流体等。实际工程中涉及的流体很多，如空气、冷热水、蒸汽、制冷剂和石油等。

1.2.2 流体的特征

流体与固体不同，固体分子通常比较紧密，由于分子间吸引力很大而使其保持形状。而流体分子间吸引力小，分子间黏附力小，不能够将流体的不同部分保持住，因此流体易变形，没有固定形状。从力学角度分析，固体和流体对外力抵抗的能力不同，固体既能承受压力，也能承受拉力与抵抗拉伸变形，而流体只能承受压力，一般不能承受拉力与抵抗拉伸变形。

流体在非常微小的切向力作用下将会流动，并且只要切向力存在则流动必将持续，因此流动性是流体区别于固体的最显著的特征。这也是流体便于用管道、渠道进行输送，适宜作为水暖及通风空调系统等工作介质的主要原因。

与液体相比，气体更容易产生变形，因为气体分子比液体分子稀疏得多。气体分子可以自由运动，极易变形，能够充满所到达的全部空间。而一定质量的液体具有一定的体积，并取容器的形状，但不能像气体那样充满所能到达的全部空间。液体与气体的交界面称为自由液面。

⬤ 特 别 提 示

流体区别于固体的最显著的特征是其流动性。

1.3 流体的力学模型

为了能够运用数学分析工具研究流体力学规律，简化计算过程，可以采用以下三种力学模型。

1.3.1　连续介质模型

根据物理学的观点，自然界中的所有物质都是由分子构成的，流体也不例外。构成流体的分子与分子间存在间隙，因此从微观上看流体是不连续的。但是，流体力学并不研究流体分子的微观运动，而关心众多流体分子平均运动的效果，即宏观机械运动。再者，在工程实际中流体流动所涉及的物体的特征尺度远远大于分子间距，因此，在流体力学的研究中将流体作为由无穷多稠密、没有间隙的流体质点构成的连续介质。这就是 1755 年欧拉提出的"连续介质模型"。

在连续介质模型中，认为构成流体的基本单位是流体质点。这里所谓的流体质点是包含有足够多流体分子的微团，在宏观上流体微团的尺度远远小于流动所涉及的物体的特征尺度，小到在数学上可以作为一个点来处理。

在连续性的假设之下，表征流体状态的宏观的物理量，如温度、压强、速度等参数在空间和时间上都是连续分布的，都可以作为时间和空间的连续函数，从而可以用相应的数学分析方法去研究流体的平衡和运动规律，为流体力学的研究提供了很大的方便。

一般情况下，连续介质假设是合理的。但是在某些特殊问题中，当所研究问题的尺寸小于或相当于流体分子间距离时，流体就不能看作连续介质。

1.3.2　无黏性流体模型

所有流体都是有黏性的。黏性流体运动时，由于黏性在流体内部形成速度梯度，流体质点间发生摩擦、碰撞引起能量损失，流体黏性的存在给研究流体的运动带来非常大的不便。因此在研究实际流体的运动规律时，往往先忽略流体的黏性，把流体假定为无黏性流体，即理想流体。分析流体运动时，认为流体质点间没有摩擦力，没有能量损失，得出主要结论后再采用实验的方法考虑黏性的影响，加以补充和修正。

但是如果在某些问题中，流体黏性的影响较大而不能忽略摩擦，就要按照黏性流体进行分析计算。

1.3.3　不可压缩流体模型

流体按照密度随压力的变化情况分为可压缩流体和不可压缩流体。实际流体都是可压缩流体。实际计算过程中，当密度随压力变化很小，可以忽略不计时，可将流体视为不可压缩流体。

液体的压缩性很小，通常可认为是不可压缩流体。而气体压缩性较大，是否将其视为不可压缩流体，需要根据具体情况而定。

● 特 别 提 示

实际流体都是不连续的、有黏性的、可压缩的，在特定的前提下，为了简化分析过程，快速得出某些结论，可根据具体情况将流体视为连续的、无黏性的、不可压缩流体。

1.4 流体的物理性质

1.4.1 密度和比容

1. 密度

流体的密度是指单位体积的流体所具有的质量,它表征流体在空间的密集程度。对于均质流体,其定义式为:

$$\rho = \frac{m}{V} \tag{1-1}$$

式中,m——流体的质量,kg;

V——流体的体积,m^3;

ρ——流体的密度,kg/m^3。

单位体积流体的重量称为流体的容重或重度,记为 γ,单位为 N/m^3。对于均质流体,其表达式为:

$$\gamma = \frac{G}{V} = \rho g \tag{1-2}$$

流体的密度随流体种类、压力及温度而变化。标准大气压下水、空气、水银的密度随温度变化的情况见表 1-1。

表 1-1 标准大气压下水、空气、水银的密度随温度变化的数值

温度/℃	水的密度/(kg/m³)	空气的密度/(kg/m³)	水银的密度/(kg/m³)
0	999.87	1.293	13600
4	1000.00	—	—
5	999.99	1.273	—
10	999.73	1.248	13570
15	999.13	1.226	—
20	998.23	1.205	13550
25	997.00	1.185	—
30	995.70	1.165	—
40	992.24	1.128	13500
50	988.00	1.093	—
60	983.24	1.060	13450
70	977.80	1.029	—
80	971.80	1.000	13400
90	965.30	0.973	—
100	958.40	0.946	13350

相对密度是指在标准大气压下流体的密度与 4℃时纯水的密度的比值，用符号 d 表示，其定义式为：

$$d = \frac{\rho_f}{\rho_w} \tag{1-3}$$

式中，ρ_f——流体的密度，kg/m^3；

ρ_w——4℃时纯水的密度，kg/m^3。

● 特 别 提 示

实际工程中可能会涉及混合流体的相关计算。如锅炉烟气为混合气体，其密度可用混合气体中各组分气体的密度与该组分气体所占体积百分比的乘积之和来计算。

2. 比容

流体的比容也称为比体积，是指单位质量流体所占的体积，记为 v，单位是 m^3/kg，其定义式为：

$$v = \frac{V}{m} \tag{1-4}$$

流体的密度和比体积互为倒数，即：

$$v = \frac{1}{\rho} \tag{1-5}$$

1.4.2 压强

1. 压强的定义

流体垂直作用于单位面积上的力称为流体的静压强，简称压强，记为 p，单位为帕斯卡(Pa)，其定义式为：

$$p = \frac{F}{A} \tag{1-6}$$

式中，F——流体对物体表面的垂直作用力，N；

A——受力面积，m^2。

在实际工程应用中，压强的单位有很多，如 kPa、MPa、atm(标准大气压)、at(工程大气压)、bar(巴)、mmH_2O、mH_2O、mmHg、mHg 等，其换算关系如表 1-2 所示。

表 1-2　压强的单位换算关系

帕斯卡 (Pa)	标准大气压 (atm)	工程大气压 (at)	巴 (atm)	米水柱 (mH_2O)	毫米汞柱 (mmHg)
1	9.86923×10^{-6}	1.01972×10^{-5}	10^{-5}	1.01972×10^{-4}	7.50064×10^{-3}
9.80665×10^4	9.67841×10^{-1}	1	9.80665×10^{-1}	10	7.35561×10^2
1.01325×10^5	1	1.03323	1.01325	1.03323×10	7.60×10^2
10^5	9.86923×10^{-1}	1.01972	1	1.01972×10	7.50064×10^2

2. 压强的表示方法

按照测量基准的不同，压强可以分为绝对压强和相对压强。

以绝对真空为基准测得的压强为绝对压强，绝对压强是流体的真实压强，用符号 p 表示。

以当地大气压 p_a 为基准测得的压强为相对压强，大多数测压仪表所测得的压强都是相对压强，即流体真实压强与当地大气压的差值，因此，相对压强又称为计示压强。

当流体的绝对压强高于当地大气压时，压力表测得的压强就是流体压强高出大气压的部分，称为表压强，记为 p_e，此时，$p_e = p - p_a$。

当流体的绝对压强低于当地大气压时，压力表测得的压强是流体压强低于大气压的部分，称为真空度，记为 p_v，此时，$p_v = p_a - p$。

流体的绝对压强、表压强和真空度三者之间的关系，可以比较直观地绘制成如图 1.8 所示的关系图。

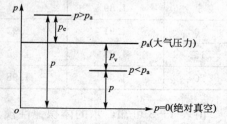

图 1.8　绝对压强、表压强和真空度的关系

【例 1-1】　某蒸馏塔塔顶操作压强须保持 6665Pa 的绝对压强。试求塔顶真空计应控制在多少毫米汞柱(mmHg)？假设：(1)当时当地气压计读数为 756mmHg；(2)当时当地气压计读数为 100kPa。

【解】　(1) 已知 $p = 6665Pa$，$p_a = 756mmHg$。

$$p_v = p_a - p = 756 - \frac{6665}{133.3} = 706 (\text{mmHg})$$

(2) 已知 $p = 6665Pa$，$p_a = 102.6kPa$。

$$p_v = p_a - p = \frac{100 \times 10^3}{133.3} - \frac{6665}{133.3} = 750 - 50 = 700 (\text{mmHg})$$

1.4.3　压缩性和热胀性

1. 压缩性

流体受压时体积缩小、密度增大的性质，称为流体的压缩性。

流体的压缩性可以用压缩系数 $\beta(\text{m}^2/\text{N})$ 来表示。流体的压缩系数是指在一定温度下，单位压强增量所引起的体积变化率或密度变化率。

$$\beta = -\frac{\mathrm{d}V/V}{\mathrm{d}p} \tag{1-7}$$

或

$$\beta = \frac{\mathrm{d}\rho/\rho}{\mathrm{d}p} \tag{1-8}$$

流体的压缩系数越大，说明流体的压缩性越大，反之，压缩系数越小，流体的压缩性也越小。

工程实际中，常用弹性模量 $E(\text{N/m}^2)$ 来表示流体压缩性的大小。表 1-3 为水在不同温度下的弹性模量。

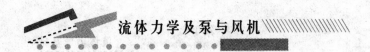

$$E = \frac{1}{\beta} \tag{1-9}$$

表 1-3　水的体积弹性模量　　　　　　　　　　单位：GPa

温度/℃	压强/MPa				
	0.490	0.981	1.961	3.923	7.845
0	1.85	1.86	1.88	1.91	1.94
5	1.89	1.91	1.93	1.97	2.03
10	1.91	1.93	1.97	2.01	2.08
15	1.93	1.96	1.99	2.05	2.13
20	1.94	1.98	2.02	2.08	2.17

由表 1-3 可知，水的体积弹性模量很大，所以水不容易被压缩。在工程计算中，常近似地取值为 2.0GPa。

根据流体压缩性的大小，流体可分为可压缩流体和不可压缩流体。

1）可压缩流体

可压缩流体是指流体的密度随压强变化不能忽略的流体（$\rho \neq$ Const）。

2）不可压缩流体

不可压缩流体是指流体的密度随压强变化很小，流体的密度可视为常数的流体（$\rho =$ Const）。

严格地说，不存在完全不可压缩的流体。可压缩流体和不可压缩流体是相对而言的，实际工程中是否需要考虑液体的压缩性，要视具体情况而定。例如，在研究水下爆炸、管道中的水击现象、柴油机高压油管中柴油的流动过程时，由于压强变化较大，而且过程变化非常迅速，必须考虑压强对密度的影响，即要考虑液体的压缩性，此时应将液体作为可压缩流体来处理。

● 特 别 提 示

实际气体和液体都是可压缩的，只是压缩性大小有所区别。通常情况下，由于液体的可压缩性较小，常常作为不可压缩流体来处理。而压力和温度的变化对气体密度的影响很大，气体具有十分显著的压缩性，因此气体通常作为可压缩流体来处理。

2. 热胀性

流体受热时体积膨胀、密度减小的性质，称为流体的热胀性。

流体的热胀性可以用热胀系数 α（1/℃或 1/K）来表示。流体的热胀系数是指在一定压强条件下，单位温升所引起的体积变化率或密度变化率。

$$\alpha = \frac{\mathrm{d}V/V}{\mathrm{d}T} \tag{1-10}$$

或

$$\alpha = -\frac{\mathrm{d}\rho/\rho}{\mathrm{d}T} \tag{1-11}$$

流体的热胀系数越大，说明流体的热胀性越大，反之，热胀系数越小，流体的热胀性也越小。

水在不同温度下的膨胀系数如表1-4所示。

表1-4   水的温度膨胀系数   单位：℃⁻¹

压强/MPa	温度/℃				
	1～10	10～20	40～50	60～70	90～100
0.0981	14×10^{-6}	150×10^{-6}	422×10^{-6}	536×10^{-6}	719×10^{-6}
9.807	43×10^{-6}	165×10^{-6}	422×10^{-6}	548×10^{-6}	704×10^{-6}
19.61	72×10^{-6}	183×10^{-6}	426×10^{-6}	539×10^{-6}	—
49.03	149×10^{-6}	236×10^{-6}	429×10^{-6}	523×10^{-6}	661×10^{-6}
88.26	229×10^{-6}	289×10^{-6}	437×10^{-6}	514×10^{-6}	621×10^{-6}

由表1-4可知，水的体积膨胀系数和压强之间的关系在50℃附近发生转变，当温度小于50℃时，体积膨胀系数随着压强的增大而增大；当温度大于50℃时，随着压强的增大而减小。

工程中涉及的气体往往可以作为完全气体（理想气体）来处理，理想气体的压力、温度、密度间的关系应服从理想气体状态方程式。

$$pv = RT \tag{1-12}$$

或

$$\frac{p}{\rho} = RT \tag{1-13}$$

式中，p——绝对压强，Pa；

     v——气体的比体积，m³/kg；

     T——气体的热力学温度，K；

     R——气体常数，其值取决于不同的气体，$R=8324/n$，n为气体的分子量，对于空气 $R=287\text{J}/(\text{kg}\cdot\text{K})$。

在热水供应及采暖等工程中，必须考虑水的膨胀性，因为在整个管路系统中，水的体积很大，由温度升高所引起的水的膨胀量是管路系统无法容纳的，此时就需要在热水循环系统的最高处设置膨胀水箱，以适应水温变化所引起的水体积变化，同时也便于给系统供水和补水。

当气体所受压强变化相对较小时，可视为不可压缩流体。比如用管道输送煤气时，由于在流动过程中压强和温度的变化都很小，其密度变化很小，气体可作为不可压缩流体来处理。在供热通风工程中，所遇到的大多数气体流动，都可视为不可压缩流体来处理。

【例1-2】 如图1.9所示为锅炉的循环水系统，温度升高时水可以自由膨胀，进入膨胀水箱。已知循环系统内水的初始体积为10m³，水的体胀系数为0.005/℃。试求当

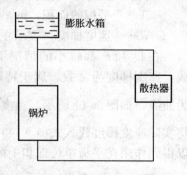

图1.9   锅炉的水循环
系统示意图

系统内的水温升高 50℃时，膨胀水箱最小应有多大容积？

【解】 根据体积膨胀系数的定义式：

$$\alpha = \frac{dV/V}{dT}$$

膨胀水箱的最小容积：

$$dV = dT\alpha V = 50 \times 0.005 \times 10 = 2.5 (\text{m}^3)$$

1.4.4 黏性

1. 流体的黏性

黏性是流体固有的物理性质。流体流动时产生内摩擦力以阻抗流体运动的性质称为流体的黏滞性，简称黏性。

所有流体都具有黏性，但是黏性只有在运动状态下才能显示出来。流体在管道中流动，需要在管道两端建立压强差或位置高度差，轮船在水中航行、飞机在空中飞行都需要动力，都是为了克服流体黏性所产生的阻力。

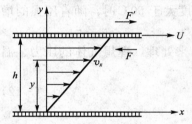

图 1.10 流体黏性试验示意图

为了说明流体的黏性，现在分析两块忽略边缘影响的无限大平板间的流体流动状况。如图 1.10 所示，两块相隔一定距离的平行平板水平放置，平板间充满静止液体，两平板间的距离为 h，以 y 为法线方向。保持下平板固定不动，使上平板在力 F' 的作用下以速度 U 沿 x 方向平行移动。于是，黏附于上平板表面的一层流体，随平板以速度 U 运动，并一层一层地向下影响，各层相继流动，直至黏附于下平板的流层速度为零。在 U 和 h 都较小的情况下，各流层的速度沿法线方向呈直线分布。

试验表明，黏附于上平板的流体在平板切向方向上产生的黏性摩擦力 F（F' 的反作用力），与两块平板间的距离 h 成反比，与平板的面积 A 和运动速度 U 成正比，比例关系式如下：

$$F = \mu A \frac{U}{h} \tag{1-14}$$

式中，μ——流体的动力黏度，Pa·s；

A——平板的面积，m^2；

U/h——速度梯度，表示在速度的垂直方向上单位长度上的速度增量。

在 U 和 h 都较小的情况下，各流层的速度分布为直线，速度梯度为常数，属于特殊情况。实际速度分布一般为曲线，如图 1.11 所示。速度梯度为变量，可表示为 $\frac{dv_x}{dy}$。将实际速度梯度代入式（1-14），两端同除以平板面积，可以得到作用在平板单位面积上的摩擦力，即切应力 τ。

$$\tau = \mu \frac{dv_x}{dy} \tag{1-15}$$

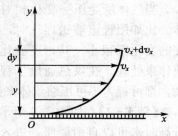

图 1.11 黏性流体速度分布图

式（1-15）即为牛顿内摩擦定律，仅适用于牛顿型流体的层流流动的情况。该式表明，流体的黏性剪切力与速度梯度成正比，比例系数为流体的动力黏度。在一定条件下，速度梯度越大，剪切应力越大，能量损失也越大，当速度梯度为零时，黏性剪切力也为零，流体的黏性表现不出来，如流体静止、均匀流动就属于这种情况。

2. 黏度

动力黏度 μ 是流体黏性大小的度量，μ 值越大，表示流体越黏稠，流动性越差。

工程实际中，在分析黏性流体的运动规律时，经常用到动力黏度与密度的比值，即运动黏度 $\nu(\mathrm{m}^2/\mathrm{s})$。其表达式如下：

$$\nu = \frac{\mu}{\rho} \tag{1-16}$$

运动黏度不是流体的固有物理属性，不能用来比较流体之间的黏度大小，因为不同的流体密度差别比较大，用密度去除流体的动力黏度，有可能动力黏度大的流体在同样温度下，其运动黏度还不如动力黏度小的流体的运动黏度大。

表 1-5、表 1-6 列出了水和空气在不同温度下的动力黏度及运动黏度。

表 1-5　水的黏滞系数(一个大气压)

温度/℃	动力黏度 $\mu/(10^{-3}\,\mathrm{Pa \cdot s})$	运动黏度 $\nu/(10^{-6}\,\mathrm{m}^2/\mathrm{s})$
0	1.792	1.792
5	1.519	1.519
10	1.308	1.308
15	1.140	1.140
20	1.005	1.007
25	0.894	0.877
30	0.801	0.804
35	0.723	0.727
40	0.656	0.661
45	0.599	0.605
50	0.549	0.556
60	0.469	0.477
70	0.406	0.415
80	0.357	0.367
90	0.317	0.328
100	0.284	0.296

表 1-6　空气的黏滞系数(一个大气压)

温度/℃	动力黏度 $\mu/(10^{-3}\,\mathrm{Pa \cdot s})$	运动黏度 $\nu/(10^{-6}\,\mathrm{m}^2/\mathrm{s})$
0	0.0172	13.7
10	0.0178	14.7
20	0.0183	15.7

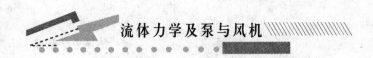

(续)

温度/℃	动力黏度 $\mu/(10^{-3}\text{Pa}\cdot\text{s})$	运动黏度 $\nu/(10^{-6}\text{m}^2/\text{s})$
30	0.0187	16.6
40	0.0192	17.6
50	0.0196	18.6
60	0.0201	19.6
70	0.0204	20.5
80	0.0210	21.7
90	0.0216	22.9
100	0.0218	23.6
120	0.0228	26.2
140	0.0236	28.5
160	0.0242	30.6
180	0.0251	33.2
200	0.0259	35.8
250	0.0280	42.8
300	0.0298	49.9

● 特 别 提 示

判断流体黏性大小的参数是动力黏度，而非运动黏度。

3. 影响流体黏性的因素

流体的黏性由黏度来表征，流体的黏度一般经试验测得，黏度值随流体种类、压强及温度等因素的变化而变化。

（1）流体种类。不同的流体具有不同的黏度，在相同条件下，液体的黏度一般大于气体的黏度。

（2）压强。工程中遇到的大多数流体的动力黏度随压强的变化不大，一般可忽略不计。

（3）温度。温度是影响黏度的主要因素。当温度升高时，液体的黏度减小，气体的黏度增加。

形成流体黏性的主要原因有两方面：一是流体分子间的引力，二是流体分子的热运动。对于液体，分子间的引力是产生黏性的主要原因，当温度升高时，体积膨胀，分子间距离增大，分子间的引力减小，因而液体的黏性随温度的升高而减小。而对于气体，分子的热运动是产生黏度的主要原因，当温度升高，气体分子间的热运动加剧，气体的黏滞性增大。

【例1-3】 为了测量某一种流体的动力黏度，将相距 0.4mm 的可动平板与不可动平板浸没在该流体中。可动板若以 0.3m/s 的速度移动,为了维持这个速度需要在单位面积上施加 2N/m² 的作用力。试求流体的黏度。

【解】 由题意,根据牛顿内摩擦定律:

$$\tau = \mu \frac{\mathrm{d}v_x}{\mathrm{d}y} = \mu \frac{U}{h}$$

因此,该流体的动力黏度:

$$\mu = \frac{\tau h}{U} = \frac{2 \times 0.4 \times 10^{-3}}{0.3} = 2.67 \times 10^{-3} (\mathrm{Pa \cdot s})$$

【例 1-4】 如图 1.12 所示,气缸内壁直径 $D=$ 100mm,活塞直径 $d=99.6$mm,活塞的长度为 $l=$ 200mm,活塞往复运动的速度 $u=1.0$m/s,润滑油动力黏度 $\mu=0.15$Pa·s。试求作用在活塞上的黏滞力。

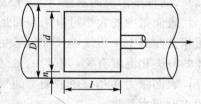

图 1.12 活塞运动的黏滞力

【解】 根据题意,气缸内的活塞在润滑油的润滑作用下往复运动,作用在活塞上的黏滞力就是气缸内壁上黏附的润滑油与活塞间的内摩擦力。流体与固体壁面间的摩擦力可由牛顿内摩擦定律求解,但应注意题目中的情况是否符合牛顿内摩擦定律的适用条件(牛顿流体、层流运动)。

假设活塞与气缸内壁的环形间隙的厚度为 n,根据题意,$n=0.10-0.0996=0.0004$(m)。研究对象(润滑油)在环形空间内流动,其速度分布如图 1.13 所示。

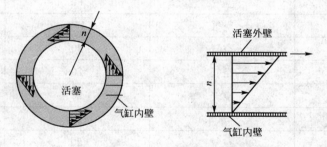

图 1.13 润滑油速度分布图

根据牛顿内摩擦定律:

$$\tau = \mu \frac{\mathrm{d}v_x}{\mathrm{d}y} = \mu \frac{u}{n}$$

将已知条件代入上式,可得作用在活塞上的黏滞力:

$$T = \tau A = \mu A \frac{u}{n} = \mu (\pi dl) \frac{u}{n}$$

$$= 0.15 \times (3.14 \times 0.0996 \times 0.2) \times \frac{1}{0.0004} = 23.46 (\mathrm{N})$$

求解此类问题的关键是明确牛顿内摩擦力的适用条件,确定流体流动的空间及速度分布。

1.4.5 表面张力特性

1. 表面张力

表面张力是液体的特有属性。

液体分子间存在着相互吸引力，液体中的每一个分子都要受到周围其他分子引力的影响，且分子受到的周围分子的引力是平衡的。但是在液体与气体的交界面，即自由液面附近的情况却不同，靠近自由液面附近的液体分子，来自液体内部的吸引力大于来自液面外部气体分子的吸引力，这种力的不平衡对界面液体表面造成微小的作用，将液体表层的分子拉向液体内部，使液面有收缩到最小的趋势。由于分子吸引力不平衡所造成的，作用在自由液面的力称为表面张力。

表面张力不仅能在液体与气体接触的界面上发生，还会在液体与固体（比如水银和玻璃）、两种不渗混的液体（比如水银和水）的接触面上发生。

表面张力的大小可以用表面张力系数表示。表面张力系数是指液体自由表面与其他介质相交曲线上单位线性长度所承受的作用力，用 σ 表示，单位为 N/m。表面张力系数与液体的种类和温度有关，不同的液体表面张力系数不同，温度升高时，表面张力减小。另外，表面张力还和自由表面上的气体种类有关，表 1-7 中列出了部分液体在不同温度下的表面张力系数。

表 1-7　部分液体的表面张力系数

液体种类	相接触的介质	温度/℃	$\sigma/(\text{N/m})$
水	空气	0	0.0756
水	空气	20	0.0728
水	空气	60	0.0662
水	空气	100	0.0589
苯	空气	20	0.0289
肥皂液	空气	20	0.025
水银	空气	20	0.465
水银	水	20	0.38
定子油	空气	20	0.0317
甘油	空气	20	0.0223
四氯化碳	空气	20	0.0268
橄榄油	空气	20	0.032
氧	空气	-193	0.0157
氛	空气	-247	0.0052
乙醚	空气	20	0.0168
乙醚	水	20	0.0099

2. 毛细现象

毛细现象，又称毛细管作用，是指液体在细管状物体内侧，由于其表面张力（内聚力）与附着力的差异，液体沿壁面上升或下降的现象。

液体分子间的相互引力形成内聚力，使得分子间相互制约，不能轻易破坏它们之间的平衡。液体和固体接触时，液体和固体分子间相互吸引，形成液体对固体壁面的附着力。

将细玻璃管插入水中，由于水分子与管壁之间的附着力大于水分子之间的内聚力，出现浸润现象，表面张力将牵引液面上升一段距离，并使管内的液面呈向下凹的曲面，如图 1.14(a)所示。若将细玻璃管插入水银中，由于水银分子间的内聚力大于附着力，在表面张力作用下液面将呈现上凸的形状，并下降一段距离，如图 1.14(b)所示。

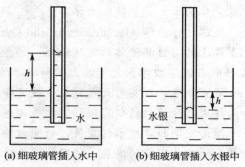

(a) 细玻璃管插入水中　　　(b) 细玻璃管插入水银中

图 1.14　毛细现象

● 特 别 提 示 ∷∷∷

把毛细管插入浸润液体中，管内液面上升，高于管外；把毛细管插入不浸润液体中，管内液体下降，低于管外。

∷∷

液面上升下降的高度与流体的种类、管子的材料、液体接触的气体种类和温度有关。在一定条件下，管径越大高差越小。通常情况下，对于水，当管径大于 20mm 时，对于水银，管径大于 12mm 时，毛细现象的影响都可以忽略不计。在工程实际中考虑到误差容许范围，一般常用的测压管，当其管径大于 10mm 时，毛细现象引起的误差就可以忽略不计。

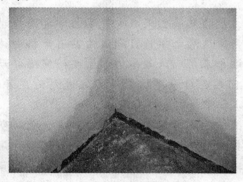

图 1.15　墙角潮湿现象

在自然界和日常生活中，有很多毛细现象的例子。例如土壤中水分的蒸发、地下水的渗流、植物内部水分的输送等。对于房屋建筑，在夯实的地基中毛细管又多又细，它们会把土壤中的水分引上来，使得室内潮湿。如图 1.15 所示为毛细现象所引起的墙角潮湿现象。

这种现象在老旧的砖混结构墙或质量差的疏松混凝土墙中很常见。因此，除了土建施工时要做好墙体底部和外墙的防水层之外，在装修时还要用专门的防水剂做好内墙防水层，以

彻底切断这些毛细管。如果没有按规定在墙体的底部和地基之间做防水层，会致使地下水沿墙体内的毛细管上升而损坏墙体，造成内墙脚潮湿发霉、表面酥松变软、起泡、现孔、脱皮掉落、产生粉末，有时还会长一些绿色的霉菌，影响建筑的使用功能。

● 知 识 链 接 ∷∷

从 20 世纪 60 年代起，由于工业生产和尖端技术的发展需要，流体力学开始和其他学科互相交叉渗透，形成新的交叉学科或边缘学科，使这一古老的学科发展成包括多个学科分支的全新的学科体系，焕发出强盛的生机和活力。这一全新的学科体系，目前已包括：(普通)流体力学，黏性流体力学，流变学，气体动力学，稀薄气体动力学，水动力学，渗流力学，非牛顿流体力学，多相流体力学，磁流体力学，化学流体力学，生物流体力学，

地球流体力学，计算流体力学等。

地球流体力学(Geophysical Fluid Dynamics)是流体力学的一个分支，研究地球以及其他星体上的自然界流体的宏观运动，着重探讨其中大尺度运动的一般规律。它是20世纪60年代在流体力学、大气动力学和海洋动力学研究的基础上发展起来的一个新学科。

近百年来，人类对天气预报、航海和海洋资源开发的需要不断增长，大气大尺度运动和海洋大尺度运动的研究得到了发展，逐渐形成了大气动力学和海洋动力学。

随着空间科学技术的发展，研究近地空间和其他星体的流体运动已成为现实，而随着地质和地球物理学的发展，研究地幔运动也成为重要的课题。流体力学的一般原理虽然也适用于上述自然界流体运动，但像天气系统和大洋环流等流体运动是由自然界中巨大的能源所推动，其时间尺度和空间尺度都比气体动力学和水动力学等与生产技术有关的流体运动的尺度要大得多，而引力、星体的自旋以及能量的交换和转移过程又在其中起着主要作用，因而这些流动具有非常鲜明的特点和共同的基本规律。研究这些共同的基本规律能使人类对大气或海洋等各种具体运动的特点和规律有深刻的认识。地球流体力学正是在这种背景下逐渐形成的。

地球流体力学的研究方法有理论分析法、模拟实验法和数值试验法。理论分析法是通用的，一般的流体力学基本方程组也适用于地球流体力学，但须考虑具体条件进行适当的修改。模拟实验法对研究地球流体运动的机理很有用，但难于在实验室中复制大气运动和海洋运动，因为不可能同时满足众多的相似条件。数值试验法起着愈来愈重要的作用，因为自然界流体运动中各种现象往往同时并存，起作用的因子很多，机制极其复杂，不做数值计算则难于得到较精确的结果。

图1.16　天气预报云图

地球流体力学的发展已促成大气动力学和海洋动力学的统一化，使这两个学科日渐成为具有严格理论基础的科学。近年来，地球流体力学主要研究海洋动力学提出来的问题，对海洋动力学的促进尤为显著，并在海洋开发工程中得到直接应用。

地球流体力学的发展趋势：一是更加理论化，研究内容进一步扩大到包括自然界中一切受自然力作用的流体运动；二是研究更多的实用问题，例如天气预报（图1.16）、洋流和鱼汛预报、海洋运动对海洋和海岸工程的影响等问题。

本　章　小　结

本章主要介绍了流体力学的发展及应用、流体的相关物理性质等基础理论知识，为后续内容的学习奠定基础。

（1）流体力学可分为流体静力学和流体动力学。流体力学是在人类长期同自然界做斗争和在不断的生产实践中逐步发展起来的。流体力学的研究方法有理论分析、数值计算和实验研究三种。

（2）在任何微小的剪切力作用下都能够发生连续变形的物质称为流体。通俗地说，能够流动的物质就是流体。气体和液体统称为流体。

（3）流体的基本特征是具有流动性。

（4）为了简化理论分析，可根据具体情况将实际工程流体视为理想流体，即流体是连续的、无黏性的、不可压缩的。

（5）单位体积的流体所具有的质量称为密度，密度与比体积互为倒数。

（6）流体受压时体积缩小、密度增大的性质，称为流体的压缩性；流体受热时体积膨胀、密度减小的性质，称为流体的热胀性。流体的压缩性和热胀性分别用压缩系数和热胀系数来表示。实际工程中是否需要考虑流体的压缩性和热胀性，要视具体情况而定。

（7）流体流动时产生内摩擦力以阻抗流体运动的性质称为流体的黏滞性，简称黏性。牛顿型流体流层间的黏滞力可由牛顿内摩擦定律求得。牛顿内摩擦定律的形式为：

$$\tau = \mu \frac{\mathrm{d}v_x}{\mathrm{d}y}$$

（8）流体黏性的大小可以用动力黏度来度量。黏度值随流体种类、压强、温度等因素的变化而变化。

（9）由于分子吸引力不平衡所造成的，作用在自由液面的力称为表面张力。表面张力的大小可以用表面张力系数表示。

思 考 题

1. 什么是流体？流体的显著特征是什么？
2. 描述流体性质的主要参数有哪些？
3. 什么是流体的黏滞性？它对流体的运动有何影响？
4. 液体和气体的黏度随温度变化的趋势是否相同？为什么？
5. 润滑油温度升得过高时会有什么影响？
6. 什么是毛细现象？请使用表面张力特性解释毛细现象。
7. 为什么液柱式测压计的测压管不能太细？

练 习 题

一、选择题

1. 流体力学中最基本的、贯穿始终的假定是（   ）。

A. 连续性介质模型   B. 无黏性流体模型

C. 不可压缩流体模型   D. 理想流体模型

2. 流体区别于固体的显著特征是（   ）。

A. 连续变形   B. 流动性

C. 能承受压力   D. 能抵抗拉伸变形

3. 当温度升高时，水的动力黏度（   ）。

A. 增加   B. 减小

C. 不受影响   D. 先增加后减小

4. 标准大气压条件下，80℃水的运动黏度为 $0.367×10^{-6}\,m^2/s$，动力黏度为 $0.357×10^{-3}\,Pa·s$，而 80℃空气的运动黏度为 $21.7×10^{-6}\,m^2/s$，动力黏度为 $0.021×10^{-3}\,Pa·s$。试比较空气与水的黏性大小。（　　）

  A. 水的黏性大   B. 空气的黏性大

  C. 二者黏性相同   D. 无法比较

5. 下列说法中正确的是（　　）。

  A. 液体能承受拉力，也能承受压力   B. 液体能承受拉力，不能承受压力

  C. 液体能承受压力，不能承受拉力   D. 液体不能承受拉力，也不能承受压力

6. 动力黏度的单位是（　　）。

  A. Pa/s B. m^2/s

  C. $N·m/s$ D. $N·s/m^2$

7. 静止流体（　　）剪切应力。

  A. 能够承受较大的   B. 能够承受较小的

  C. 不能承受   D. 具有黏性时能够承受

8. 当水的压强增加 1 个大气压时，水的密度大约（　　）。

  A. 增大 1/2000   B. 减小 1/2000

  C. 增大 1/20000   D. 减小 1/20000

9. 已知某液体的动力黏度为 $0.005\,Pa·s$，运动黏度为 $5.88×10^{-6}\,m^2/s$，则其密度为（　　）。

  A. $1176kg/m^3$ B. $583kg/m^3$

  C. $294kg/m^3$ D. $850kg/m^3$

10. 一大平板在液面上以 $2m/s$ 的速度做水平运动，该平板与液面底部支撑壁面的距离为 5mm，该液体的动力黏度经测定为 $0.1Pa·s$，则作用在平板单位面积上的黏滞阻力为（　　）。

  A. $50Pa$ B. $40Pa$

  C. $20Pa$ D. $10Pa$

二、计算题

1. 某种流体的密度为 $900kg/m^3$，求其容重。

2. 已知大气压强为 $10^5\,Pa$，试求：（1）表压力为 2MPa 时的绝对压力；（2）真空度为 2kPa 时的绝对压力；（3）绝对压力为 2MPa 时的表压力；（4）绝对压力为 2kPa 时的真空度。

3. 在温度不变的情况下，体积为 $5m^3$ 的某种流体，其作用压力由 $0.98×10^5\,Pa$ 增加到 $4.9×10^5\,Pa$ 时，体积减小了 $1×10^{-3}\,m^3$，试求该流体的压缩率。

4. 某种油的密度为 $800\,kg/m^3$，运动黏度为 $3.84×10^{-7}\,m^2/s$，试求其动力黏度。

5. 两平行平板之间的间隙为 2mm，间隙内充满密度为 $885kg/m^3$，运动黏度为 $0.00159m^2/s$ 的油，试求当两板相对速度为 $4m/s$ 时作用在平板上的摩擦应力。

第 2 章

流体静力学

◦◦ 学习引导

　　流体静力学是流体力学的基础，主要研究流体在外力作用下的平衡规律、平衡状态下流体和固体之间的相互作用力及其工程应用问题。本章首先根据能量守恒定律推导出液体静压强的分布规律，并介绍了几种常用的测压方法；根据液体静压强方程及连通器测压原理可以求解流体中任意点的压强；最后阐述了静止流体作用在固体壁面上的总压力的计算方法。

◦◦ 学习目标

　　了解流体静压强的定义及其特性；了解流体机械能的组成及计算方法；掌握流体静压强基本方程，并能应用静压强方程及连通器原理计算流体压强或压强差；掌握流体静压强的测量方法；掌握静止液体作用在固体壁面上的总压力的计算方法。

◦◦ 学习要求

能力目标	知识要点	权重
了解流体静压强的定义及基本特性，能区分流体压强与压力	流体静压强；流体静压强的基本特性	10%
了解流体的机械能的组成部分，能应用机械能守恒定律求解工程流体问题	流体的机械能、比机械能；流体的能量损失；流体的机械能守恒	10%
掌握流体静压强基本方程的两种形式，能熟练应用静压强基本方程以及连通器原理计算流体中某点的静压强或两点间的压强差	流体静压强基本方程；流体静压强基本方程的物理、几何意义；等压面	30%

（续）

能力目标	知识要点	权重
掌握流体静压强的基本测量方法，能运用压力计量仪表测某点静压强，并准确读数	金属式测压计；液柱式测压计；连通器原理	30%
掌握静止液体作用在固体壁面上的总压力的计算方法，能熟练计算工程实际液体作用在平面、曲面上的静水总压力	作用在平面上的静水总压力；作用在曲面上的静水总压力；作用在潜体和浮体上的总压力	20%

引 例

潜水是指为达到某种目的，采取主动方式进入水下，逗留一定时间以后，按一定步骤上升出水的全部过程。潜水活动按用途分类，可分为专业潜水和休闲潜水。休闲潜水是指以水下观光和休闲娱乐为目的的潜水活动；专业潜水主要是指水下工程、水下救捞、水下探险等方面需要有经验的专业潜水人员进行的潜水活动（图 2.1）。

潜水员在潜入水下时会受到来自身体周围各个方位的水的压力，且潜水深度越大，身体所承受的水压就越大。当水压超过人体的承受极限时，就会对人体造成伤害。因此，潜水员需要穿特制的潜水服，且不能超过规定的潜水深度。

虽然人自身的潜水能力是有限的，但是人类一直怀着"上天、入地、下海"的梦想，为了探索深海的奥秘，世界各国都在研发各类深海载人潜水器。2010 年 8 月 26 日，由我国自行设计、自主集成研制的"蛟龙号"深海载人潜水器（图 2.2）完成海试，并成功地在南海海底插上中国国旗，标志着中国成为全球第 5 个掌握 3500m 以上大深度载人深潜技术的国家。为了解决深潜时的海水压力问题，"蛟龙号"的外壳非常厚，由钛合金制造，通过先进的焊接技术连为一体，具有超强的抗压能力。

图 2.1 潜水活动

图 2.2 "蛟龙"号载人潜水器

2012 年 6 月 24 日，"蛟龙号"在西太平洋的马里亚纳海沟试验海区创造了中国载人深潜的最新纪录，首次突破 7000m，最大下潜深度达 7020m，创造了世界作业类载人潜水器的最大下潜深度纪录。

2.1 流体的静压强及其特性

2.1.1 流体静压强的定义

在流体内部、相邻流体之间或者流体与固体壁面之间都有力的作用。假设有一个盛满水的水箱，如果在侧壁上开个小孔，水会立即喷出来；在内部充满流动液体的管壁上开孔，并与一根垂直的玻璃管相接，液体便会在玻璃管内上升。这些现象说明静止流体内部任意一点都有一定的压力，流动着的流体内部任何位置也都有一定的压力。这种垂直于接触面的作用力称为静压力，记为 P，单位有 N、kN 等。

作用在单位面积上的流体静压力称为流体静压强，记为 p，单位有 N/m^2、Pa。

如图 2.3 所示，在静止或相对静止的均质流体中，任取一流体微团，该流体微团受到周围流体的作用力，用箭头表示。假设用一截面 $O—O$ 将此流体微团分为 Ⅰ、Ⅱ 两部分，移去第 Ⅰ 部分，以等效力 P 代替它对第 Ⅱ 部分的作用，剩余第 Ⅱ 部分仍保持原来的平衡状态。

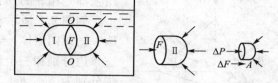

图 2.3　流体静压强

作用在面积 ΔF 上的平均压强为：

$$\bar{p} = \frac{\Delta P}{\Delta F} \tag{2-1}$$

平均压强不能说明流体内部压强的真正分布情况，它只表示一定面积上压强的平均值。

当 ΔF 无限缩小至一点 A，平均静压强就趋向于点 A 的静压强 p_A，即：

$$p_A = \lim_{\Delta A \to 0} \frac{\Delta P}{\Delta F} \tag{2-2}$$

● 特 别 提 示

流体的静压力和静压强都是流体压力的一种量度，但它们是两个完全不同的概念。流体静压力是作用在某一面积上的总压力；而流体静压强是作用在某一面积上的平均压强或某一点的压强。

2.1.2 流体静压强的基本特性

（1）流体静压强的方向与作用面垂直，并指向作用面的内法线方向。

为了证明这一特性，可任取一截面将静止流体分为两部分，取其中一部分作为隔离体，另一部分对隔离体的作用力可用截面上连续分布的应力来代替。

将该截面上的应力分解为法向应力和切向应力，因为静止流体不能承受剪切力的作用，因此，切向应力不存在，该应力必定沿法线方向。而无论是静止流体还是运动流体都不能承受拉力，因此，该法向应力只能与作用面的内法线方向一致，即静止流体中只存在压应力——压强。

根据流体静压强的这一特性，流体作用于固体接触面上的静压强，垂直于固体壁面。如图 2.4 所示，图中分别表示了流体作用在各类平壁面和曲壁面上的静压强。

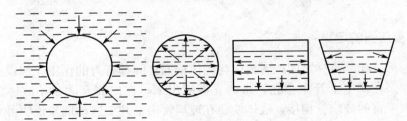

图 2.4　容器内流体的静压强

（2）在静止或相对静止的流体中，任一点的流体静压强的大小只与该点的位置有关，而与作用面的方向无关，即任意一点上来自各个方向的流体静压强都是相等的。

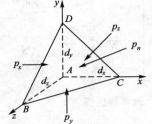

图 2.5　静止流体中的微元四面体

如图 2.5 所示，在静止流体中取任意一点 A，围绕 A 点选取一微元四面体，建立直角坐标系，A 为坐标原点，微元体的三条边分别和三个坐标轴重合，作用在微元体四个面上的静压强分别为 p_x、p_y、p_z、p_n，可以证明：

$$p_x = p_y = p_z = p_n \tag{2-3}$$

这说明在静止流体内部任意一点上，流体静压强的大小与作用面在空间的方位无关，只是点的坐标的连续函数，即 A 点的流体静压强可以表示为：

$$p_A = f(x, y, z) \tag{2-4}$$

特　别　提　示

由于 A 点选择的任意性，静止流体中任意一点的压强仅是空间坐标的函数。也就是说，流体中各点的位置不同时，压强可能不同，但点的位置一定时，不论取哪个方向，压强的大小完全相等。

2.2　流体的机械能守恒

2.2.1　流体的机械能

流体的机械能是指由流体的位置、压强和运动所决定的位能、压能和动能，记为 H，单位为 J 或 kJ。

1. 位能

流体因处于地球重力场内所具有的能量称为位能。质量为 m 的流体，若质量中心在坐标中的高度为 z，则位能等于将质量为 m 的流体自基准水平提升到所在高度 z 所做的功，其值与基准面的选择有关，表达式为：

$$位能 = mgz \tag{2-5}$$

2. 压能

压能是指流体因存在一定的静压强而具有的能量,与流体是否流动无关。在液体流动的水平管道的壁面上开孔并连接一根垂直玻璃管,液体就会在玻璃管中上升一定的高度,这就是流体静压强作用的结果,液体上升的高度可以衡量静压强的大小。质量为 m 的流体,若压力为 p,则其压能为:

$$压能 = \frac{mp}{\rho} \tag{2-6}$$

3. 动能

动能是指流体具有一定的速度所具有的能量,质量为 m 的流体,若平均速度为 v,则其动能为:

$$动能 = \frac{mv^2}{2} \tag{2-7}$$

2.2.2 流体的比机械能

1kg 流体所具有的位能、压能和动能分别称为流体的比位能、比压能和比动能,其总和为比机械能,单位为 J/kg 或 kJ/kg。

$$比位能 = gz \tag{2-8}$$

$$比压能 = \frac{p}{\rho} \tag{2-9}$$

$$比动能 = \frac{v^2}{2} \tag{2-10}$$

2.2.3 流体的能量损失

流体具有黏性,当流体在管内流动时,流体与管道壁面、流体流层之间因为相对运动而产生摩擦。流体黏性越大,管道壁面越粗糙,摩擦阻力越大。运动中的流体由于克服摩擦阻力会造成一部分能量损失,损失的能量转变为热量散失到环境中而难以回收,能量损失一般用符号 H 表示,单位 J 或 kJ。

单位质量流体的能量损失称为比能量损失,记为 H_l,单位为 J/kg。

● 特 别 提 示 ....

静止流体不会发生能量损失。

....

2.2.4 流体的机械能守恒

能量守恒是自然界最普遍、最基本的规律。无论是静止还是运动的流体都遵循能量守恒定律。

如图 2.6 所示,对静止流体或运动流体中的任意两点 1、2 列能量方程:

$$z_1 g + \frac{p_1}{\rho} + \frac{v_1^2}{2} = z_2 g + \frac{p_2}{\rho} + \frac{v_2^2}{2} + H_{l1-2} \tag{2-11}$$

式(2-11)适用于液体和气体。

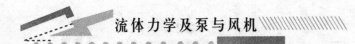
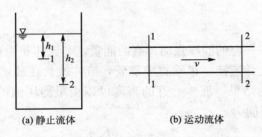

(a) 静止流体　　　　　　(b) 运动流体

图 2.6　能量守恒

位置 1 和位置 2 在运动流体中指流道中的不同流动断面，在静止流体中指不同高度的位置，用于静止流体时，式(2-11)可以简化为更简单的形式。

2.3　流体静压强的分布规律

2.3.1　流体静压强基本方程

流体本身有重量、易流动，对容器的底部和侧壁会产生静压强。假设在容器侧壁不同高度上开孔，如图 2.7 所示，容器内灌满水，然后把小孔的堵头打开，可以看到水流分别从孔口喷射出来，孔口的位置越低，水喷射越急。这种现象说明水对容器侧壁不同深度处的压强是不一样的，而且压强随着水深的增加而增大。如果在容器侧壁同一高度处开几个孔，我们可以看到从各个孔口喷射出来的水流是一样的，这说明水对容器侧壁同一深度处的压强相等。通过这个实验，我们可以感性地认识到静止流体对容器侧壁的压强分布情况。

下面我们进行具体的分析。

如图 2.8 所示，某敞口容器，内部盛放某种液体。在液体内部任意选取两点 1、2，其压强分别为 p_1、p_2，相对于基准面的位置分别为 z_1、z_2。

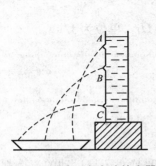

图 2.7　侧壁开有小孔的容器

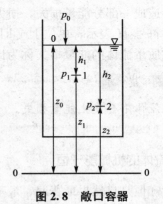

图 2.8　敞口容器

根据能量守恒，有：

$$z_1 g + \frac{p_1}{\rho} + \frac{v_1^2}{2} = z_2 g + \frac{p_2}{\rho} + \frac{v_2^2}{2} + H_{l1-2}$$

因为流体静止，$v_1 = v_2 = 0$，$H_{l1-2} = 0$，因此：

$$z_1 g + \frac{p_1}{\rho} = z_2 g + \frac{p_2}{\rho}$$

由于点1和点2是任意选择的，上式可以推广到整个液体，并得到一个普遍规律：静止液体中任意点的比位能与比压能之和为一常数，即：

$$zg + \frac{p}{\rho} = C$$

式中，C 为积分常数。上式可进一步简化为：

$$z + \frac{p}{\rho g} = C \qquad (2-12)$$

式(2-12)称为液体静压强方程，该方程同样适用于气体。

液体静压强方程表明，静止液体中，在不同的位置，比压能和比位能可能发生变化，但比机械能总是保持不变。

将式(2-12)应用于图中点0(自由液面上任意一点)和点1，可以推导出静压强方程的另一种形式：

$$z_0 g + \frac{p_0}{\rho} = z_1 g + \frac{p_1}{\rho}$$

整理之后，得到：

$$p_1 = p_0 + \rho g(z_0 - z_1) = p_0 + \rho g h_1$$

因为点1是任意选择的，上式可以推广到一般情况，因此，对于静止液体中的任意一点，其压强为：

$$p = p_0 + \rho g h \qquad (2-13)$$

式中，h——该点在自由液面下的深度，称为淹深，m。

p_0——液体自由表面上方气体压强，对于敞口容器，$p_0 = p_a$。

式(2-13)为液体静压强方程的另一种更为实用的形式，又称为液体静力学基本方程。

需要注意的是，式(2-13)是均质液体在密度为常数的条件下得出的，在不考虑压缩性时，该式也适用于气体。由于气体的密度很小，在高差不是很大时，气柱所产生的压强很小，可以忽略，式(2-13)可简化为：

$$p = p_0 \qquad (2-14)$$

例如在分析贮气罐内的气体压强时，可认为罐内各点的压强均相等。

●● 特　别　提　示 ●●

对于高程变化很大的情况，如计算大气层压强的分布时，就必须考虑大气密度随高度的变化，另外建立标准大气压分布公式。

由液体静力学基本方程，可以得出以下推论。

(1) 静力学基本方程中 p_0 和 ρg 为定值，唯一的变化量是 h。因为静力学基本方程是一直线方程，说明静止液体的压强分布是随深度按直线规律变化的，越深的地方，液体压强越大。流体静压强分布如图2.9所示。

(2) 静止液体的压强大小与容器的形状无关，与液体的体积无关。如图2.10所示，各容器的形状不同、容积不同、液体的重量也不相同，但只要深度 h 相同，由式(2-13)知，容器底面上各点的压强就相同。

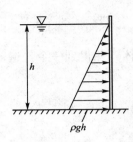 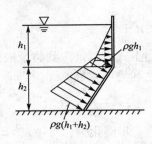 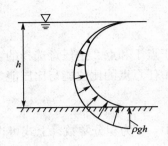

图 2.9　流体静压强分布图

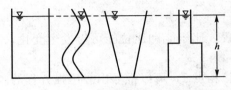

图 2.10　不同容器液体静压强

（3）液体中深度相同的各点压强相等，因此水平面也是等压面。

（4）液体中两点间的压强差，等于两点之间单位面积垂直液柱的重量，如图 2.6 所示，对于容器中的点 1 和点 2，其压力关系为：

$$p_2 = p_1 + \rho g(h_2 - h_1) = p_1 + \rho g \Delta h \qquad (2-15)$$

式（2-15）同样适用于气体，但因为气体密度很小，当高度差不是很大时，静压强基本方程中的 $\rho g \Delta h$ 可以忽略，此时，$p_1 = p_2$，即空间各点气体压强处处相等。

（5）当液面压强增大或减小时，液体内各点的静压强也相应地增加或减少，即液面压强的增减将等值传递到液体内部各点，流体静压强的这种传递现象，就是著名的帕斯卡原理。这一原理自 17 世纪中叶被发现以来，在水压机、液压传动设备中得到了广泛应用。

2.3.2　液体静压强方程的意义

1. 物理意义

液体静压强方程（2-12）中 z 表示单位重量液体相对于基准面所具有的位置势能，$p/\rho g$ 表示单位重量液体具有的压强势能，位置势能和压强势能之和为总势能。因此，液体静压强方程的物理意义为：当连续不可压缩重力液体处于平衡状态时，在液体中的任意点上，单位重量液体的总势能为常数。

2. 几何意义

如图 2.11 所示，液体静压强方程中的每一项均表示单位重量液体所具有的能量，均具有长度的单位，所以在水力学中又将它们称做水头。z 是该点位置相对于基准面的高度，称为位置水头，$p/\rho g$ 是该点在压强作用下沿测压管能上升的高度，称为压强水头，$z + p/\rho g$ 是测压管液面相对于基准面的高度，称为测压管水头或者静水头。同一容器的静止液体里，所有各点的测压管水头一定相等，测压管液面必然在同一水平面上，即测压管水头线或静水头线是平行于基准面的水平线。

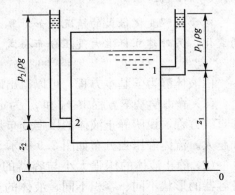

图 2.11　测压管水头

2.3.3　等压面

在流体中压强相等的空间点构成的面称为等压面。

在连通的同种静止液体中，水平面即等高面就是等压面；液体和气体的分界面即自由液面是等压面；互不相溶的两种液体的分界面也是等压面，如图 2.12 所示。

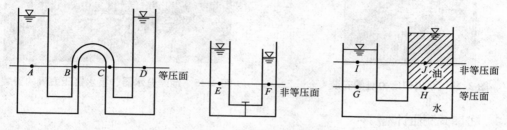

图 2.12　等压面

【例 2－1】　如图 2.13 所示，已知当地大气压为 $1.01325 \times 10^5 \mathrm{Pa}$，试求露天水池水深 $h = 2\mathrm{m}$ 处的绝对压强和相对压强。若该水池为密闭容器，且容器上部压力表读数为 20kPa，这时水深 2m 处的绝对压强和相对压强分别为多少？

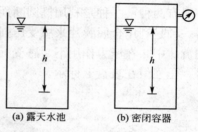

【解】　由式（2－13）得露天水池 2m 处的绝对压强：

$$p_{\mathrm{abs}} = p_{\mathrm{a}} + \rho g h$$
$$= 1.01325 \times 10^5 + 1000 \times 9.8 \times 2$$
$$= 120.925 \times 10^3 (\mathrm{Pa})$$

图 2.13　液体静压强方程的应用

相对压强：

$$p = \rho g h = 1000 \times 9.8 \times 2 = 19.6 \times 10^3 (\mathrm{Pa})$$

若该水池为密闭容器，因为压力表的读数是相对压强，水深 2m 处的相对压强可直接由式（2－13）求出：

$$p = p_0 + \rho g h = 20 \times 10^3 + 1000 \times 9.8 \times 2 = 39.6 \times 10^3 (\mathrm{Pa})$$

绝对压强：

$$p_{\mathrm{abs}} = p_{\mathrm{a}} + p = 1.01325 \times 10^5 + 39.6 \times 10^3 = 140.925 \times 10^3 (\mathrm{Pa})$$

2.4　流体静压强的测量

流体中某一点所受到的压强值，可以通过流体静压强方程计算确定。在实际工程或流体实验中，经常需要利用压力表或液柱式测压计来测量流体中某点的压强或两点的压强差。如图 2.14 所示，为了保证安装在管路系统上的水泵的正常运转，在水泵的进出口分别装上真空表和压力表，以便随时观测压强大小来监控泵的工作状况。如图 2.15 所示，低温地板辐射采暖的分水器、集水器上也应该安装压力表，用于监测地暖用户的供回水压力。

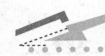

图 2.14　泵出口压力表的安装

图 2.15　地暖分水器、集水器压力表的安装

2.4.1　金属式测压计

金属式测压计是利用金属产生的变形来测量压强的，属于间接测量方法。金属测压计一般有两种：一种是利用椭圆断面的金属弯管来感受压强，称为波登管测压计(图 2.16)；另一种是利用金属膜片来感受压强的膜片式测压计(图 2.17)。将测压计的感受元件置于待测流体中，在压力作用下，感受元件产生弹性变形，经过传动、放大机构传递并放大信号，压强值在表盘上标示。

(a) 原理图

(b) 外形图

图 2.16　波登管测压计

(a) 原理图

(b) 外形图

图 2.17　膜片式测压计

金属压力表测量范围较宽，能够量测很高的压强，便于携带，读数简便，但量测精度有限，是工程中常用的测压仪器。

特别提示

压力表内变形元件的伸展偏移是在内部流体的压强抵消掉当地大气压之后发生的，因此，压力表测得的压强都是相对压强。

2.4.2　液柱式测压计

液柱式测压计(图 2.18)是根据流体静力学基本方程，利用液柱高度直接测出压强。由于液体的可压缩性比较小，在测量范围内液体密度基本上保持不变，所以测量结果准确可靠，但由于液柱高度的限制，这种测压计的量程较小。

1. 单管测压计

单管测压计是结构最简单的液柱式测压计，采用直径均匀的玻璃管制造，测量时直接将其连接到待测管道或者容器侧壁上。如图 2.19(a)所示，一根内径大于 5mm 的玻璃直管，一端和盛有液体的压力容器连接，另一端开口与大气相通，就构成了一个单管测压计。

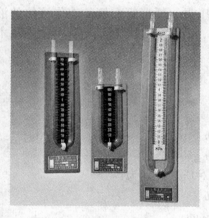

图 2.18 液柱式测压计

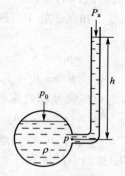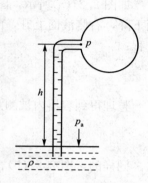

(a) 被测压强大于当地大气压   (b) 被测压强低于当地大气压

图 2.19 单管测压计

图 2.19(a)中被测压强大于当地大气压，图 2.19(b)中被测压强低于当地大气压。根据流体静力学基本方程，图 2.19(a)容器中测点处的绝对静压强和相对静压强分别为：

$$p = p_a + \rho g h$$
$$p_e = p - p_a = \rho g h$$

图 2.19(b)容器中测点处的绝对静压强和相对静压强分别为：

$$p = p_a - \rho g h$$
$$p_v = p_a - p = \rho g h$$

【例 2-2】 如图 2.20 所示，一密闭容器，内部盛有水，上部空间为空气，液面下 4.2m 处的测压管高度为 2.2m，设当地大气压强为 10kPa，则容器内液面的绝对压强为多少水柱？

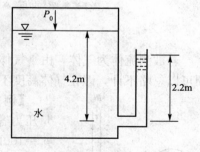

图 2.20 测压管

【解】 假设液面下 4.2m 处为 A 点，液面上空气压强为 p_0，$h_1 = 2.2m$，$h_2 = 4.2m$，根据流体静力学方程，有：

$$p_A = p_a + \rho g h_1$$
$$p_A = p_0 + \rho g h_2$$

整理得：

$$p_0 = p_a + \rho g (h_1 - h_2)$$

代入已知数据，可得容器内液面的绝对压强：

$$p_0 = 10 \times 10^3 + 1000 \times 9.81 \times (2.2 - 4.2)$$

$$= -9620 \ (\text{Pa}) = \frac{-9620}{9.81} \times 10^{-3} = -0.98 \ (\text{mH}_2\text{O})$$

2. U形管测压计

U形管测压计利用相对密度大的工作液体装在U形管中，一端接在容器的测压点处，另一端和大气相通，其量程比单管测压计大得多。

U形管中装的工作液体一般是水或水银。在测量气体压强时，可用水或酒精；测量液体压强时，可用水银或其他密度较高的液体。

如图2.21(a)所示，图中被测流体的压强高于大气压强，U形管左侧的工作液体的液面下降，右侧液面上升，由于点1和点2处于等压面上，有$p_1 = p_2$，根据流体静力学基本方程：

$$p_1 = p + \rho_1 g h_1$$
$$p_2 = p_a + \rho_2 g h_2$$

整理得到容器内被测点的绝对压强及相对压强：

$$p = p_a + \rho_2 g h_2 - \rho_1 g h_1$$
$$p_e = p - p_a = \rho_2 g h_2 - \rho_1 g h_1$$

同样的，图2.21(b)容器中被测点的绝对压强及相对压强分别为：

$$p = p_a - \rho_2 g h_2 - \rho_1 g h_1$$
$$p_v = p_a - p = \rho_2 g h_2 + \rho_1 g h_1$$

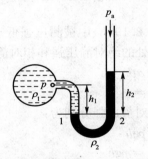 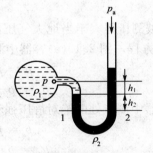

(a) 被测液体的压强高于大气压强   (b) 被测液体的压强低于大气压强

图 2.21　U形管测压计

若被测流体为气体，由于气体的密度与工作液体的密度相比很小，以上各式中$\rho_1 g h_1$项可以忽略不计，即在气体高度不大时认为静止气体充满的空间各点压强相等。

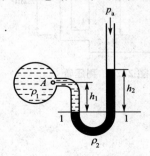

图 2.22　U形管测压计

【**例 2-3**】　如图2.22所示，用装有水银的U形管测压计测量压力容器中某点A的静压强(已知$h_1 = 800\text{mm}$，$h_2 = 1000\text{mm}$，$p_a = 100\text{kN/m}^2$)。

【**解**】　选取等压面1—1，根据等压面特点，有：

$$p_{1左} = p_{1右}$$

根据流体静力学方程：

$$p_{1左} = p_A + \rho_1 g h_1$$
$$p_{1右} = p_a + \rho_2 g h_2$$

整理得：

$$p_A = p_a + \rho_2 g h_2 - \rho_1 g h_1$$

代入已知数据，可以求得 A 点的绝对压强：

$$p_A = 100 \times 10^3 + 13.6 \times 10^3 \times 9.81 \times 1.0 - 1000 \times 9.81 \times 0.8$$
$$= 225.57 \times 10^3 (Pa)$$

【例2-4】 假如例2-3中左侧容器中的流体为空气，其他条件不变，试求 A 点静压强。

【解】 由例2-3知：

$$p_A = p_a + \rho_2 g h_2 - \rho_1 g h_1$$

因为空气的密度较小，在气体高度不大时认为静止气体充满的空间各点压强相等，即上式中 $\rho_1 g h_1$ 项可以忽略不计，因此：

$$p_A = p_a + \rho_2 g h_2$$

代入已知数据，整理得容器中 A 点的绝对压强：

$$p_A = 100 \times 10^3 + 13.6 \times 10^3 \times 9.81 \times 1.0$$
$$= 233.42 \times 10^3 (Pa)$$

3. U形管差压计

U形管还可以用于测量流体的压强差。将U形管的两端分别和不同的压力测量点相连，如图2.23所示，就构成了U形管差压计。根据U形管中工作液体的高度差，即可计算两个测点的压强差。

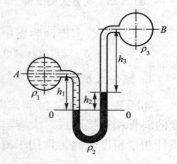

在图2.23中，取等压面0—0，根据等压面性质，有：

$$p_{0左} = p_{0右}$$

根据流体静力学方程：

$$p_{0左} = p_A + \rho_1 g h_1$$

$$p_{0右} = p_B + \rho_2 g h_2 + \rho_3 g h_3$$

图2.23 U形管差压计

整理得 A、B 两点的压差为：

$$p_A - p_B = \rho_2 g h_2 + \rho_3 g h_3 - \rho_1 g h_1$$

如果 A、B 两容器中的液体为同一种（$\rho_1 = \rho_3 = \rho$），则：

$$p_A - p_B = \rho_2 g h_2 + \rho g (h_3 - h_1)$$

如果容器 A、B 中流体均为气体，则：

$$p_A - p_B = \rho_2 g h_2$$

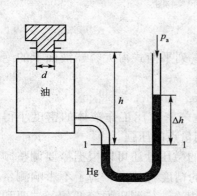

图2.24 测压管

【例2-5】 如图2.24所示，活塞直径 $d=20mm$，重15.7N，油箱中充满密度为 $920kg/m^3$ 的油，U形管中工作液体为水银，水银左右液面高差为16cm，若不计活塞的摩擦和泄漏，试计算活塞底面和U形管中左侧水银面的高度差 h。

【解】 活塞对油液面产生的压强为：

$$p = \frac{F}{A} = \frac{F}{\frac{\pi}{4} d^2} = \frac{15.7}{\frac{3.14}{4} \times 0.02^2} = 5 \times 10^4 (Pa)$$

取等压面1—1，根据流体静力学方程：

$$p + \rho_{油} g h = \rho_{Hg} g \Delta h$$

整理得：

$$h = \frac{p - \rho_{Hg} g \Delta h}{\rho_{油} g}$$

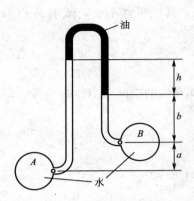

图 2.25　倒置式测压管

代入已知数据：

$$h = \frac{5 \times 10^4 - 13600 \times 9.81 \times 0.16}{920 \times 9.81}$$

$$= 3.17 (m)$$

【例 2-6】　如图 2.25 所示，倒置的 U 形管内工作液体为油，密度 899 kg/m³，已知 $h = 100mm$，$a = 100mm$，试求两容器中的压强差。

【解】　取等压面，根据流体静力学方程，列等式：

$$p_A - \rho_{水} g(a + b + h) = p_B - \rho_{油} g h - \rho_{水} g b$$

整理得：

$$p_A - p_B = \rho_{水} g(a + h) - \rho_{油} g h$$

代入已知数据得两容器中的压强差：

$$p_A - p_B = 1000 \times 9.81 \times (0.1 + 0.1) - 899 \times 9.81 \times 0.1 = 1080 (Pa)$$

4. 倾斜式微压计

如图 2.26 所示，倾斜式微压计也称为斜管压力计，由一截面较大的容器和一带有刻度的斜管相连接而成，大容器中有一定量的工作液体，一般采用蒸馏水或酒精。倾斜式微压计测量精度较高，常用于测量微小压强、压强差或标定测压管等。

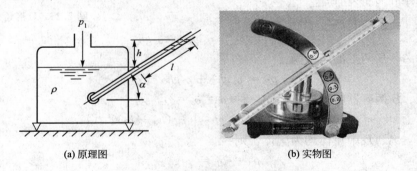

(a) 原理图　　　　　　　　　　(b) 实物图

图 2.26　倾斜式微压计

如图 2.26(a)所示，根据静压强基本方程，取等压面，列平衡式得大容器液面上的绝对压强：

$$p_1 = p_a + \rho g h = p_a + \rho g l \sin\alpha$$

倾斜式微压计经常用来测量通风管道的压强，因为空气密度比工作液体的密度小得多，因此微压计液面上的压强 p_1 就可以看作是通风管道测量点的压强。

为了测量准确，倾斜式微压计必须保持底板水平。有的微压计还可以根据需要调整倾斜角度。倾斜角度越小，l 比 h 放大的倍数就越大，测量的精度就越高。为了不影响测量精度，测压强差时，一般待测压强较高的一端要和大容器相连，待测压强较低的一端要和斜管的开口相连接。

2.4.3 连通器原理

　　所谓连通器，是指上端开口、液面以下相互连通的两个或几个容器，如图 2.27 所示。连通器特点：如果连通器中只有一种液体，则液体静止时，连通器各容器中液面保持相平。连通器原理在工程上有着广泛的应用，如各种液位计、液柱式测压计就是应用连通器原理制成的。

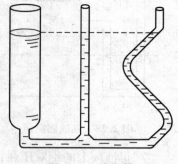

图 2.27　连通器

　　图 2.19～图 2.26 所示的测压管均与被测容器连接构成连通器。利用连通器原理和流体静压强方程求解压强问题时，首先要根据题意找到相关的等压面，根据等压面上各点压强相等的原理列出压强平衡方程，即可求得某点的压强或两点间的压强差。在计算过程中，需要注意以下几个要点。

　　(1) 连通器(测压管)中同一种液体相同高度的两个液面压强相等。

　　(2) 连通器(测压管)中若装有相同的液体，但两边液面上的压强不相等，则承受压力较高的一侧液面位置较低，承受压强较低的一侧液面位置较高。

　　(3) 连通器(测压管)中若装有密度不同又互不相混的两种液体，且两侧液面上压强相等时，密度较小液体的一侧液面较高，密度较大液体的一侧液面较低。

　　(4) 连通器(测压管)中两段液柱之间有气体时，可认为气体空间各点的压强相等。

特 别 提 示

　　利用连通器原理求解压强问题的关键是找准等压面，要通过等压面把已知点压强和未知点压强联系起来。如果已知点压强和未知点压强没有直接联系，则在求解过程中可能会涉及多个等压面的选择。

　　【例 2-7】　如图 2.28 所示，被测容器与 U 形管测压计构成连通器，点 1、2、3 在同一水平面上，试判断 1、2、3 点的压强关系。

　　【解】　1—2—3 非等压面，根据流体静力学方程，有：

$$p_2 = p_1 + \rho_{Hg} g h_1$$
$$p_3 = p_2 + \rho_{H_2O} g h_2$$

因此，

$$p_1 < p_2 < p_3$$

　　【例 2-8】　当待测压强较高时，为了增加量程，可采用复式水银测压计(多管连通器)，如图 2.29 所示，各玻璃管中液面高程已知，试求容器内液面上的相对压强。

　　【解】　取等压面 1—1、2—2、3—3，设等压面上压强分别为 p_1、p_2、p_3，根据静压强方程：

$$p_1 = p_a + \rho_{Hg} g h_1$$
$$p_2 = p_1 - \rho_{H_2O} g h_2$$
$$p_3 = p_2 + \rho_{Hg} g h_3$$
$$p_0 = p_3 - \rho_{H_2O} g h_4$$

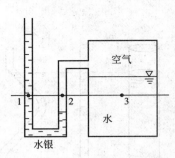

图 2.28　连通器测压

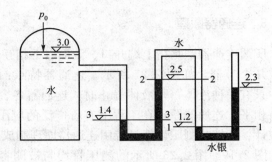

图 2.29　复式水银测压计

整理得液面上的绝对压强：

$$p_0 = p_a + \rho_{Hg}g(h_1 + h_3) - \rho_{H_2O}g(h_2 + h_4)$$

相对压强：

$$p_{0e} = \rho_{Hg}g(h_1 + h_3) - \rho_{H_2O}g(h_2 + h_4)$$

代入已知数据：

$$p_{0e} = 13.6 \times 10^3 \times 9.81 \times [(2.3-1.2)+(2.5-1.4)] -$$
$$1000 \times 9.81 \times [(2.5-1.2)+(3.0-1.4)]$$
$$= 13.6 \times 10^3 \times 9.81 \times 2.2 - 1000 \times 9.81 \times 2.9$$
$$= 265066.2(Pa)$$

2.5　静止液体作用在固体壁面上的静水总压力

在工程实践中，常常遇到静止液体和固体壁面之间的作用力的计算问题。例如油箱、油罐等压力容器以及水利工程中的闸门（图 2.30）等的设计，需要计算液体对固体壁面的作用力，所涉及的壁面可能是平面，也可能是曲面。因此，不仅需要了解液体静压强的分布规律，还需要确定整个受压面上液体总压力的大小、方向及作用点。

2.5.1　作用在平面上的静水总压力

静止液体作用在平面上的总压力有图算法和解析法两种计算方法。

图 2.30　受静水压力作用的闸门

1. 图算法

工程中常见的平板闸门、池壁及堤坝等多为上下边与水平面平行的矩形平面，图算法是计算此类平面上静水总压力的比较便捷的方法。

如图 2.31 所示，与水平面夹角为 α 的矩形平面淹没在液面以下，其底边与液面平行，宽度为 b，上、下底边的淹没深度分别 h_1、h_2。

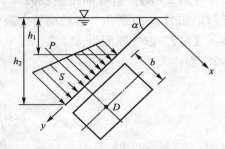

图 2.31　图算法求平面总压力

根据流体静力学基本方程可以绘制出该矩形平面的压强分布图。作用在平面上的静水总压力的大小等于平面上各点静水压强的总和，等于压强分布图的面积 S 乘以受压面的宽度 b，即：

$$P = bS \qquad\qquad (2-16)$$

静水总压力的作用线通过压强分布图的形心，作用线与受压面的交点就是静水总压力的作用点。

● 特 别 提 示 ....

图算法求解静水总压力的关键是绘制压强分布图。压强分布图是在受压面承压的一侧，以一定比例尺的矢量线段表示压强的大小和方向的图形，是液体静压强分布规律的几何图示，如图 2.7 所示。

....

2. 解析法

对于形状复杂的任意平面，可采用解析法计算平面总压力。

1）总压力的大小

假设在静止液体中，有一和液面呈夹角 α 的任意形状的平面，面积为 A，参考坐标系如图 2.32 所示，平面 A 位于 xoy 平面内，z 轴和平面 A 垂直(可不画出)。在该平面上，由于各点的淹没深度不同，其静压强也各不相同，由流体静压强的特性可知，各点的静压强均垂直于平面 A，构成一个平行力系，因此，液体作用在平面上的总压力就是这一平行力系的合力。

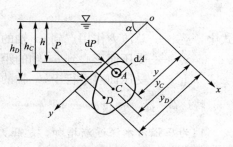

图 2.32　解析法求平面总压力

在受压面上，围绕任一点 (h, y) 取微元面积 dA，液体作用在 dA 上的微小压力：

$$dP = \rho g h \, dA = \rho g y \sin\alpha \, dA$$

作用在平面上的总压力是平行的分布力的合力：

$$P = \int dP = \rho g h \, dA = \rho g \sin\alpha \int_A y \, dA$$

上式中，积分 $\int_A y dA$ 是受压面对 ox 轴的静面矩，$\int_A y dA = y_C A$，代入上式，得：

$$P = \rho g \sin\alpha \, y_C A = \rho g h_C A = p_C A \qquad\qquad (2-17)$$

式中，P——平面上的静水总压力；

$\quad A$——受压面的面积；

$\quad y_C$——受压面形心到 ox 轴的距离；

$\quad h_C$——受压面形心的淹没深度，$h_C = y_C \sin\alpha$；

$\quad p_C$——受压面形心点的压强，$p_C = \rho g h_C$。

式(2-17)表明，任意形状平面上的静水总压力的大小等于受压面面积与其形心点的压强的乘积。

2) 总压力的方向

作用在平面上的静水总压力的方向沿受压面的内法线方向。

3) 总压力的作用点

总压力 P 的作用点称为压力中心，用 D 表示。在实际工程中，受压面大多都具有位于垂直平面上的对称轴，即压力中心位于对称轴上，因此，D 点在水平方向上的位置可以确定，只要再将 D 点的垂直坐标找到，作用点 D 点的位置就可以确定了。

D 点的位置可以根据合力矩定理(合力对某一轴的力矩等于各分力对同一轴的力矩的代数和)求得：

$$Py_D = \int dPy$$
$$= \rho g \sin\alpha \int_A y^2 dA$$

式中，积分 $\int_A y^2 dA$ 是受压面对 ox 轴的惯性矩，$\int_A y^2 dA = I_x$，代入上式，得：

$$Py_D = \rho g \sin\alpha I_x$$

将式(2-17)及惯性矩的平行移轴定理 $I_x = I_C + y_C^2 A$，代入上式，得：

$$y_D = y_C + \frac{I_C}{y_C A} \qquad (2-18)$$

式中，y_D——总压力作用点到 ox 轴的距离；

y_C——受压面形心到 ox 轴的距离；

I_C——受压面对平行于 ox 轴的形心轴的惯性矩。

● 特 别 提 示

因为压强沿水深逐渐增加，总压力作用点一般在受压面形心之下。只有当受压面为水平面时，作用点才与形心点重合。

为方便计算，工程上常见的几种平面图形的几何特征量可以通过查表得到，如表 2-1 所示。

表 2-1 常见图形的几何特征量

几何图形名称	平面形状	面积 A	形心坐标 l_C	对形心轴的惯性矩 I_C
矩形		bh^3	$\frac{1}{2}h$	$\frac{1}{12}bh^3$
三角形		$\frac{1}{2}h$	$\frac{2}{3}h$	$\frac{1}{36}bh^3$

（续）

几何图形名称	平面形状	面积 A	形心坐标 l_C	对形心轴的惯性矩 I_C
圆形	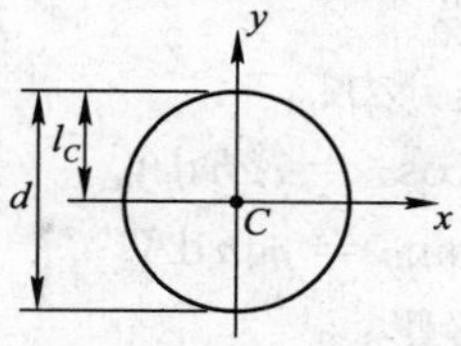	$\dfrac{\pi}{4}d^2$	$\dfrac{1}{2}d$	$\dfrac{\pi}{64}d^4$

【例 2 - 9】 如图 2.33 所示，水池中有一长为 l、宽 b 为 6m 的矩形挡水闸门，闸门与水平面夹角 α 为 45°，闸门的上边与液面平齐，水深为 4m，试用解析法求作用在闸门上的静水总压力。

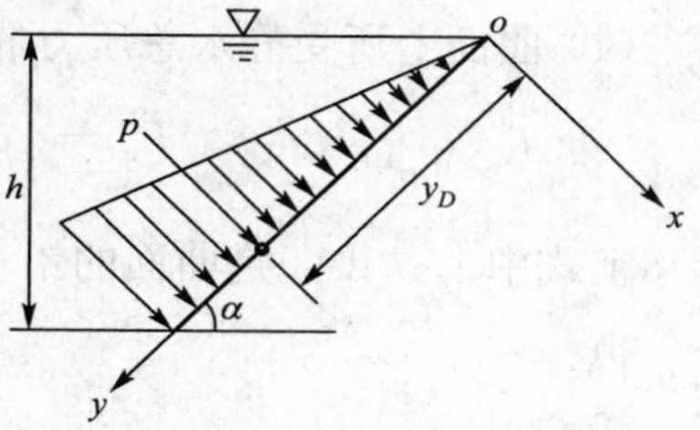

【解】 根据式（2 - 16），总压力的大小：

$$P = \rho g h_C A = \rho g \frac{h}{2}(bl)$$

$$= 1000 \times 9.8 \times \frac{4}{2} \times \left(6 \times \frac{5}{\sin 45°}\right)$$

$$= 0.83 \times 10^6 (\text{N})$$

总压力的方向沿受压面的内法线方向。

总压力的作用点由式（2 - 17）得：

$$y_D = y_C + \frac{I_C}{y_C A} = \frac{l}{2} + \frac{\dfrac{bl^3}{12}}{\dfrac{l}{2} \times bl} = \frac{2}{3}l = \frac{2}{3} \times \frac{h}{\sin 45°} = 3.77(\text{m})$$

图 2.33 平面总压力计算

2.5.2 作用在曲面上的静水总压力

在工程中经常会遇到液体作用在曲面上的情况，如贮水池壁面、圆管管壁、弧形闸门、球形罐等。一般情况下，当作用面为曲面时，作用面上的流体静压强分布是一个空间力系，因此求任意曲面上的总压力是比较复杂的。但工程中常见的曲面往往是比较规则的，也或者是二维曲面，对于形状比较规则的空间曲面的总压力问题可以由二维曲面的结论加以推广。因此，这里我们只讨论二维曲面上的总压力的相关计算。

作用在二维曲面上的总压力是平面汇交的分布力的合力。根据合力投影定理，分别求出合力在直角坐标系中的两个坐标分量，然后求合力矢量。

1. 曲面上的总压力

如图 2.34 所示，假设有一承受液体压强的二维曲面，其面积为 A，选直角坐标系，令 xoy 平面与液

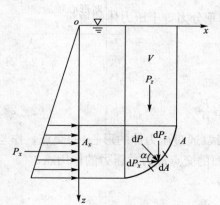

图 2.34 曲面上的总压力

面重合，oz 轴铅垂向下。

在曲面上淹深为 h 处取一水平条形微元面积 $\mathrm{d}A$，根据静力学基本方程，液体作用在微元面积上的总压力为：

$$\mathrm{d}P = \rho g h \, \mathrm{d}A$$

将该微元面积的总压力分解成水平分力和铅垂分力：

$$\mathrm{d}P_x = \mathrm{d}P\cos\alpha = \rho g h \, \mathrm{d}A\cos\alpha = \rho g h \, \mathrm{d}A_x$$

$$\mathrm{d}P_z = \mathrm{d}P\sin\alpha = \rho g h \, \mathrm{d}A\sin\alpha = \rho g h \, \mathrm{d}A_z$$

式中，$\mathrm{d}A_x$——微元面积在铅垂投影面(yoz)上的投影；

$\mathrm{d}A_z$——微元面积在水平投影面(xoy)上的投影。

（1）曲面上所受静水总压力的水平分力为：

$$P_x = \int \mathrm{d}P_x = \int_{A_x} \rho g h \, \mathrm{d}A_x = \rho g \int_{A_x} h \, \mathrm{d}A_x$$

上式中 $\int_{A_x} h \, \mathrm{d}A_x$ 是曲面的铅垂投影面 A_x 对 oy 轴的静面矩，$\int_{A_x} h \, \mathrm{d}A_x = h_C A_x$，代入上式，得：

$$P_x = \rho g h_C A_x = p_C A_x \tag{2-19}$$

式中，P_x——曲面上总压力的水平分力；

A_x——曲面的铅垂投影面积；

h_C——投影面 A_x 形心点的淹没深度；

p_C——投影面 A_x 形心点的压强。

式(2-19)表明，作用在曲面上的静水总压力的水平分力等于作用在该曲面的铅垂投影面上的压力。

（2）曲面上所受静水总压力的铅垂分力为：

$$P_z = \int \mathrm{d}P_z = \int_{A_z} \rho g h \, \mathrm{d}A_z = \rho g \int_{A_z} h \, \mathrm{d}A_z$$

上式中 $\int_{A_z} h \, \mathrm{d}A_z$ 是曲面到自由液面（或自由液面的延伸面）之间的铅垂柱体——压力体的体积，$\int_{A_z} h \, \mathrm{d}A_z = V$，代入上式，得：

$$P_z = \rho g V \tag{2-20}$$

式(2-20)表明，作用在曲面上的静水总压力的铅垂分力等于压力体的重量。

（3）作用在曲面上的静水总压力为：

$$P = \sqrt{P_x^2 + P_z^2} \tag{2-21}$$

总压力的作用线与水平面的夹角为：

$$\tan\theta = \frac{P_z}{P_x}, \theta = \arctan\frac{P_z}{P_x} \tag{2-22}$$

过 P_x 作用线（通过 A_x 压强分布图形心）和 P_z 作用线（通过压力体的形心）的交点，作与平面成 θ 角的直线就是总压力作用线，该作用线与曲面的交点即为总压力的作用点。

2. 压力体

积分 $\int_{A_z} h \, \mathrm{d}A_z = V$ 表示的几何体积称为压力体。取铅垂线沿曲面边缘平行移动一周，割出的以自由液面(或其延伸面)为上底、曲面本身为下底的柱体就是压力体。

1) 实压力体

如图 2.35(a)所示，压力体和液体在曲面 AB 的同侧，压力体内充满液体，称为实压力体。此时，P_z 的方向垂直向下。

2) 虚压力体

如图 2.35(b)所示，压力体和液体在曲面 AB 的异侧，压力体内没有液体，其上底面为自由液面的延伸面，称为虚压力体。此时，P_z 的方向垂直向上。

3) 压力体叠加

对于水平投影重叠的曲面，需要分开界定压力体，然后叠加即可，叠加时注意虚实压力体重叠的部分相互抵消。如图 2.35(c)所示，有一半圆柱面 ABC，分别按曲面 AB、BC 界定压力体，前者得实压力体 ABD，后者得虚压力体 $ABCD$，叠加抵消重叠部分后得到虚压力体 ABC，P_z 的方向垂直向上。

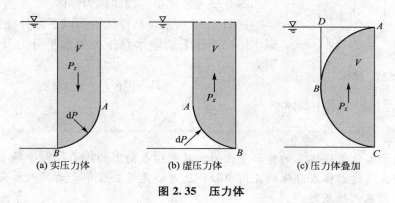

(a) 实压力体　　(b) 虚压力体　　(c) 压力体叠加

图 2.35　压力体

● 特 别 提 示 ··

因为受压曲面与液体的相对位置不同，作用在曲面上的总压力的铅垂分力 P_z 的方向可能向上，也可能向下。

2.5.3　作用在潜体和浮体上的静水总压力

1. 潜体

全部浸入液体中的物体称为潜体。潜体表面是封闭的曲面。

如图 2.36 所示，体积为 V 的潜体 $abcd$ 浸入液面以下，为分析方便，建立如图所示的直角坐标系，令 xoy 平面与自由液面重合，oz 轴铅垂向下。

取平行于 ox 轴的水平线，沿潜体表面平行移动一周，切点轨迹 ac 将潜体的封闭曲面分为左右两部分，由式(2-19)，得：

$$P_{x1} = \rho g h_c A_x (\rightarrow)$$

$$P_{x2} = \rho g h_c A_x (\leftarrow)$$

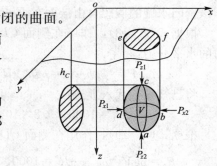

图 2.36　潜体

因此，作用在潜体上的静水总压力的水平分力：

$$P_x = P_{x1} - P_{x2} = 0 \qquad (2-23)$$

再取平行于 oz 轴的铅垂线，沿潜体表面平行移动一周，切点轨迹 bd 将潜体的封闭曲面划分为上下两部分，由式(2-20)，得：

$$P_{z1} = \rho g V_{bxdef}(\downarrow)$$

$$P_{z2} = \rho g V_{bxdef}(\uparrow)$$

因此，作用在潜体上的静水总压力的铅垂分力：

$$P_z = P_{z1} - P_{z2} = \rho g(V_{bxdef} - V_{bxdef}) = -\rho g V \qquad (2-24)$$

式中的负号表示铅垂分力 P_z 的方向与坐标轴 oz 的方向相反。

2. 浮体

部分浸入液体中的物体称为浮体。

如图 2.37 所示，将浮体液面以下部分视为封闭曲面，则作用在浮体上的静水总压力的水平分力及铅垂分力分别为：

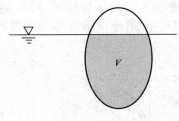

图 2.37　浮体

$$P_x = 0; \quad P_z = -\rho g V$$

式中，V——浮体浸入水中的体积。

（特）（别）（提）（示）

液体作用于潜体或浮体上的静水总压力，只有铅垂向上的浮力，大小等于所排开的液体重量，作用线通过潜体或浮体的几何中心。这是公元前 250 年左右，人类最早发现的水力学规律——阿基米德原理。

【例 2-10】　如图 2.38 所示，充满水的密闭水罐，顶面 AB 与侧面 CD 均为半径 $R=1$m 的半球形。已知 E 点处的压力表读值为 98kPa，水箱高 $h=3$m，试求作用在侧面 CD 上的静水总压力。

【解】　根据 E 点压力表读值，密闭水罐中与 E 点等高处的相对压强：

$$P_E = \rho g h_E = 98\text{kPa} = 10\text{mH}_2\text{O}$$

因此，E 点位于相对压强为零的液面下 10m 处，即该密闭水罐的假想自由液面在 E 点之上 10m 处。

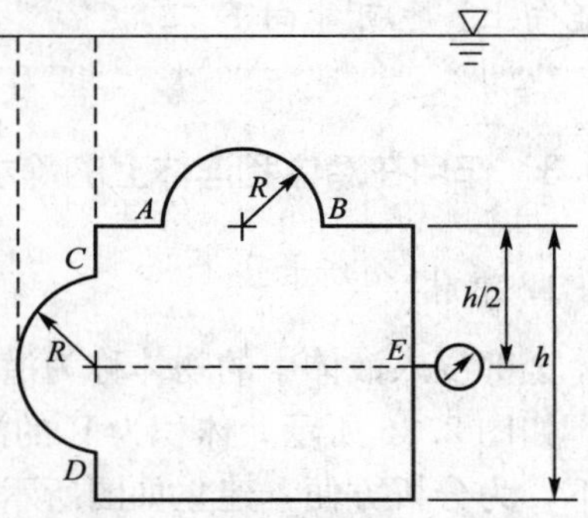

根据式(2-18)，作用在侧面 CD 上的静水总压力的水平分力：

$$P_x = \rho g h_c A_x = \rho g h_E \pi R^2$$

将已知参数代入上式：

$$P_x = 1000 \times 9.8 \times 10 \times 3.14 \times 1^2 = 307.72 \times 10^3 \ (\text{Pa}) \ (\leftarrow)$$

图 2.38　曲面静水总压力

根据式(2-19)，作用在侧面 CD 上的静水总压力的铅垂分力：

$$P_z = \rho g V = \rho g \frac{2}{3}\pi R^3 = 1000 \times 9.8 \times \frac{2}{3} \times 3.14 \times 1^2 = 20.51 \times 10^3 \ (\text{Pa}) \ (\downarrow)$$

因此，作用在侧面 CD 上的静水总压力的大小：

$$P=\sqrt{P_x^2+P_z^2}=\sqrt{307.72^2+20.51^2}=308.40(\text{kPa})$$

总压力的作用线与水平面的夹角：

$$\theta=\arctan\frac{P_z}{P_x}=\arctan\frac{20.51}{307.72}=3.81°$$

● 特 别 提 示

　　压力体是曲面和计示压强为零的自由液面或其延伸面所包容的体积。当自由液面上的计示压强不为零时，必须换算液面的高度，找出假想自由液面，然后进行计算。

● 知 识 链 接

　　1653 年，法国物理学家布莱士·帕斯卡，在《论液体的平衡和空气的重力》一书中，提出了液体静压传动原理，即帕斯卡原理。利用液体的不可压缩性，在密闭容器的一端，用活塞向液体施加作用力，液体会将相等的力传递到容器壁和另一端活塞，两端压强相等。假如第二个活塞的面积是第一个活塞面积的 10 倍，那么作用在第二个活塞上的力，将增大为原来的 10 倍。这一原理如同"力量倍增器"，让人们找到了突破人类力量极限的方法。

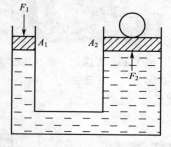

　　如图 2.39 所示的连通容器中，在左侧活塞上方施加外力 F_1，所造成的压力将传递至右侧活塞，而产生向上的推力 F_2。

图 2.39　帕斯卡原理图

　　由于所传递的压力强度不变，即：

$$p=\frac{F_1}{A_1}=\frac{F_2}{A_2}$$

因此：

$$F_2=\frac{A_2}{A_1}F_1$$

　　由此可见，帕斯卡原理可以放大力的作用，其基本原理比较简单，但是工程意义巨大。实际应用中可以用放大之后的力来进行压力加工，制成液压机；用于举重，制成液压千斤顶；用于刹车系统，制成液压制动器等。

　　液压机以帕斯卡液体静压传动为基本工作原理，用乳化液、水或矿物油为工作介质，可分为水压机和油压机两大类。水压机又可分为自由锻造水压机和模锻水压机。其中自由锻造水压机主要用自由锻方式，来锻造大型高强度部件，如船用曲轴、重达百吨的合金钢轧辊等。模锻水压机则用坯料在近似封闭的模具中锻压成型的方式，来制造一些强度高、形状复杂、尺寸精度高的零件，如飞机起落架、发动机叶片等航空零件。就像蒸馒头要揉面一样，锻造液压机不仅是金属成型的一种方法，同时也是锻合金属内部缺陷、改变金属内部流线、提高金属机械性能的重要手段。

　　自从 1893 年世界第一台万吨级自由锻造水压机在美国建成以来，万吨级液压机作为大型高强度零件锻造核心装备的地位，就一直没有动摇过。随着近代工业技术发展和两次世界大战的推动，大型液压机更是成为各工业化国家竞相发展航空、船舶、重型机械、军工制造等产业的关键设备。

由于各种因素影响，我国早期在大型锻压设备领域长期处于落后地位。1961 年 12 月，上海江南造船厂成功地建成国内第一台 1.2 万吨自由锻造水压机（图 2.40），1962 年 6 月 22 日，在上海重型机器厂试车成功，并投入试生产，能够锻造几十吨重的高级合金钢锭和 300 吨重的普通钢锭。这台水压机重 2200 吨，由 6 个工作缸、3 个大横梁和 4 根大立

图 2.40 我国第一台万吨级水压机

柱，共 13 个特大件组成，大小零件共 40000 多个。它的成功，标志着我国重型机械的制造进入了一个新的历史阶段。

巨型模锻液压机，是象征重工业实力的国宝级战略装备，世界上能研制的国家屈指可数。目前世界上拥有 4 万吨级以上模锻压机的国家，只有中国、美国、俄国和法国。中国在 1973 年建成第一台 3 万吨级模锻压机后，停滞了将近 40 年，直至近两年爆发式地研制了多台巨型压机。仅在 2012 年建成的就有 3 万吨（昆仑重工）、4 万吨（三角航空）、8 万吨（德阳二重）模锻压机各一台。其中，8 万吨级模锻油压机是我国自主设计研制的目前世界上最大的模锻液压机，于 2013 年 4 月 10 日投入试生产。这台 8 万吨级模锻液压机，地上高 27 米、地下 15 米，总高 42 米，设备总重 2.2 万吨，一举打破了苏联保持了 51 年的世界纪录。

本 章 小 结

流体静力学是流体力学的基础，主要研究流体在外力作用下的平衡规律、平衡状态下流体和固体之间的相互作用力及其工程应用问题。本章以压强为中心，阐述了静止流体中的应力特性、静压强的分布规律，以及作用面上总压力的计算。

（1）在静止流体中，只存在压应力——压强。流体静压强的大小只与该点的位置有关，与作用面的方向无关，即任意一点上各方向的流体静压强都是相等的；流体静压强的方向与作用面垂直，并指向作用面的内法线方向。

（2）流体的机械能是指由流体的位置、压力和运动所决定的位能、压能和动能，流体的机械能守恒。

（3）流体静压强的分布规律有两种表达形式，即：$z+\dfrac{p}{\rho g}=C$ 或 $p=p_0+\rho g h$，两式均为流体静力学基本方程式。

（4）常用的测量压强的仪器的有金属式压力表和液柱式测压计。金属式压力表量程较大，常用于工程实践；液柱式测压计量程较小，精度较高，常用于实验场合。

（5）作用在平面上的静水总压力，可以按图算法或解析法计算，图算法只适用于底边平行于液面的矩形平面。

（6）作用在二向曲面上的静水总压力，根据合理投影定理，分别求出水平分力和铅垂分力，然后求合力矢量。

（7）流体处于静止或相对静止状态，两者都表现不出黏性作用，即切向应力都等于零。所以，流体静力学中所得的结论，无论对实际流体还是理想流体都是适用的。

思 考 题

1. 流体静压强的两个基本特性是什么？

2. 流体的机械能由哪几部分组成？说明各部分的表达式及物理意义。

3. 简述液体静压强方程的基本形式。

4. 测压管水头的实质是什么？

5. 利用连通器原理求解流体压强时需要注意哪几方面的问题？

6. 流体静压强的测量方法有哪些？

7. 如图 2.41 所示，水平桌面上放置有不同形状的敞口盛水容器，当容器底面积 A 及水深 h 均相等时，问：

（1）各容器底面上所受的液体静压强是否相等？

（2）容器底面上所受的液体静压强与桌面上所受的压力是否相等？

（3）液体静压强的大小与容器的形状有无关系？

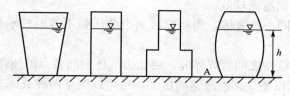

图 2.41 思考题 7 图

8. 什么是压力体？怎样确定压力体？

9. 如何计算作用在潜体和浮体上的静水总压力？

10. 轮船舱底在水面下 5m，舱底穿了一个面积为 $0.2m^2$ 的洞，要想堵住这个洞，需要对挡板施加多大的力？

练 习 题

一、选择题

1. 静止流体中存在（　　）。

A. 拉应力　　　　　　　　　　　　　B. 压应力

C. 压应力和剪应力　　　　　　　　　D. 拉应力和压应力

2. 绝对压强的计量基准是（　　），相对压强的计量基准是（　　）。

A. 绝对真空　　　　　　　　　　　　B. 1 个标准大气压

C. 液面压强　　　　　　　　　　　　D. 当地大气压

3. 露天水池中，水深 2m 处的相对压强为（　　）。

A. 9.8kPa　　　　　　　　　　　　　B. 10kPa

C. 13.3kPa　　　　　　　　　　　　D. 19.6kPa

4. 金属式压力表的读数是流体的（　　）。

A. 绝对压强　　　　　　　　　　　　B. 绝对压强加上当地大气压的和

C. 相对压强

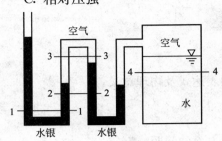

图 2.42　选择题 5 图

D. 相对压强加上当地大气压的和

5. 图 2.42 中标示出的四个水平面中不是等压面的是（　　）。

A. 1—1 平面

B. 2—2 平面

C. 3—3 平面

D. 4—4 平面

6. 正常成人的血压范围为高压 90～140mm 汞柱，低压 60～90mm 汞柱，若将低压范围值用国际单位表示，其范围是（　　）。

A. 0.08～0.12atm

B. 8000～12000Pa

C. 12000～18667Pa

D. 12000～18667N/m²

7. 下列关于 U 形管的说法中错误的是（　　）。

A. U 形管中装有密度不同又互不相混的两种液体，当两侧液面上压强相等时，密度较小液体的一侧液面较低

B. U 形管中装有同一种液体，当两侧液面上的压强不等时，承受压强较低的一侧液面的位置较高

C. U 形管中两段液柱之间有气体时，可认为气体空间各点的压强相等

D. 利用 U 形管可以测量某种液体的压强，也可以测量两种液体之间的压强差

8. 流体中某点的真空度为 10000Pa，若当地大气压为 0.1MPa，该点的绝对压强为（　　）。

A. 0.2MPa

B. 0.1MPa

C. 0.09MPa

D. 0

9. 盛满水的容器，高 1.8m，用活塞堵住上口，活塞直径 0.4m，容器底部直径 1m。若在活塞上施加 2520N 的力（活塞自重忽略不计），则容器底部的压强为（　　）。

A. 25.2kg/m³

B. 29.6 kg/m³

C. 37.7kg/m³

D. 75.4kg/m³

10. 如图 2.43 所示，露天水池中有一垂直放置的矩形挡水板，挡板宽度 1m，水深 6m，则作用在挡水板的静水总压力大小为（　　）；静水总压力作用点距水面（　　）。

A. 176.4kPa，2m

B. 29.4kPa，4m

C. 176.4kPa，4m

D. 352.4kPa，3m

图 2.43　选择题 10 图

二、计算题

1. 如图 2.44 所示，试判断容器中 A、B 两点的压强关系。

2. 如图 2.45 所示，用 U 形管测量某容器中气体的压强，U 形管中工作液体为四氯化碳，其密度为 1594kg/m³，液面差 $\Delta h=900$mm，试求容器中气体的绝对压强。

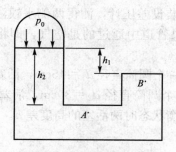

图 2.44　计算题 1 图

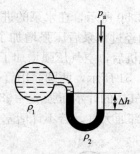

图 2.45　计算题 2 图

3. 如图 2.46 所示，两个相互隔开的密封容器，压强表 A 的读数为 2.7×10^4 Pa，真空表 B 的读数为 2.9×10^4 Pa，求连接两容器的 U 形管测压计中两水银柱的液面差 h。

4. 如图 2.47 所示，用倒置 U 形管测量容器中水的压强，测得 $h_1=1$m，$h_2=0.6$m，试求容器中 A 点的相对压强。

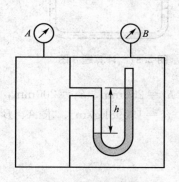

图 2.46　计算题 3 图

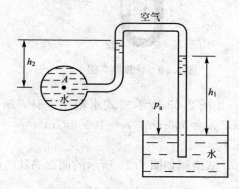

图 2.47　计算题 4 图

5. 如图 2.48 所示，在容器 A 和 B 中注满水，已知上端管内液体为水银，$h_1=40$cm，$h_2=20$cm，$h_3=100$cm，试求两容器中水的压强差。

6. 如图 2.49 所示，已知容器内流体的密度为 870kg/m^3，斜管的一端与大气相通，斜管读数为 80cm，试求 B 点的计示压强。

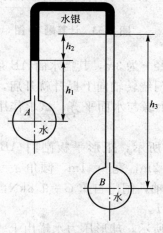

图 2.48　计算题 5 图

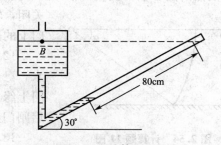

图 2.49　计算题 6 图

7. 如图 2.50 所示，在水泵的进出口断面上装设差压计，测得两侧水银液面高度差为 100mm，试问经过水泵后压强增加了多少？如果管道中通过的是空气，即将水泵改为风机，则经过风机后，空气压强增加了多少？

8. 如图 2.51 所示，两圆筒用管子连接。第一个圆筒直径 $d_1=45\text{cm}$，活塞上受力 $F_1=3197\text{N}$，密封气体的计示压强 $p_e=9810\text{Pa}$；第二个圆筒直径 $d_2=30\text{cm}$，活塞上受力 $F_2=4945.5\text{N}$，上部通大气。若不计活塞重量，求平衡状态时两活塞的高度差 h。

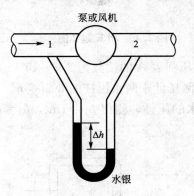

图 2.50　计算题 7 图

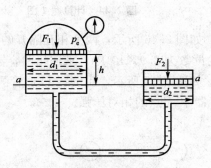

图 2.51　计算题 8 图

9. 如图 2.52 所示复式水银压差计，$h_1=600\text{mm}$，$h_2=250\text{mm}$，$h_3=200\text{mm}$，$h_4=300\text{mm}$，$h_5=500\text{mm}$，$\rho_1=1000\text{kg/m}^3$，$\rho_2=800\text{kg/m}^3$，$\rho_3=13598\text{kg/m}^3$，求 A、B 两点的压强差。

10. 试绘制如图 2.53 所示的曲面 AB 的压力体。

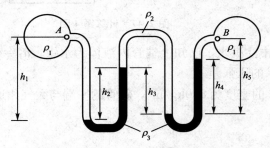

图 2.52　计算题 9 图

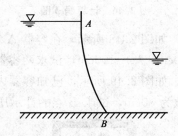

图 2.53　计算题 10 图

11. 如图 2.54 所示的弧形闸门，宽度 b 为 2m，半径 r 为 3m，其挡水面 AB 是圆柱曲面，在曲面的圆心轴位置设转轴，圆心角 α 为 30°，闸门绕转轴向上提升就开启，下落便关闭，转轴及闸门上缘与水面平齐，试求作用在该闸门上的静水总压力。

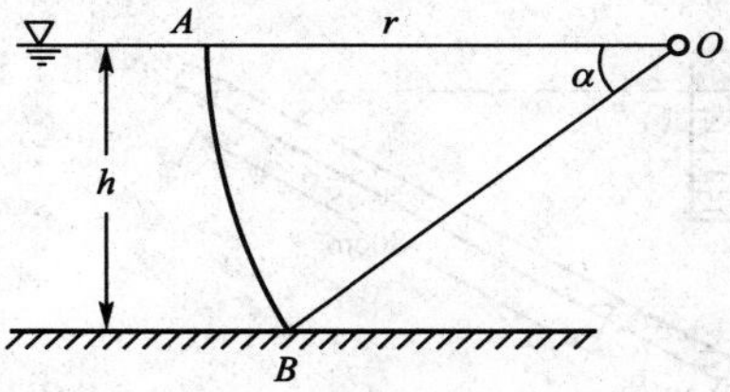

12. 如图 2.55 所示，矩形平板闸门 AB 一侧挡水，已知闸门长 $l=2\text{m}$，宽 $b=1\text{m}$，倾角 $\alpha=45°$，闸门上缘 A 处设有转轴，闸门自重 $G=9.8\text{kN}$，试求开启闸门所需的拉力 T。

13. 如图 2.56 所示，球形压力水罐由上、下两个

图 2.54　计算题 11 图

半球用螺栓连接合成，水罐半径 $R=1\text{m}$，罐顶压力表的读数为 24.5kN/m^2，试求连接螺栓所受的总拉力。

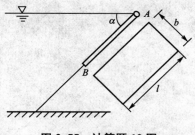

图 2.55   计算题 12 图

图 2.56   计算题 13 图

第 3 章

一元流体动力学基础

⊗ 学习引导

　　本章从质量守恒及能量守恒定律出发推导出流体流动的基本方程式，即连续性方程、能量方程以及动量方程。应用流体流动的基本方程式可以分析求解实际工程中遇到的流动问题。

⊗ 学习目标

　　了解描述流体运动的基本方法及基本概念；熟悉流体流动的三大基本方程式——连续性方程、能量方程及动量方程的推导过程；掌握基本方程式的表达形式、适用范围及工程实际应用。

⊗ 学习要求

能力目标	知识要点	权重
了解描述流体运动的基本方法及相关概念	流体运动的描述方法；流动的分类；描述流体运动的基本概念——流线、流量、缓变流、过流断面、水力半径等	10%
掌握流体流动的基本方程式——连续性方程	稳定流连续性方程的推导；连续性方程形式	10%
掌握流体流动的基本方程式——能量方程(伯努利方程)	稳定流能量方程；稳定流能量方程的适用条件；能量方程的几何意义；稳定气流能量方程	40%
掌握流体流动的基本方程式——动量方程	动量定理；动量方程	15%
能熟练应用连续性方程、能量方程以及动量方程求解工程实际问题	连续性方程的应用；能量方程在流速测量、流量测量中的应用——皮托管、文丘里管、孔板流量计、喷射泵等；动量方程的应用	25%

引 例

丹尼尔·伯努利是瑞士著名的数学家和物理学家。1726 年，他通过无数次实验，发现了"边界层表面效应"（流体速度加快时，物体与流体接触的界面上的压力会减小，反之压力会增加），为纪念这位科学家的贡献，这一发现被称为"伯努利效应"。伯努利效应的数学表达式称为"伯努利方程"。伯努利效应适用于包括气体在内的一切流体，是流体做稳定流动时的基本现象之一，反映出流体的压强与流速的关系：流体的流速越大，压强越小；流体的流速越小，压强越大。

伯努利效应的实际应用非常多，比如飞机为什么能飞上天？喷雾器及汽油发动机的汽化器等的工作原理，球类比赛中的旋转球原理、船吸现象等都可以用伯努利效应来阐释。

球类比赛中的旋转球具有很大的威力。如果你经常观看足球比赛的话，一定见过罚前场直接任意球。这时候，通常是防守方五六个球员在球门前组成一道"人墙"，挡住进球路线。进攻方的主罚队员，起脚一记劲射，球绕过了"人墙"，眼看要偏离球门飞出，却又沿弧线拐过弯来射入球门，让守门员措手不及，眼睁睁地看着球进了大门。这就是颇为神奇的"香蕉球"（图 3.1）。

图 3.1　足球运动中的"香蕉球"

为什么足球会在空中沿弧线飞行呢？原来，罚"香蕉球"的时候，运动员并不是拔脚踢中足球的中心，而是稍稍偏向一侧，同时用脚背摩擦足球，使球在空气中前进的同时还不断地旋转。这时，一方面空气迎着球向后流动，另一方面，由于空气与球之间的摩擦，球周围的空气又会被带着一起旋转。这样，球一侧空气的流动速度加快，而另一侧空气的流动速度减慢。根据伯努利效应：气体的流速越大，压强越小。由于足球两侧空气的流动速度不一样，它们对足球所产生的压强也不一样，于是，足球在空气压力的作用下，被迫向空气流速大的一侧转弯了。如图 3.2 所示为"香蕉球"原理。

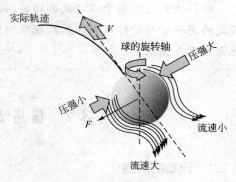

图 3.2　"香蕉球"原理

同样，在其他球类比如乒乓球运动中，运动员在削球或拉弧圈球时，乒乓球的线路会改变，道理与足球中的"香蕉球"是一样的。

3.1 流体运动的描述方法

在自然界或工程实际中，流体的静止和平衡状态都是暂时的、相对的，流体的运动才是绝对的。流体最显著的特征就是其流动性。

流体是由无穷多没有间隙的质点构成的连续介质，流体的运动可以看成是充满一定空间的很多流体质点运动的组合。充满运动流体的空间称为流场，研究流体的运动，就是研究流场中流体运动参数的分布规律。如何从数学角度分析描述流体的运动是研究流体运动规律首先要解决的问题。

描述流体运动规律的方法有两种：拉格朗日法和欧拉法。

1. 拉格朗日法

拉格朗日法是把流体看作是由无数连续质点组成的质点系，以某一流体质点的运动作为研究对象，观察这一质点在流场中由一点移动到另一点时，其运动参数的变化规律，并综合众多流体质点的运动来获得一定空间内所有流体质点的运动规律。拉格朗日法又称为跟踪法。

2. 欧拉法

欧拉法不研究个别流体质点的详细运动过程，而是着眼于流场中的空间点，观察众多流体质点经过某一空间点时，流动参数随时间的变化规律，并对不同点上的参数变化规律加以综合，进而掌握整个流动空间的运动规律。欧拉法又称为站岗法。

由于流体质点的运动轨迹非常复杂，研究存在困难，而且实际工程问题中，一般不需要了解流体质点详细的时变过程，只需要分析一些具有代表性的断面或位置上的流体的速度、压强等参数的空间分布规律及变化情况，因此，除个别流动问题，在流体动力学中主要采用欧拉法来描述流体的运动。

● 特 别 提 示

欧拉法广泛应用于描述流体的运动，例如天气预报就是由分布在全国各地的气象站在规定的同一时刻进行观测，然后把观测到的气象资料汇总，绘制成该时刻的气象图，并据此做出天气预报。

3.2 描述流体运动的基本概念

3.2.1 流动的类型

按照不同的分类方法可将流体的流动分为各种不同的类型。比如按照流体的性质，可将流动分为可压缩流体的流动和不可压缩流体的流动、理想流体的流动和黏性流体的流动等；按照流动的特征，可将流动分为层流流动和紊流流动、稳定流动和非稳定流动等；按照流动空间，可将流动分为管内流动和管外流动、一维流动和二维流动、三维流动等。

1. 稳定流与非稳定流

流体运动时，流体中任意一点的速度、压强等参数不随时间而发生变化的流动称为稳定流。稳定流也称为恒定流或定常流。

流体的速度、压强等参数随时间而发生变化的流动称为非稳定流。非稳定流也称为非恒定流或非定常流。

在稳定流动中流体的流动参数只是空间点的坐标的连续函数，与时间无关，而非稳定流中流体的流动参数不仅与点的坐标有关，还和时间相关。因此，流场中流体质点的速度、压强等参数可以表示成以下形式：

稳定流：

$$v_x = f(x, y, z) \tag{3-1}$$
$$v_y = f(x, y, z) \tag{3-2}$$
$$v_z = f(x, y, z) \tag{3-3}$$
$$p = f(x, y, z) \tag{3-4}$$

非稳定流：

$$v_x = f(x, y, z, t) \tag{3-5}$$
$$v_y = f(x, y, z, t) \tag{3-6}$$
$$v_z = f(x, y, z, t) \tag{3-7}$$
$$p = f(x, y, z, t) \tag{3-8}$$

如图 3.3(a)所示，水箱侧壁开小孔，水从小孔出流时，由于水箱中的水位保持不变，因此，水流任意点的流速、压强等参数均不随时间而变，属于稳定流。而图 3.3(b)中，水从小孔出流时，水箱中的水位是逐渐下降的，因此，水流各点的流速、压强等参数随时间而变，属于非稳定流。水暖、通风及空调工程中的流体流动一般按照稳定流来考虑。

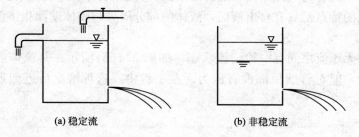

(a) 稳定流　　　　　　　　　　(b) 非稳定流

图 3.3　孔口出流

2. 一维流动、二维流动与三维流动

按照流动参数与空间自变量之间的关系，流动可以分为一维、二维和三维流动。如果流动参数是 x，y，z 三个坐标的函数，这种流动称为三维流动，也称为三元流动或空间流动。三维稳定流动的流体速度可以用式(3-1)、式(3-2)和式(3-3)来表示。

以此类推，如果流动参数是其中两个坐标的函数，这种流动称为二维流动或二元流动、平面流动。二维稳定流的流体速度表达式：

$$v_x = f(x, y) \tag{3-9}$$
$$v_y = f(x, y) \tag{3-10}$$

如果流动参数仅是其中一个坐标的函数，那么这种流动称为一维流动或一元流动。比如管道内的流体流动，同一截面上各点的流速并不相同，但若从工程实际出发，可以忽略横向尺寸上各点速度的差别，那么流体速度只沿着管长 x 方向上变化，这就是一维流动。一维稳定流是最简单的流动，其速度表达式如下：

$$v_x = f(x) \tag{3-11}$$

工程实际中遇到的流动问题多数为三维流动，但是三维流动的分析非常复杂，为了简化分析，往往根据具体问题的性质将其简化为一维流动或二维流动来处理。

3. 压力流与无压流

流体流动时，流体充满整个流动空间并在压力作用下的流动称为压力流。压力流的特点是没有自由表面，且流体对固体壁面的各处有一定的压力作用，如图 3.4(a) 所示。

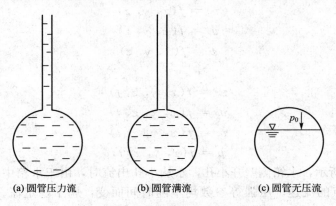

(a) 圆管压力流　　(b) 圆管满流　　(c) 圆管无压流

图 3.4　压力流与无压流

液体流动时，具有与气体相接触的自由表面，且只依靠液体自身重力作用的流动称为无压流。无压流的特点是具有自由液面，液体的部分周界与固体壁面相接触，如图 3.4(c)所示。

在压力流与无压流之间有一种满流状态，如图 3.4(b)所示，其流体的整个周界都与固体壁面相接触，但对管壁顶部没有压力。在工程中，这种情况可近似地按照无压流来处理。

● 特 别 提 示 ●●

工程实际中，给水管道、采暖管道以及通风空调管道中的流动一般属于压力流，而各种排水管道、明渠等中的流动则属于无压流。

3.2.2　描述流体运动的几个基本概念

1. 流线与迹线

充满运动流体的空间称为流场。流体质点在流场中运动时，由一点到另一点所描绘出的轨迹称为迹线。

流线是指同一时刻流场中一系列流体质点的流动方向线，即流线是流场中某一瞬时的光滑曲线，该曲线上的流体质点的运动方向均和该曲线相切，如图 3.5 所示。某一瞬时流场中的每一点上均有一条流线经过，但不同的时刻有不同的流线。

流线具有以下几个特点。

（1）稳定流动中，流线不随时间改变其位置和形状，流线与迹线完全重合。

（2）流线只能是直线或者光滑曲线，流线不能彼此相交或转折。

（3）流线的疏密程度反映流速大小，流线密集的地方流体流速大，流线稀疏的地方流体流速小。

管内流动的流线如图 3.6 所示。

图 3.5 流线分析 　　　　　　　　　　图 3.6 管流流线

2. 流管与流束

如图 3.7 所示，在流场中作一不是流线的封闭曲线 s，过曲线上各点作流线，所有流线组成的管状表面称为流管。

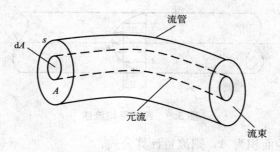

图 3.7 流管及流束

根据流线的性质，流体质点不能穿越流管的表面流入或者流出流管。在流管中，流动的流体被局限在流管的内部，流体就像在真实的管道中流动一样。

充满流管的一束流体称为流束。截面积无穷小的流束称为微元流束，简称元流。总流是由无穷多微元流束组成的流动整体。

3. 缓变流与急变流

均匀流是指过流断面的大小及形状沿程不发生变化，流速分布也不变的流动。均匀流的流线互相平行，是等速流。其余不符合上述条件的流动均为非均匀流。

工程中存在的流动大多数都是非均匀流。在非均匀流中，按照流线沿流向变化的缓急程度又可以分为渐变流和急变流。流速沿流向变化缓慢、流线近乎平行直线的流动，称为缓变流或渐变流，反之称为急变流。

如图 3.8 所示，一般流体在直管道内的流动为缓变流，在管道截面发生剧烈变化、流动方向发生改变的地方，比如突扩管、突缩管、弯管、阀门等处的流动为急变流。

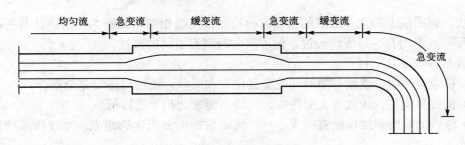

均匀流　急变流　缓变流　急变流　缓变流　　急变流

图3.8　缓变流和急变流

4. 流量与平均流速

在流束上作出的与流线相垂直的横截面称为过流断面。当流线互相平行时，过流断面为平面；当流线不平行时，过流断面为曲面。

单位时间内通过过流断面的流体的量称为流量。

根据计量单位的不同，流量可以分为体积流量 $q_v(\mathrm{m^3/s})$、质量流量 $q_m(\mathrm{kg/s})$ 和重量流量 $q_G(\mathrm{N/s})$。体积流量应用比较普遍，如无特殊说明，则流体流量均指体积流量。

流体流动时，由于流体黏性的影响，过流断面上的流速分布是不均匀的。以管道内流动为例，管壁附近流速较小，轴线上流速最大，如图3.9所示。为了便于分析计算，通常认为过流断面上的流速分布是均匀的，即过流断面的流速用平均流速 v 来表示。

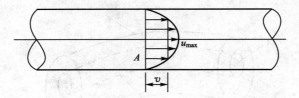

图3.9　断面平均流速

若已知过流断面的面积为 A，则流量计算公式：

$$q_v = vA \tag{3-12}$$

$$q_m = \rho q_v = \rho vA \tag{3-13}$$

$$q_G = q_m g = \rho g q_v = \rho g vA \tag{3-14}$$

5. 当量直径与水力半径

流道截面上被流体湿润的周边长度称为湿周，用 x 表示。流道截面积 A 与湿周 x 的比值称为水力半径，用 R 表示。

$$R = \frac{A}{x} \tag{3-15}$$

当量直径是指与非圆形截面管道具有相同流动阻力的圆管内径。经过折算后，非圆形截面管道可视为具有当量直径的圆形截面管道。

$$d_e = 4R = 4\frac{A}{x} \tag{3-16}$$

如图3.10(a)所示，对于充满流体的边长为 a 和 b 的矩形管道：

$$d_e = 4R = 4\frac{A}{x} = 4 \times \frac{ab}{2a+2b} = \frac{2ab}{a+b} \tag{3-17}$$

如图 3.10(b)所示，对于宽为 a，高为 b，水流湿润到 h 高度的矩形明渠：

$$d_e = 4R = 4\frac{A}{x} = 4 \times \frac{ah}{a+2h} = \frac{4ah}{a+2h} \qquad (3-18)$$

如图 3.10(c)所示，对于充满流体的环形截面管道：

$$d_e = 4R = 4\frac{A}{x} = \frac{4\left(\dfrac{\pi d_2^2}{4} - \dfrac{\pi d_1^2}{4}\right)}{\pi d_1 + \pi d_2} = d_2 - d_1 \qquad (3-19)$$

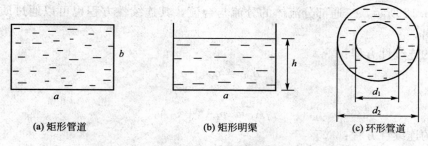

(a) 矩形管道　　　　　　(b) 矩形明渠　　　　　　(c) 环形管道

图 3.10　非圆形截面管道

● 特 别 提 示 ···

在分析流体力学的相关规律时，所推导出的各类方程大多是以圆形过流断面为基准的，如果实际工程中遇到的流动断面非圆形截面，只需把原公式中的直径替换成当量直径即可。

3.3　连续性方程

根据流体的连续性假设，流体是由无穷多没有间隙的流体微团所构成的连续介质，流体在流动过程中将连续地充满整个空间，流体质点相互衔接，没有间隙。根据这一假设以及质量守恒定律，可以推导出流体流动的连续性方程式。

如图 3.11 所示，取流道中的两个过流断面 1—1、2—2，断面 1 的平均流速为 v_1，面积为 A_1；断面 2 的平均流速为 v_2，面积为 A_2。根据质量守恒定律，从断面 1—1 流入的流体质量应该等于从断面 2—2 流出的流体质量：

$$q_{m1} = q_{m2}，即$$
$$\rho_1 q_{v1} = \rho_2 q_{v2}$$

当流体为不可压缩时，$\rho_1 = \rho_2$，上式可简化为：

$$q_{v1} = q_{v2}$$

又因为：

$$q_v = vA$$

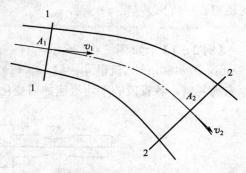

图 3.11　连续性方程的推导

因此：
$$v_1 A_1 = v_2 A_2 \qquad (3-20)$$

由于过流断面 1、2 选取的任意性，式（3-20）可以推广到其他过流断面：
$$v_1 A_1 = v_2 A_2 = v_3 A_3 = \cdots = v_n A_n，即 \ q_v = vA = C（常数） \qquad (3-21)$$

式（3-21）即为不可压缩稳定流的连续性方程。方程表明，不可压缩流体在管内流动时，流通截面积越大，流速越小；反之，流通截面积越小，流速越大。

上述连续性方程仅仅是针对单进单出的简单管道，如果所研究的管道系统属于复杂管道，如图 3.12 所示，三通部分流体的分流与合流，其连续性方程也可以通过质量守恒定律推导得出。

分流的连续性方程：
$$q_{v1} = q_{v2} + q_{v3} \qquad (3-22)$$

或者
$$v_1 A_1 = v_2 A_2 + v_3 A_3 \qquad (3-23)$$

合流的连续性方程：
$$q_{v1} + q_{v2} = q_{v3} \qquad (3-24)$$

或者
$$v_1 A_1 + v_2 A_2 = v_3 A_3 \qquad (3-25)$$

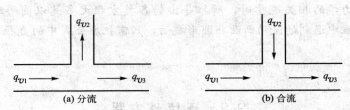

图 3.12　流体的分流与合流

● 特 别 提 示

由于连续性方程未涉及作用在流体上的力，因此连续性方程对于理想流体和实际流体均适用。

【例 3-1】　如图 3.13 所示，有一变径管道，已知各管段管径 $d_1 = 30\text{mm}$，$d_2 = 40\text{mm}$，$d_3 = 60\text{mm}$，流量 $q_v = 6\text{L/s}$。（1）试求各管段的平均流速；（2）假设管内流量变为原来的两倍，各管段的平均流速如何变化？

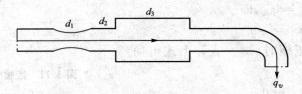

图 3.13　连续性方程应用

【解】　（1）根据连续性方程：

$$q_v = v_1 A_1 = v_2 A_2 = v_3 A_3$$

所以：

$$v_1 = \frac{q_v}{A_1} = \frac{q_v}{\frac{\pi}{4} d_1^2}$$

代入已知数据：

$$v_1 = \frac{6 \times 10^{-3}}{\frac{3.14}{4} \times (30 \times 10^{-3})^2} = 8.49 (\text{m/s})$$

$$v_2 = v_1 \frac{A_1}{A_2} = v_1 \left(\frac{d_1}{d_2}\right)^2 = 8.49 \times \left(\frac{30}{40}\right)^2 = 4.78 (\text{m/s})$$

$$v_3 = v_1 \frac{A_1}{A_3} = v_1 \left(\frac{d_1}{d_3}\right)^2 = 8.49 \times \left(\frac{30}{60}\right)^2 = 2.12 (\text{m/s})$$

（2）流量变为原来的两倍，即：

$$q_{v2} = 2q_{v1}$$

根据连续性方程

$$q_v = v_1 A_1 = v_2 A_2 = v_3 A_3$$

各管段流速 v_1、v_2、v_3 也变为原来的两倍。

3.4 稳定流能量方程

工程实际中常常涉及流体自身能量形式的转换以及与外界有热交换的流动问题，其流动过程中将产生热效应，并和外界产生热交换，从而影响压强、密度、速度等参数的变化，因此，需要借助连续性方程、动量方程以及能量方程才能准确地描述流体流动过程中运动特性参数的变化。

流体和其他物质一样，具有动能和势能两种形式的机械能，流体的动能和势能之间，机械能和其他形式的能量之间，都可以互相转化，且其转化关系遵循能量转换与守恒定律。

3.4.1 稳定流能量方程的定义

在流道上下游的缓变流部分各取一过流断面1、2，根据能量守恒定理：

$$z_1 g + \frac{p_1}{\rho} + \frac{v_1^2}{2} = z_2 g + \frac{p_2}{\rho} + \frac{v_2^2}{2} + h_{l1-2}$$

以上各项的单位均为 m^2/s^2，其实质为 J/kg，其物理意义如下：

zg——流体的比位能；

$\dfrac{p}{\rho}$ ——流体的比压能；

$zg + \dfrac{p}{\rho}$ ——流体的比位能与比压能之和，称为比势能；

$\dfrac{v^2}{2}$ ——流体的比动能；

H_{l1-2}——过流断面1到过流断面2之间单位质量流体的能量损失。

上式两端同时除以 g，可得单位重量形式的能量方程：

$$z_1 + \frac{p_1}{\rho g} + \frac{v_1^2}{2g} = z_2 + \frac{p_2}{\rho g} + \frac{v_2^2}{2g} + h_{l1-2} \qquad (3-26)$$

式（3-26）即为稳定流的能量方程，也称为伯努利方程。

特 别 提 示

伯努利方程有两种形式：沿流线的伯努利方程和总流的伯努利方程。沿流线的伯努利方程应用于同一条流线上，总流的伯努利方程应用于缓变流断面上；沿流线的伯努利方程可求得流场中某点的速度、压强等参数，而总流的伯努利方程可求得流体通过某过流断面的平均速度、压强等。

应用能量方程时，需要注意以下几点。

1）基准面的选取

基准面的选取原则上是任意的，但是为了计算方便，基准面一般应选在下游断面中心、管流轴心或其下方，这样位置水头 z 不会出现负值。对于不同的计算断面，必须选取同一基准面。

2）压强基准的选取

伯努利方程中的压强，可以是绝对压强也可以是相对压强，但方程两边的形式一定要相同。

3）计算断面的选取

计算断面一般应选在压强或压差已知的缓变流断面上，并使所求的未知量包含在所列方程中。

4）能量损失的计算

方程中的能量损失一项应加在流体流动的下游断面上。能量损失的计算在后续章节中介绍。如果流体按照理想流体来处理，那么能量损失为零。

3.4.2 稳定流能量方程的适用条件

能量方程即伯努利方程，其在工程中的应用非常广泛，但是运用该方程时应该注意其适用条件。

（1）伯努利方程适用于稳定流或者近似稳定流。

（2）伯努利方程适用于不可压缩流体。液体压缩性很小，可以认为是不可压缩流体，气体在压力变化较大、流速很高时需要考虑压缩性。

（3）过流断面应取在缓变流部分，流道截面发生突变或拐弯处截面不适用于该公式。

（4）伯努利方程的推导前提是两过流断面之间没有能量的输入或输出。而实际管路系统中，很可能有水泵、风机或水轮机等输入或输出能量的机械。

如果两计算断面之间有水泵或风机，如图 3.14 所示，则意味着有能量的输入，可将输入的单位能量 H_i 列在方程的左边，以维持能量的守恒关系。

$$z_1 + \frac{p_1}{\rho g} + \frac{v_1^2}{2g} + H_i = z_2 + \frac{p_2}{\rho g} + \frac{v_2^2}{2g} + h_{l1-2} \qquad (3-27)$$

如果两计算断面之间有水轮机，如图 3.15 所示，则意味着有能量的输出，可将输出

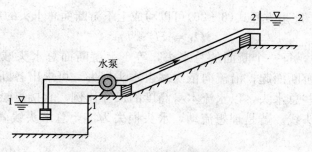

图 3.14 有能量输入的管路

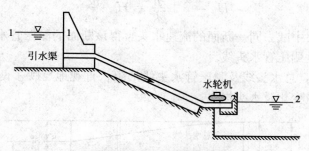

图 3.15 有能量输出的管路

的单位能量 H_o 列在方程的右边。

$$z_1 + \frac{p_1}{\rho g} + \frac{v_1^2}{2g} = z_2 + \frac{p_2}{\rho g} + \frac{v_2^2}{2g} + H_o + h_{l1-2} \qquad (3-28)$$

（5）如果分析复杂管路，如三通的分流与合流，可以根据其流量关系建立能量方程。如图 3.16 所示，断面 1、2 之间有分流，分流点是非缓变流断面，而离分流点较远的断面 1、2、3 都是缓变流断面，可以近似认为各断面通过流体的单位能量在断面上的分布是均匀的，即流体的一部分流向断面 2，一部分流向断面 3。单位质量流体的能量守恒关系依然存在，分别表现为断面 1—2 和断面 1—3 的两个能量关系式。

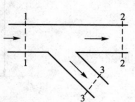

图 3.16 流体的分流

$$z_1 + \frac{p_1}{\rho g} + \frac{v_1^2}{2g} = z_2 + \frac{p_2}{\rho g} + \frac{v_2^2}{2g} + h_{l1-2} \qquad (3-29)$$

$$z_1 + \frac{p_1}{\rho g} + \frac{v_1^2}{2g} = z_3 + \frac{p_3}{\rho g} + \frac{v_3^2}{2g} + h_{l1-3} \qquad (3-30)$$

根据上述分析过程，同样可以得到流体合流时的能量方程。

3.4.3 稳定流能量方程的几何意义

能量方程式(3-26)中，各项都具有长度的量纲，其单位均为 m，表示某种高度，工程上习惯称为"水头"。其中，z 是位置高度，又称为位置水头；$\frac{p}{\rho g}$ 是测压管高度，又称为压强水头；而 $z + \frac{p}{\rho g}$ 称为测压管水头，记为 H_p；$\frac{v^2}{2g}$ 是流速高度，又称为流速水头；三项之和 $z + \frac{p}{\rho g} + \frac{v^2}{2g}$ 称为总水头，记为 H；h_l 为能量损失，又称为水头损失。

根据以上分析，能量方程式(3-26)可以写成上下游断面总水头的形式：

$$H_1 = H_2 + h_{l1-2} \qquad (3-31)$$

根据式(3-31)，每一个断面的总水头，等于上游断面总水头减去两断面之间的水头损失。即从最上游断面起，沿流向依次减去水头损失，可求出各断面的总水头，一直到流动结束。将这些总水头，以水流本身高度的尺寸比例，直接点绘在水流上，这样连成的线，就是总水头线。若是理想流动，水头损失为零，总水头线就是一条以 H_1 为高的水平线。

根据定义，测压管水头：

$$H_p = z + \frac{p}{\rho g} = H - \frac{v^2}{2g} \qquad (3-32)$$

从断面的总水头中减去同一断面的流速水头，得该断面的测压管水头。各断面的测压管水头连成的线就是测压管水头线。

如图 3.17 所示，总水头线及测压管水头线形象、直观地反映了两个断面各自的能量分配、两断面的能量变化及水头损失。

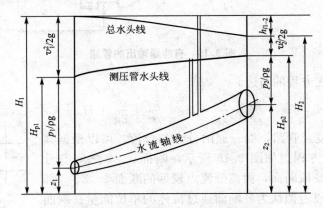

图 3.17　总水头线和测压管水头线

实际流体(黏性流体)的流动过程中存在能量损失，因此其总水头线是沿程下降的；而对于理想流体(无黏性流体)的恒定流动，不存在能量损失，因此沿各断面或流线各点的总水头相等，其总水头线是水平线。

3.4.4　稳定气流能量方程及其简化形式

1. 稳定气流能量方程

能量方程是针对不可压缩流体导出的，而气体是可压缩流体，但是对于流速不太高、压强变化不大的系统，如通风空调管道、烟道等，气流在运动过程中密度变化较小，能量方程同样适用。

对于气体的流动，习惯上将能量方程各项乘以 ρg，转变为压强，即：

$$\rho g z_1 + p_1 + \frac{\rho v_1^2}{2} = \rho g z_2 + p_2 + \frac{\rho v_2^2}{2} + p_{l1-2} \qquad (3-33)$$

式中，$p_{l1-2} = \rho g h_{l1-2}$

对于液体流动，能量方程中的压强可以采用绝对压强，也可以采用相对压强。而对于气体流动，能量方程中的压强只能取绝对压强。

大气压强随着高度的增加而减少，如果选取的两个过流断面高度差较大，大气压强的差别就比较明显。对于液体流动，由于液体密度远大于空气密度，可以忽略大气压强因高度差造成的差异。对于气体流动，在高度差大、气体密度和空气密度不等的情况下，必须考虑大气压的差异。

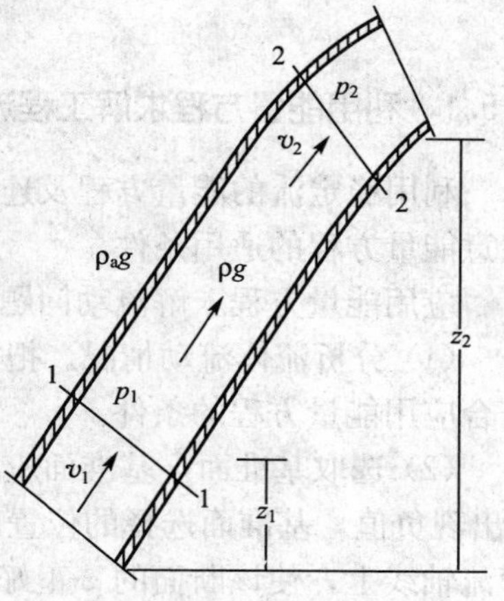

如图 3.18 所示，如果高度为 z_1 的过流断面大气压为 p_a，则高度为 z_2 的过流断面 2，其大气压减为 $p_a - \rho_a g (z_2 - z_1)$，$\rho_a$ 为空气密度。因此：

$$p_1 = p_a + p_{1e}$$
$$p_2 = p_a - \rho_a g(z_2 - z_1) + p_{2e}$$

图 3.18　气体压强

将 p_1、p_2 代入气体能量方程：

$$\rho g z_1 + (p_a + p_{1e}) + \frac{\rho v_1^2}{2} = \rho g z_2 + [p_a - \rho_a g(z_2 - z_1) + p_{2e}] + \frac{\rho v_2^2}{2} + p_{l1-2}$$

整理得：

$$p_{1e} + \frac{\rho v_1^2}{2} + g(\rho_a - \rho)(z_2 - z_1) = p_{2e} + \frac{\rho v_2^2}{2} + p_{l1-2} \qquad (3-34)$$

式（3-34）即为稳定气流能量方程。方程中各项具有压力的量纲。

式中，　p_{1e}、p_{2e}——两断面的相对压强；

$g(\rho_a - \rho)(z_2 - z_1)$——密度差与高度差的乘积，称为位压；

$\dfrac{\rho v_1^2}{2}$、$\dfrac{\rho v_2^2}{2}$——两断面的动压；

p_{l1-2}——两断面间的压强损失。

2. 稳定气流能量方程的简化形式

当管中气体与空气间密度差很小，或者高度差很小时，稳定气流能量方程中的位压项可以忽略不计，此时，能量方程可以简化成以下形式：

$$p_1 + \frac{\rho v_1^2}{2} = p_2 + \frac{\rho v_2^2}{2} + p_{l1-2} \qquad (3-35)$$

● 特 别 提 示

稳定气流的能量方程式（3-33）中，左右两侧的压力只能取绝对压强，而其简化形式，式（3-35）中左右两侧的压强可以取绝对压强，也可以取相对压强。一般取相对压强计算比较方便，但是很多情况下，比如锅炉烟道中的烟气流动，因其密度与空气密度相差较大，高度差可达几十米甚至几百米，只能采用稳定气流能量方程的原始形式。

3.5 能量方程的应用

3.5.1 利用能量方程求解工程流动问题

利用稳定流的能量方程及连续性方程可以解决实际工程中流体流动的相关问题，但要注意能量方程的适用条件。

应用能量方程求解流动问题时一般可按照下列步骤进行。

（1）分析流体流动情况。把需要研究的局部流动和流动总体联系起来，分析流动是否符合应用能量方程的条件。

（2）选取基准面。基准面应取水平面，不同的计算断面应选用同一基准面，为了避免z出现负值，基准面选择的位置应低一些，一般情况下，基准面可以选在下游断面所在的管流轴线上，使该断面的z正好为零，从而简化计算。

（3）选取计算断面。计算断面应选在上下游的缓变流部分，计算点一般选在管流的轴心位置。选择计算断面时应注意把已知条件和未知条件联系起来，可以选择一些暗含已知条件的特殊断面，如自由液面、管道出水口等。

（4）列能量方程，配合连续性方程，求解未知量。

3.5.2 能量方程在流速和流量测量等方面的实际应用

1. 在流速测量中的应用——皮托管

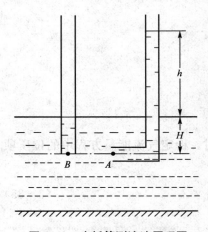

图 3.19　皮托管测流速原理图

如图 3.19 所示，将两端开口弯成 90° 的管子放置在水流中，一端迎流放置，另一端和水面垂直开口向上，开口端中心 A 距离水面高度为 H，管内液面上升的高度为 h。图中 A 为驻点（速度为零），该点的压强称为驻点压强，为该点的总压。B 和 A 处在同一条流线上，在 B 点上插入一根测压管，测压管内的液柱高度也为 H。假设测压管的存在不扰动原流场，且 B、A 两点距离较近，能量损失可以忽略不计，在 B、A 两点之间应用伯努利方程：

$$z_B + \frac{p_B}{\rho g} + \frac{v_B^2}{2g} = z_A + \frac{p_A}{\rho g} + \frac{v_A^2}{2g} + h_{lA-B}$$

根据题意，$z_B = z_A$，$h_{lA-B} = 0$，$v_A = 0$，$p_B = \rho g H$，$p_A = \rho g (H+h)$，代入上式可导出 B 点流速：

$$v_B = \sqrt{\frac{2}{\rho}(p_A - p_B)} = \sqrt{2gh}$$

实际使用时，在测得 h，计算出流速 v 后，还应考虑皮托管修正系数 c，即：

$$v = c\sqrt{2gh} \tag{3-36}$$

由于 A、B 两点相距很近，不考虑能量损失，总能量相等。因此只要测出某一点的总压（$p + \rho v^2/2$）和静压（p），就可以求出被测点上的流速 v。在上述方法中，直管测得的是静压，弯管测得的是总压，总压和静压之差 $\rho v^2/2$ 称为动压。法国人皮托(Henri Pitot)于 1773 年首先用该方法测量了塞纳河的水流速度，因此将该测量装置称为皮托管。

用皮托管测得的流速是过流断面上某一点的流速，如果要确定过流断面的平均流速，可将过流断面分成若干等份，用皮托管测定每一小等份面积上的流速，然后再计算各点流速的平均值，作为断面的平均流速。测点越多，平均流速的计算结果就越准确。

在工程实际中，常常将皮托管和静压管组合在一起，称为皮托-静压管或动压管，如图 3.20 所示。皮托管比较细，被包围在静压管中，静压孔开在总压孔稍后的位置上，为了保证测量精度，往往在同一截面上开设多个静压孔，并且要求静压孔必须和管子的壁面垂直。测量时将静压孔和总压孔感受到的压强分别和差压计的两个入口相连，在差压计上就可以读出总压和静压之差，最后由公式 $v = c\sqrt{2gh}$ 求得被测点的流速。皮托管外形如图 3.21 所示。

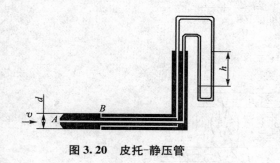

图 3.20 皮托-静压管

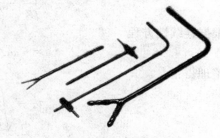

图 3.21 皮托管外形图

2. 在流量测量中的应用——文丘里管

文丘里管用来测量管道中的流量，其构造如图 3.22 所示，由收缩段、扩张段和喉部所组成。由于喉部断面缩小，流速增加，压强相应降低，根据压差计测定压强的前后变化即可计算出流体的流速和流量。工程中常用的文丘里流量计外形如图 3.23 所示。

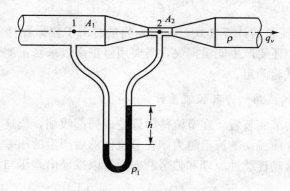

图 3.22 文丘里管

在入口段之前的直管段上取过流断面 1、在喉部取过流断面 2，设断面 1、2 的面积分别为 A_1 和 A_2，在断面 1、2 之间列能量方程：

$$z_1 + \frac{p_1}{\rho g} + \frac{v_1^2}{2g} = z_2 + \frac{p_2}{\rho g} + \frac{v_2^2}{2g} + h_{l1-2}$$

图 3.23　文丘里流量计

取管轴线作为基准面，$z_1 = z_2 = 0$，有：

$$\frac{p_1}{\rho g} + \frac{v_1^2}{2g} = \frac{p_2}{\rho g} + \frac{v_2^2}{2g}$$

根据连续性方程

$$v_1 A_1 = v_2 A_2$$

整理得：

$$v_2 = \sqrt{\frac{2(p_1 - p_2)}{\rho \left[1 - \left(\frac{A_2}{A_1}\right)^2\right]}}$$

$$q_v = A_2 v_2 = A_2 \sqrt{\frac{2(p_1 - p_2)}{\rho \left[1 - \left(\frac{A_2}{A_1}\right)^2\right]}}$$

若用 U 形管中液面高度差 h 表示压强差，则有：

$$p_1 - p_2 = (\rho_1 - \rho)gh$$

$$q_v = A_2 \sqrt{\frac{2(\rho_1 - \rho)gh}{\rho \left[1 - \left(\frac{A_2}{A_1}\right)^2\right]}} \tag{3-37}$$

式(3-37)是理论流量的计算公式，在实际测量时由于流体黏性的影响，流速在截面上分布不均匀，流动中还要产生能量损失，需要用修正系数来修正测量所产生的误差，修正系数的值一般通过试验测定。

3. 在流量测量中的应用——孔板流量计

流体流经管道内的节流装置，在节流件附近造成局部收缩，流速增加，在其上、下游两侧产生静压力差。介质流动的流量越大，在节流件前后产生的压差就越大。在已知有关参数的条件下，根据流动连续性原理和伯努利方程可以推导出差压与流量之间的关系而求得流量。

孔板流量计可测量管道中各种流体的流量，可测量的介质有液体、气体、蒸汽，其应用非常广泛。其测量原理及外形结构分别如图 3.24(a)、(b)所示。

4. 流体流动的吸力——喷射泵

喷射泵的工作原理如图 3.25 所示，工作流体在高压下经过喷嘴以高速度射出时，混合室内产生低压形成真空，被输送的流体被吸入混合室，与工作流体相混，一同进入扩大

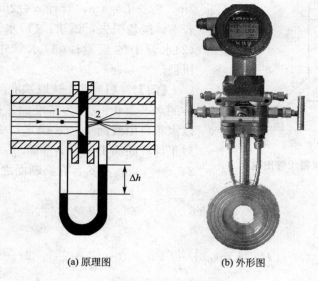

(a) 原理图　　　　　(b) 外形图

图 3.24　孔板流量计

管。在经过扩大管时，流体的压力又逐渐上升，然后共同排出管外。

取水流进入喷嘴前的 A—A 断面和水流流出喷嘴时的 C—C 断面，列能量方程（忽略能量损失）：

$$z_A + \frac{p_A}{\rho g} + \frac{v_A^2}{2g} = z_C + \frac{p_C}{\rho g} + \frac{v_C^2}{2g} + h_{lA-C}$$

其中，$z_A = z_C$，$h_{lA-C} = 0$，$v_A A_A = v_C A_C$（连续性方程），代入上式，有：

$$\frac{p_A - p_C}{\rho g} = \left[\left(\frac{A_A}{A_C} \right)^2 - 1 \right] \frac{v_A^2}{2g}$$

因为 $A_A > A_C$，上式左端为正值，即 $p_C < p_A$，且 A_C 越小则 p_C 的值越低。当 p_C 比大气压还要低时，若在 C 处接一根管子，其下端浸在液箱中，则液箱中的液体会在大气压的作用下上升至管内。

当 $\dfrac{-p_C}{\rho g} > H$（p_C 为相对压强）时，箱内液体就会被 C 处存在的真空度吸到水平管中，被夹带冲走。这就是喷射泵或射流泵的工作原理。

喷射泵的常见外形如图 3.26 所示。

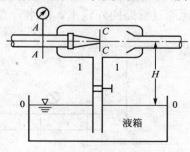

图 3.25　流动吸力

图 3.26　喷射泵

【例 3－2】　如图 3.27 所示，水箱中水面稳定，水经底部水管恒定出流，已知 $H =$

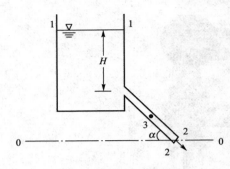

图 3.27　水箱水管出流

2m，管长 $L=4$m，管径 $d=20$cm，水管倾角 45°。若不计能量损失，试求：（1）水管出口处水的流速；（2）水管中的流量；（3）水管中间位置 3 处水的压强。

【解】　（1）首先选取基准面，以穿过出口管中心的水平面 0—0 作为基准面。接着选取计算断面，以水箱自由液面 1—1、出水口 2—2 作为计算断面。对于计算断面 1—1，$v_1=0$，$p_1=p_a$；对于断面 2—2，$z_2=0$，$p_2=p_a$。在两断面之间列能量方程：

$$z_1+\frac{p_1}{\rho g}+\frac{v_1^2}{2g}=z_2+\frac{p_2}{\rho g}+\frac{v_2^2}{2g}+h_{l1-2}$$

代入已知数据：

$$(H+L\sin\alpha)+\frac{p_a}{\rho g}+0=0+\frac{p_a}{\rho g}+\frac{v_2^2}{2g}+0$$

简化得：

$$H+L\sin\alpha=\frac{v_2^2}{2g}$$

所以：

$$v_2=\sqrt{2g(H+L\sin\alpha)}=\sqrt{2\times9.81\times(2+4\times\sin45°)}=9.73(\text{m/s})$$

（2）管中流量。

$$q_v=\frac{\pi}{4}d_2^2v_2=\frac{3.14}{4}\times0.20^2\times9.73=0.31(\text{m}^3/\text{s})$$

（3）选取断面 2—2、3—3 作为计算断面。在两个断面之间列能量方程：

$$z_3+\frac{p_3}{\rho g}+\frac{v_3^2}{2g}=z_2+\frac{p_2}{\rho g}+\frac{v_2^2}{2g}+h_{l3-2}$$

已知 $p_2=p_a$，即 $p_{2e}=0$，$v_2=v_3$，$h_{l3-2}=0$，$z_2=0$，代入上式，得：

$$\frac{L}{2}\sin\alpha+\frac{p_{3e}}{\rho g}=0$$

$$p_{3e}=-\rho g\frac{L}{2}\sin\alpha=-1000\times9.81\times\frac{4}{2}\times\sin45°=-13.87\times10^3(\text{Pa})$$

因此，水管中 3 点的相对压强（即真空度）为 13.87kPa。

【例 3-3】　如图 3.28 所示，容量足够大的贮水池通过管路向外输水，出水管直径为 150mm。已知当管路末端阀门关闭时，压力表读数为 300kPa，阀门全开时，压力表读数为 60kPa。若不计能量损失，出水管的体积流量是多少？

【解】　阀门全开时，取过流断面 1—1、2—2，在两断面之间列能量方程：

$$z_1+\frac{p_1}{\rho g}+\frac{v_1^2}{2g}=z_2+\frac{p_2}{\rho g}+\frac{v_2^2}{2g}+h_{l1-2}$$

取出水管轴线为基准面，因此，$z_1=H$，$z_2=0$。

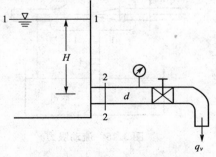

图 3.28　水池出水管路

1—1断面为自由液面，贮水池容积足够大，因此，$v_1=0$，$p_1=p_a$。

不计能量损失，因此，$h_{l1-2}=0$。

将上述已知条件代入能量方程：

$$z_1+\frac{p_a}{\rho g}=\frac{p_a+p_{2e}}{\rho g}+\frac{v_2^2}{2g}$$

阀门关闭时，水池及出水管路中水处于静止状态，根据流体静力学基本方程，可知：

$$p_a+\rho g z_1=p_a+p_{1e}$$

因此，$z_1=\dfrac{p_{1e}}{\rho g}$，将其代入能量方程得：

$$v_2=\sqrt{2g\left(\frac{p_{1e}-p_{2e}}{\rho g}\right)}$$

代入已知数据，得：$v_2=21.9\text{m/s}$

出水管的体积流量为：

$$q_v=\frac{\pi}{4}d^2 v_2=\frac{3.14}{4}\times 0.15^2\times 21.9=0.387(\text{m}^3/\text{s})$$

【例3－4】　如图3.29所示，某管路由不同直径的两管前后相连而成，小管直径d_A =100mm，大管直径d_B=200mm。水在管中流动时，测得A点的压力$p_A=100\text{kN/}$ m^2，B点的压力$p_B=70\text{kN/m}^2$，A点的流速$v_A=4\text{m/s}$。试判断水在管中的流动方向，并计算两个断面之间的能量损失。

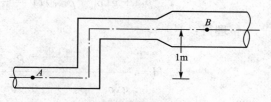

图3.29　变径管流

【解】　根据连续性方程，

$$v_A\times\frac{\pi}{4}d_A^2=v_B\times\frac{\pi}{4}d_B^2$$

$$v_B=v_A\times\left(\frac{d_A}{d_B}\right)^2=4\times\left(\frac{0.1}{0.2}\right)^2=1(\text{m/s})$$

假设管中水流的方向由A到B，取过A点、B点的过流断面，在两断面之间列能量方程：

$$z_A+\frac{p_A}{\rho g}+\frac{v_A^2}{2g}=z_B+\frac{p_B}{\rho g}+\frac{v_B^2}{2g}+h_{lA-B}$$

因此：

$$h_{lA-B}=(z_A-z_B)+\frac{p_A-p_B}{\rho g}+\frac{v_A^2-v_B^2}{2g}$$

取小管的轴线为基准面，$z_A=0$，$z_B=1\text{m}$。

将已知数据代入上式，得

$$h_{lA-B}=(0-1)+\frac{(100-70)\times 10^3}{1000\times 9.81}+\frac{4^2-1^2}{2\times 9.81}=2.82(\text{m})>0$$

假设正确，水从小管流向大管，流动损失为2.82m。

【例3－5】　如图3.30所示，烟囱直径$d=1\text{m}$，通过的烟气量$G=176.2\text{kN/h}$，烟气密度为0.7kg/m^3，周围气体的密度为1.2kg/m^3，要保证底部（1断面）负压不小于

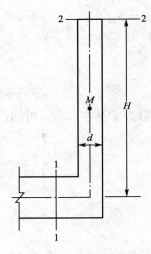

图 3.30　锅炉房烟囱

$10\text{mmH}_2\text{O}$，烟囱高度至少应为多少？并求 $H/2$ 高度上的压强。计算时假设 1—1 断面流速很低，可以忽略不计。烟囱压强损失用下式计算：

$$p_1 = 0.035 \frac{H}{d} \cdot \frac{v^2}{2g} \cdot \gamma$$

【解】　(1) $G = \rho_{烟气} g q_v = \rho g \times \dfrac{\pi}{4} d^2 v$

所以，$v = \dfrac{4G}{\rho_{烟气} g \pi d^2} = \dfrac{4 \times 176.2 \times 1000/3600}{0.7 \times 9.81 \times 3.14 \times 1^2} = 9.08 (\text{m/s})$

选取烟囱底部断面 1—1、烟囱出口断面 2—2 作为计算断面，在两断面之间列稳定气流能量方程：

$$p_{1e} + \frac{\rho v_1^2}{2} + g(\rho_a - \rho)(z_2 - z_1) = p_{2e} + \frac{\rho v_2^2}{2} + p_{l1-2}$$

$v_1 \approx 0$，$p_{2e} = 0$，所以：

$$p_{1e} + g(\rho_a - \rho_{烟气})H = \frac{\rho_{烟气} v_2^2}{2} + 0.035 \frac{H}{d} \cdot \frac{v_2^2}{2g} \rho_{烟气} g$$

整理得：

$$H = \frac{\dfrac{\rho_{烟气} v_2^2}{2} - p_{1e}}{g(\rho_a - \rho_{烟气}) - 0.035 \dfrac{\rho_{烟气} v_2^2}{2d}}$$

$$= \frac{\dfrac{0.7 \times 9.08^2}{2} - p_{1e}}{9.81 \times (1.2 - 0.7) - 0.035 \times \dfrac{0.7 \times 9.08^2}{2 \times 1}} = \frac{28.856 - p_{1e}}{3.895}$$

$$p_{1e} = 28.856 - 3.895H$$

断面 1 上的负压值不小于 $10\text{mmH}_2\text{O}$，即：

$$p_{1e} = 28.856 - 3.895H \leqslant -10\text{mmH}_2\text{O}(p_{1v} \geqslant 10\text{mmH}_2\text{O})$$

所以：$H \geqslant \dfrac{28.856 + 10 \times 9.81}{3.895} = 32.6 (\text{m})$

烟囱高度至少应为 32.6m。

(2) 取烟囱出口断面 2—2、通过烟囱中点 M 的断面 3—3，在两断面间列稳定气流能量方程：

$$p_{3e} + \frac{\rho v_3^2}{2} + g(\rho_a - \rho)(z_2 - z_3) = p_{2e} + \frac{\rho v_2^2}{2} + p_{l3-2}$$

$p_{2e} = 0$，$v_2 = v_3$，所以：

$$p_{3e} + g(\rho_a - \rho_{烟气})H/2 = \frac{0.035 \dfrac{H}{d} \cdot \dfrac{v^2}{2g} \gamma}{2}$$

$$p_{3e} = \frac{0.035 \dfrac{H}{d} \cdot \dfrac{\rho_{烟气} v_2^2}{2}}{2} - g(\rho_a - \rho_{烟气})H/2$$

$$= \frac{0.035 \times \dfrac{32.6}{1} \times \dfrac{0.7 \times 9.08^2}{2}}{2} - 9.81 \times (1.2 - 0.7) \times 32.6/2$$

$$= 16.46 - 79.95 = -63.49(\text{Pa})$$

烟囱中点上的相对压强（即真空度）为63.49Pa。

【例3-6】 如图3.31所示为一抽水装置，利用喷射水流在喉道断面上造成的负压，可将M容器中的积水抽出。试分析喉道有效断面面积A_2与喷嘴出口断面面积A_3之间应满足什么样的条件能使抽水装置开始工作（不计能量损失）。

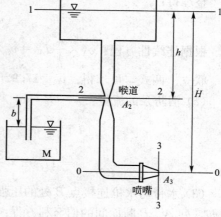

图3.31 抽水装置

【解】 以2—2为基准面，列1—1、2—2断面之间的能量方程（方程两侧采用相对压强）：

$$h + 0 + 0 = 0 + \frac{p_2}{\rho g} + \frac{v_2^2}{2g} + 0$$

以0—0为基准面，列2—2、3—3断面之间的能量方程（方程两侧采用相对压强）：

$$H - h + \frac{p_2}{\rho g} + \frac{v_2^2}{2g} = 0 + 0 + \frac{v_3^2}{2g} + 0$$

根据连续性方程 $v_2 A_2 = v_3 A_3$

联立上三式，可得：$v_3 = \sqrt{2gH}$，$v_2 = \frac{A_3}{A_2}\sqrt{2gH}$

要使抽水装置工作，需满足$\frac{-p_2}{\rho g} > b$，即$\frac{A_3}{A_2} > \sqrt{\frac{h+b}{2gH}}$

【例3-7】 如图3.32所示，消防水泵与消防水龙带AB、喷枪BC连接，喷水灭火。消防泵出口A点的压力为2atm（表压，1atm=101325Pa），泵排出管断面直径$d=50$mm，喷嘴出口C直径为20mm，水龙带水头损失为0.5m，喷枪水头损失0.1m，试求喷枪出口的流速、消防泵的流量以及水带与水枪连接点B处的压强。

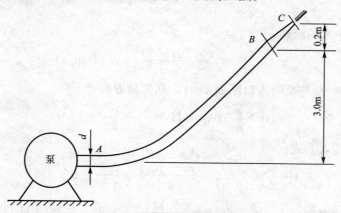

图3.32 消防喷水灭火系统

【解】 （1）以A所在位置为基准面，列A、C两个断面的伯努利方程：

$$z_A + \frac{p_A}{\rho g} + \frac{v_A^2}{2g} = z_C + \frac{p_C}{\rho g} + \frac{v_C^2}{2g} + h_{lA-C}$$

其中，$z_A = 0$，$z_C = 3.2$m，$p_A = p_a + 2 \times 101325$Pa，$p_C = p_a$，代入上式，得：

$$0 + \frac{p_a + 2 \times 101325}{\rho g} + \frac{v_A^2}{2g} = 3.2 + \frac{p_a}{\rho g} + \frac{v_C^2}{2g} + 0.5 + 1$$

整理得：

$$v_C^2 - v_A^2 = 313$$

根据连续性方程：$v_A \times \frac{\pi}{4} d_A^2 = v_C \times \frac{\pi}{4} d_C^2$，有 $\frac{v_A}{v_C} = \left(\frac{d_C}{d_A}\right)^2 = \left(\frac{20}{50}\right)^2$

联立上两式，可求得：$v_C = 17.92 \text{m/s}$

（2）消防泵的流量：

$$q = v_C \times \frac{\pi}{4} d_C^2$$

$$= 17.92 \times \frac{3.14}{4} \times 0.02^2 = 0.00563 (\text{m}^3/\text{s}) = 20.3 \text{m}^3/\text{h}$$

（3）水带与水枪连接点 B 处的压强可通过列 A、B 或 B、C 断面间的伯努利方程求解。例如，列 A、B 断面间的伯努利方程：

$$z_A + \frac{p_A}{\rho g} + \frac{v_A^2}{2g} = z_B + \frac{p_B}{\rho g} + \frac{v_B^2}{2g} + h_{lA-B}$$

其中，$z_A = 0$，$z_B = 3\text{m}$，$p_A = p_a + 2 \times 101325\text{Pa}$，$v_A = v_B$，$h_{lA-B} = 0.5\text{m}$，代入上式，得：

$$\frac{p_a + 2 \times 101325}{\rho g} = 3.0 + \frac{p_B}{\rho g} + 0.5$$

整理得 B 点的相对压强：

$$p_B - p_a = 2 \times 101325 - 3.5 \times 1000 \times 9.807 = 168325.5 (\text{Pa})$$

【例 3-8】 如图 3.33 所示，离心水泵的体积流量为 20m³/h，安装高度为 5.5m，吸水管内径 100mm，吸水管的总损失为 0.25m 水柱高度，水池面积足够大，求水泵入口处的真空度。

【解】 管路中水的流速：

$$v = \frac{4q}{\pi d^2} = \frac{4 \times 20/3600}{\pi \times 0.1^2} = 0.71 (\text{m/s})$$

取水池液面 0—0 与泵吸入口断面 1—1，列能量方程：

$$0 + \frac{p_a}{\rho g} + 0 = H + \frac{p_1}{\rho g} + \frac{v_1^2}{2g} + h_l$$

将已知数据代入上式：

$$0 + 0 + 0 = 5.5 + \frac{p_1 - p_a}{\rho g} + \frac{0.71^2}{2 \times 9.807} + 0.25$$

水泵入口处的真空度 $h_v = \frac{p_{1v}}{\rho g} = 5.5 + \frac{0.71^2}{2 \times 9.807} + 0.25 = 5.78 (\text{mH}_2\text{O})$

【例 3-9】 如图 3.34 所示为测量风机流量用的集流管装置，风管直径 $d = 150\text{mm}$，空气密度为 1.2kg/m³，水柱吸上高度 $H = 20\text{mm}$，若不计能量损失，试求空气流量。

【解】 取断面 1—1、2—2，列两端面间的稳定气流能量方程（断面 1—1 取在距离喇叭形集流管入口足够远处，此时，空气流速接近于 0）：

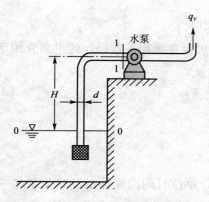

图 3.33　离心泵吸水管路

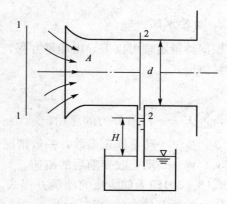

图 3.34　风机流量测定装置

$$p_1 + \frac{\rho v_1^2}{2} = p_2 + \frac{\rho v_2^2}{2} + p_{l1-2}$$

已知 $p_{1e}=0$，$v_1=0$，$p_{l1-2}=0$，$p_{2v}=\rho_{H_2O}gH$，代入上式：

$$0 = -\rho_{H_2O}gH + \frac{\rho v_2^2}{2}$$

管中流速：

$$v_2 = \sqrt{\frac{2\rho_{H_2O}gH}{\rho}} = \sqrt{\frac{2 \times 1000 \times 9.807 \times 0.02}{1.2}} = 18.08(\text{m/s})$$

管中空气流量，即风机的流量：

$$q = v \times \frac{\pi}{4}d^2 = 18.08 \times \frac{\pi}{4} \times 0.15^2 = 0.319(\text{m}^3/\text{s})$$

特别提示 ···

在利用能量方程求解流动问题时，最关键的问题是选择计算断面。其中一个计算断面应该选择包含已知条件最多的且计算最简便的断面，而另一个断面应该包含未知要素，这样，在两个断面之间列能量方程就可根据已知条件求出未知参数。

3.6 动量方程及其应用

稳定流动量方程是动量守恒定律在流体力学中的具体应用。研究动量方程就是在稳定流条件下，分析流体在流动空间内的动力平衡规律。

1. 动量定理

动量定理指出，物体在某一时间内的动量增量等于该物体所受外力的合力在同一时间内的冲量，即：

$$\sum \boldsymbol{F} \cdot \Delta t = m\boldsymbol{v}_2 - m\boldsymbol{v}_1 \tag{3-38}$$

如果一个系统不受外力或所受外力的矢量和为零，那么这个系统的总动量保持不变。

2. 动量方程

根据动量定理可以推导出动量方程，推导过程可以参照相关资料，这里只介绍动量方程的具体形式。

$$\sum \boldsymbol{F} = \rho q \left(\beta_2 \boldsymbol{v}_2 - \beta_1 \boldsymbol{v}_1 \right) \tag{3-39}$$

式中，$\sum \boldsymbol{F}$——所有外力的总和；

β_1、β_2——动量修正系数，一般情况下取 1.0；

$\boldsymbol{v}_1$、$\boldsymbol{v}_2$——动量改变前后的流速。

式(3-39)即为稳定流的动量方程式。它表明，单位时间内流体的动量增量等于作用在流体上的所有外力的总和。

在式(3-39)中，由于力和速度均为矢量，实际计算过程比较复杂，为了避免进行矢量运算，将力和速度分别向直角坐标系的三个坐标轴投影，可得轴向的标量方程，即：

$$\begin{cases} \sum F_x = \rho q \left(\beta_{2x} v_{2x} - \beta_{1x} v_{1x} \right) \\ \sum F_y = \rho q \left(\beta_{2y} v_{2y} - \beta_{1y} v_{1y} \right) \\ \sum F_z = \rho q \left(\beta_{2z} v_{2z} - \beta_{1z} v_{1z} \right) \end{cases} \tag{3-40}$$

式中，$\sum F_x$、$\sum F_y$、$\sum F_z$——各外力在 x、y、z 三个坐标轴上投影的代数和；

v_{1x}、v_{1y}、v_{1z}——流体动量改变前的流速在 x、y、z 三个坐标轴上的投影；

v_{2x}、v_{2y}、v_{2z}——流体动量改变后的流速在 x、y、z 三个坐标轴上的投影。

式(3-40)表明，单位时间内，流体动量增量在某一坐标轴上的投影，等于流体所受各外力在该轴上投影的代数和。

● 特 别 提 示

式(3-39)及式(3-40)为稳定流总流的动量方程式，一般适用于稳定流不可压缩流体总流的渐变流断面。在工程上主要用于求解运动流体与外部物体之间的相互作用力。

3. 动量方程的应用

动量方程给出了总流动量变化与作用力之间的关系。根据动量方程，可以求解总流与边界面之间的相互作用力问题，也可以求解因水头损失难以确定，运用能量方程受到限制的问题。

运用动量方程求解实际工程问题时，可按照以下步骤进行。

1）选取控制体

控制体是指在某一封闭曲面内的流体体积，如图 3.35 所示。控制体两端的过流断面，一般应选在渐变流断面上。控制体的周界，可以是固体壁面（如管道内壁），也可以是液体与气体相接触的自由面，或液体与液体的分界面。

应用动量方程时首先应该在流场中把要分析的流体区段用控制体与其他流体部分隔离开。

2）分析控制体所受外力

建立合理的直角坐标系统，然后分析作用在控制体上的所有外力。将外力标注在控制体上，并向各坐标轴投影，注意不要遗漏。

3）列动量方程求解未知参数

根据已知条件以及上述分析列出如式（3-40）所示的动量方程，并求解。

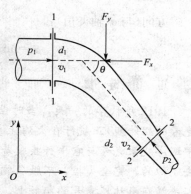

【例 3-10】 如图 3.35 所示，水平设置的输水弯管，输水流量为 $q=0.1\,\mathrm{m^3/s}$，其转角 $\theta=60°$，直径 $d_1=200\mathrm{mm}$，$d_2=150\mathrm{mm}$。转弯前过流断面的相对压强 $p_1=30\mathrm{kPa}$，若不计水头损失，试求水流对弯管的作用力。

图 3.35 水平输水弯管

【解】 取过流断面 1—1、2—2 以及管壁所围成的空间为控制体，确定如图 3.35 所示的直角坐标系。

分析作用在控制体内流体上的力，包括过流断面上的动水压力 P_1、P_2；控制体内流体的重力 G；弯管对流体的作用力 F，用 F_x、F_y 两个分力表示。

根据题意，分别列 x 方向和 y 方向的动量方程：

$$\begin{cases} P_1 - P_2\cos\theta - F_x = \rho q\,(\beta_{2x}v_2\cos\theta - \beta_{1x}v_1) \\ P_2\sin\theta - F_y = \rho q\,(-\beta_{2y}v_2\sin\theta - 0) \end{cases}$$

其中，$P_1 = p_1 A_1 = 30 \times \dfrac{\pi}{4} \times 0.2^2 = 0.94\,(\mathrm{kN})$

根据连续性方程 $q = v_1 A_1 = v_2 A_2$，可求得：

$$v_1 = \frac{4q}{\pi d_1^2} = \frac{4 \times 0.1}{\pi \times 0.2^2} = 3.18\,(\mathrm{m/s})$$

$$v_2 = v_1 \left(\frac{d_1}{d_2}\right)^2 = 3.18 \times \left(\frac{0.2}{0.15}\right)^2 = 5.66\,(\mathrm{m/s})$$

列过流断面 1—1、2—2 的能量方程：

$$0 + \frac{p_1}{\rho g} + \frac{v_1^2}{2g} = 0 + \frac{p_2}{\rho g} + \frac{v_2^2}{2g} + 0$$

将已知参数代入上式，求得：

$$p_2 = p_1 + \frac{v_1^2 - v_2^2}{2}\rho = 30 + \frac{3.18^2 - 5.66^2}{2} = 19.04\,(\mathrm{kPa})$$

$$P_2 = p_2 A_2 = 19.04 \times \frac{\pi}{4} \times 0.15^2 = 0.34\,(\mathrm{kN})$$

将各已知量代入动量方程，可得弯管对水流的作用力：

$$\begin{cases} F_x = 0.805\mathrm{kN}(\longleftarrow) \\ F_y = 0.784\mathrm{kN}(\downarrow) \end{cases}$$

水流对弯管的作用力与弯管对水流的作用力大小相等、方向相反，即：

$$\begin{cases} F'_x = 0.805\mathrm{kN}(\longrightarrow) \\ F'_y = 0.784\mathrm{kN}(\uparrow) \end{cases}$$

因此，水流对弯管的作用力的大小：

$$F' = \sqrt{(F_x'^2 + F_y'^2)} = \sqrt{0.805^2 + 0.784^2} = 1.124\,(\mathrm{kN})$$

方向(与 x 轴夹角):

$$\alpha = \arctan\frac{F_y'}{F_x} = \arctan\frac{0.805}{0.784} = 45.8°$$

● 知 识 链 接 ●●●

1912 年秋季的一天,当时世界上最大的远洋轮船——奥林匹克号(编号 400,泰坦尼克号的姐妹舰)正航行在大海上。在离奥林匹克号 100m 的地方,有一艘比它小得多的铁甲巡洋舰豪克号与它平行疾驶着。这时却发生了一件意外的事情:小船就好像被大船吸过去了似的,完全失控,不服从舵手的操纵,一个劲地向奥林匹克号冲去。最后,豪克号的船头撞在奥林匹克号的船舷上,把奥林匹克号撞了个大洞。事后双方船长都指责是对方的错。英国海事法庭的法官也不知到底是谁的错,最后就根据奥林匹克号吨位大,宣布发生碰撞的主要责任在奥林匹克号一方。

实际上,根据流体力学的伯努利原理,流体的压强与它的流速有关,流速越大,压强越小;反之亦然。如果用伯努利原理来解释这次事故现象,就可以很快找到事故的原因。

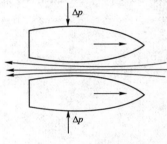

图 3.36 船吸现象

根据伯努利原理,当两艘船平行着向前航行时,在两艘船中间的水比外侧的水流得快,中间水对两船内侧的压强,也就比外侧对两船外侧的压强要小。于是,在外侧水的压力作用下,两船渐渐靠近,最后相撞。又由于豪克号较小,在同样大小压力的作用下,它向两船中间靠拢时速度要快得多,因此,造成了豪克号撞击奥林匹克号的事故。现在航海上把这种现象称为船吸现象(图 3.36)。

在船舶追越过程中,若两船长度相似且并行横距较小时,就容易出现船吸现象而产生碰撞。当小船追越大船时,因大船首尾部为高压区,中部为低压区,易造成小船冲向大船中部,造成碰撞事故。所以,在两船并行航行的追越中,被追越船应降低航速,追越船在追越中应加大横距,以防止碰撞。鉴于这类海难事故不断发生,而且轮船和军舰越造越大,一旦发生撞船事故,它们的危害性也越大,因此,世界海事组织对这种情况下航海规则都做了严格的规定,包括两船同向行驶时,彼此必须保持多大的间隔,在通过狭窄地段时,小船与大船彼此应作怎样的规避等。

同样道理,当室外刮风时,屋面上的空气流动得很快,等于风速,而屋面下的空气几乎是不流动的,根据伯努利原理,这时屋面下空气的压力大于屋面上的气压,若风越刮越大,则屋面上下的压力差也越来越大。一旦风速超过一定程度,这个压力差就可以掀起屋顶,损坏建筑物。

本 章 小 结

本章阐述了研究流体运动的基本方法和基本概念,分析了流体运动的三个基本方程式的建立及应用。

(1)描述流体运动的方法有两种:拉格朗日法和欧拉法。拉格朗日法以个别质点为对象，将每个质点的运动情况汇总起来，以此来描述整个流动；而欧拉法以流动空间点为对象，将每一时刻各个空间点上质点的运动情况汇总起来，以此来描述整个流动。常用的是欧拉法。

（2）按照不同的分类标准，流体的流动可以分为：稳定流和非稳定流，一维流动、二维流动和三维流动，压力流和无压流，均匀流和非均匀流等。

（3）流线是同一时刻流场中一系列流体质点的流动方向线，该曲线上的流体质点的运动方向均和该曲线相切。流线可以描述流体的运动状态。

（4）在流束上作出的与流线相垂直的横截面为过流断面。单位时间内通过过流断面的流体的量称为流量。

（5）当量直径是指与非圆形截面管道具有相同流动阻力的圆管内径。经过折算后，非圆形截面管道可视为具有当量直径的圆形截面管道。在分析管内或渠内流体的运动时，若过流断面为非圆形截面，将流体运动方程中的直径替换为当量直径即可。

（6）流体流动基本方程式分别为：连续性方程、能量方程和动量方程。三大基本方程分别是质量守恒定律、能量守恒定律和动量原理。这三大基本方程在分析流体运动时的应用，是本章中最重要的内容。

（7）根据流体流动的三大基本方程式可以求解实际流动问题，包括流场中某点的速度、压强等参数的求解，速度、流量等参数的测量，流体与固体壁面间的作用力的求解等。

思 考 题

1. 什么是稳定流？什么是非稳定流？
2. 简述不可压缩流体的连续性方程形式。
3. 简述稳定流能量方程所表达的能量守恒关系。
4. 简述稳定流能量方程的适用条件。
5. 如何绘制总水头线及测压管水头线？理想流体和实际流体的总水头线有何不同？
6. 简述稳定气流能量方程中各项的物理意义及简化形式。
7. 如图 3.37 所示，拿两张薄纸，平行提在手中，当用嘴顺着两张纸的间缝隙吹气时，薄纸是不动、靠拢，还是张开？为什么？
8. 为什么两条同向并行的船只在海上航行时不能靠得太近？
9. 如图 3.38 所示，试用伯努利原理分析喷雾器的工作原理。

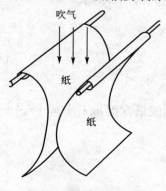

图 3.37 思考题 7 图

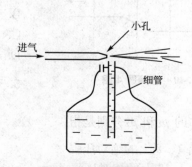

图 3.38 思考题 9 图

10. 如图 3.39 所示，水流在等径斜管中流动，高处为 A 点，低处为 B 点，试讨论压强出现以下两种情况时的流动方向：（1）$p_A > p_B$；（2）$p_A = p_B$。

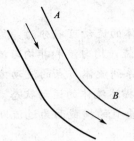

图 3.39 思考题 10 图

11. 简述动量方程的适用条件。

一、选择题

1. 流体流动的方向一定是（　　）。

A. 从高处向低处流

B. 从压强大处向压强小处流

C. 从流速大处向流速小处流

D. 从单位重量流体机械能高处向机械能低处流

2. 黏性流体总水头线的沿程变化趋势为（　　），理想流体总水头线的变化趋势为（　　）。

A. 保持水平　　　　　　　　　　B. 沿程上升

C. 沿程下降　　　　　　　　　　D. 前三种情况均有可能

3. 黏性流体测压管水头线的沿程变化趋势为（　　）。

A. 沿程上升　　　　　　　　　　B. 沿程下降

C. 保持水平　　　　　　　　　　D. 前三种情况均有可能

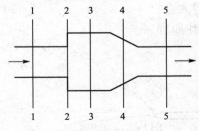

图 3.40 选择题 4 图

4. 在应用恒定总流的能量方程时，可选用图 3.40 中的（　　）断面作为计算断面。

A. 1、3、5

B. 2、4

C. 1、2、5

D. 1、2、3、4、5

5. 稳定气流能量方程 $\rho g z_1 + p_1 + \dfrac{\rho v_1^2}{2} = \rho g z_2 + p_2 + \dfrac{\rho v_2^2}{2} + p_{l1-2}$ 中的 p_1 和 p_2 分别是指（　　）。

A. 断面 1、2 上的绝对压强

B. 断面 1、2 上的相对压强

C. 断面 1 上的绝对压强和断面 2 上的相对压强

D. 断面 1 上的相对压强和断面 2 上的绝对压强

6. 下列选项中不属于恒定总流能量方程的限制条件的是（　　）。

A. 不可压缩流体，且质量力只有重力

B. 总流的流量沿程不变

C. 所选取的两个过流断面必须是渐变流断面，且两过流断面间也必须是渐变流

D. 所选取的两个过流断面必须是渐变流断面，但两过流断面间可以是急变流

7. 水流在等径斜管中流动，高处为 A 点，低处为 B 点，若 A 点压强小于 B 点压强，忽略水头损失，则斜管中水流的流动方向为（　　）。

A. 由 A 向 B 流动 　　　　　　　　B. 静止

C. 由 B 向 A 流动 　　　　　　　　D. 以上三种情况皆有可能

8. 一元流动是指（　　）。

A. 直线流动

B. 流动参数不随时间发生变化

C. 流动参数仅随一个空间坐标和时间变量发生变化

D. 流体流速分布按照直线变化

9. （　　）情况下，通过流场中同一点的流线和迹线是重合的。

A. 非恒定流动 　　　　　　　　　　B. 稳定流动

C. 渐变流动 　　　　　　　　　　　D. 一维流动

10. 一般情况下，建筑给水管道中的流动属于（　　），排水管道中的流动则属于（　　）。

A. 压力流 　　　　　　　　　　　　B. 无压流

C. 渐变流 　　　　　　　　　　　　D. 急变流

二、计算题

1. 直径为 100mm 的水管，流量为 $20m^3/h$，试求管内流速。若流量增加 $10m^3/h$，流速将增加至多少？

2. 如图 3.41 所示，在一液位恒定的敞口高位槽中，液面距水管出口的垂直距离为 7m，管路为 $\phi89mm\times4mm$ 的钢管。假设管路总的能量损失为 $6.5mH_2O$，试求管路中的流量。

3. 如图 3.42 所示，油沿管路流动，断面 A 直径为 150mm，流速为 2m/s；断面 B 直径为 100mm，不计损失。试求开口 C 管中的液面高度。

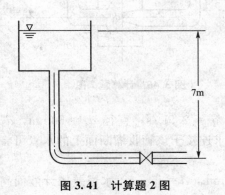

图 3.41　计算题 2 图

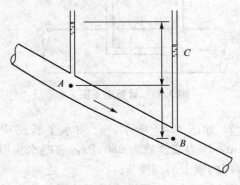

图 3.42　计算题 3 图

4. 断面为 $0.2m^2$ 和 $0.1m^2$ 的两根管道组成的水管如图 3.43 所示。若不计水头损失，试求：(1) 断面流速 v_1 和 v_2，进口点 A 的压力 p_A；(2) 若计入水头损失，第一段为 $4\dfrac{v_1^2}{2g}$，第二段为 $2\dfrac{v_2^2}{2g}$，试求断面流速 v_1 和 v_2，进口点 A 的压力以及各段中点 B、C 的压力。

5. 如图 3.44 所示输水管道，拟用 U 形水银差压计连接于直角弯管处测量管中水的流量。已知，水平段管径 $d_1=300mm$，垂直段管径 $d_2=100mm$。管中的流量为 $q=100L/s$。求差压计 Δh 的读数(不计水头损失)。

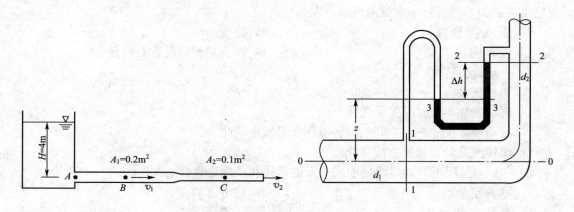

图 3.43　计算题 4 图　　　　　　图 3.44　计算题 5 图

6. 如图 3.45 所示，用水银差压计测量管中水流，已知 $\Delta h=60mm$，试求管中心流速。

7. 某设备要求用射流泵产生真空 200mmHg，如图 3.46 所示。$H_2=1.5m$，喷管直径 $d_1=50mm$，管径 $d_2=75mm$，出水口通大气，试求 H_1(不计能量损失)。

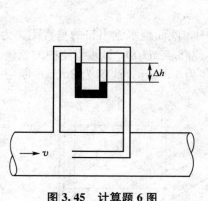

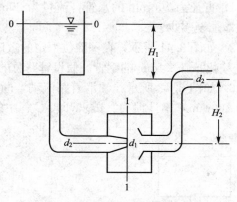

图 3.45　计算题 6 图　　　　　　图 3.46　计算题 7 图

8. 如图 3.47 所示，已知水平管路中的流量 $q_v=2.5L/s$，直径 $d_1=50mm$，$d_2=25mm$，压力表读数为 9807Pa，忽略水头损失，试求连接于该管收缩断面上的水管可将水从容器内吸上的高度 h。

9. 如图 3.48 所示文丘里流量计，已知 $D=50mm$，$d=25mm$，水银差压计液面高差

$\Delta h = 20\text{cm}$，文丘里管倾角为 α。试求：（1）管中流量；（2）如果文丘里管倾斜放置的角度发生变化，则在其他条件不变的情况下，通过的流量有无变化？

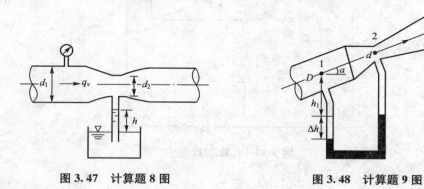

图 3.47 计算题 8 图   图 3.48 计算题 9 图

10. 如图 3.49 所示，锅炉省煤器入口和出口的断面负压分别为 $\Delta h_1 = 10.5\text{mmH}_2\text{O}$ 和 $\Delta h_2 = 20\text{mmH}_2\text{O}$，高度差 $H = 5\text{m}$，煤气密度 $\rho = 0.6\text{kg/m}^3$，炉外空气密度 $\rho_a = 1.2\text{kg/m}^3$，试求烟气通过省煤器的压力损失。

11. 某制冷装置如图 3.50 所示，高压储液罐内的氨液制冷剂经节流降压后直接送到表压为 145kPa 的低压系统。已知储液罐内液面的表压 685kPa，供液管内径 $d_i = 50\text{mm}$，管内限定流量为 $q_v = 0.002\text{m}^3/\text{s}$，供液管的能量损失 $h_l = 2.5\text{m}$（氨柱），氨液密度为 636kg/m^3。试确定氨液被压送的最大高度 H。

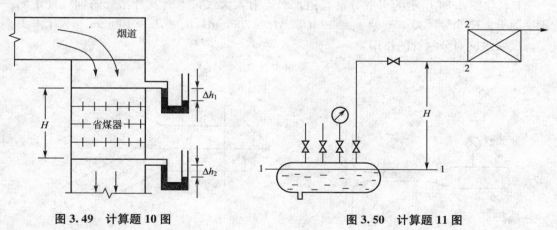

图 3.49 计算题 10 图   图 3.50 计算题 11 图

12. 如图 3.51 所示，有一离心水泵将冷却水送到楼顶的冷却器，经喷头喷出作为冷却介质使用。已知泵的吸水管径为 $\phi108\text{mm} \times 4.5\text{mm}$，管内冷却水的流速为 1.5m/s，泵的排水管径为 $\phi76\text{mm} \times 2.5\text{mm}$。设冷却水池的水深为 1.5m，喷头至冷却水池底面的垂直高度为 20m，输送系统中管路的能量损失 $h_w = 3\text{m}$，冷却水在喷头前的表压力为 29400Pa，水的密度为 1000kg/m^3。试求泵所提供的机械能。

13. 如图 3.52 所示，水流以 $v = 10\text{m/s}$ 的速度从内径为 50mm 的喷嘴中喷出，喷管的一端则用螺栓固定在内径为 100mm 水管的法兰盘上。如不计水头损失，试求作用在连接螺栓上的拉力。

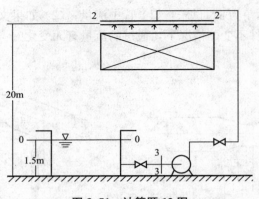

图 3.51　计算题 12 图

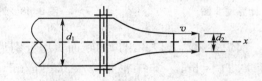

图 3.52　计算题 13 图

14. 如图 3.53 所示，水流经喷嘴水平喷射至垂直大平板上。已知水管直径 $d_1 =$ 50mm，喷嘴出口直径 $d_2 = 30$mm，压力表读数为 p_M 为 490kPa。若不计水头损失，试求水流对平板的冲击力。

15. 如图 3.54 所示的水平分岔管道，水流射入大气，干管及分岔管的轴线处于同一水平面上。已知 $\alpha = 30°$，$v_2 = v_3 = 12$m/s，$d_1 = 200$mm，$d_2 = d_3 = 100$mm，不计水头损失，试求水流对分岔管的作用力。

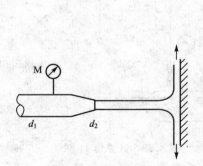

图 3.53　计算题 14 图

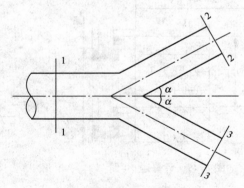

图 3.54　计算题 15 图

第4章

流动阻力与能量损失

⊗ 学习引导

    本章以稳定流为研究对象，介绍了流体流动的两种形态、不同流动形态下的能量损失变化规律及相应的计算方法。实际管路设计时要考虑尽量减少能量损失。

⊗ 学习目标

    掌握流动阻力与能量损失的两种形式；掌握流体的流态及流态的判定方法；了解圆管内的层流及紊流流动特征；掌握沿程损失、局部损失的计算方法及步骤；了解减少阻力损失的方法及措施。

⊗ 学习要求

能力目标	知识要点	权重
掌握流动阻力与能量损失的两种形式，能根据工程具体情况分析实际流体在流动过程中所遇到的阻力	沿程阻力与沿程损失；局部阻力与局部损失；总能量损失	10%
掌握流体的两种流态——层流和紊流，能根据雷诺数判定流体的流动状态	流态试验——雷诺实验；层流、紊流；流态的判定依据——雷诺数	10%
了解圆管内的层流及紊流流动特征，能区分水力光滑管和水力粗糙管	圆管内的层流运动；圆管内的紊流运动；水力光滑管和水力粗糙管	10%
掌握沿程损失、局部损失的计算方法，能熟练进行管路系统能量损失的计算	沿程损失的计算公式；尼古拉兹实验；莫迪图；经验公式；沿程损失的工程计算方法；局部损失产生的原因，局部损失的计算公式	60%
了解减少阻力损失的方法，能根据工程实际情况提出管路阻力过大的解决措施	合理设计管路系统；控制管壁粗糙度；改变局部管件结构	10%

引 例

人类的祖先在海洋里生活了 40 亿年，人类在空气里也生活了 700 万年，虽然长期生活在流体环境中，但是人们对一些流体运动现象却缺乏足够的认识，下面举例说明几个与人们的直觉相矛盾的佯谬。

佯谬一：相同直径的表面光滑的圆球比表面轻微粗糙的圆球在运动过程中受到的阻力小。

以高尔夫球运动为例，高尔夫球运动起源于 15 世纪的苏格兰，当时人们认为表面光滑的球飞行阻力小，因此用皮革制球，后来发现表面有很多划痕的旧球(图 4.1)反而飞得更远。现在的高尔夫球(图 4.2)表面有很多窝坑，在同样大小和重量下，飞行距离约为光滑圆球的 5 倍。

图 4.1　最早的高尔夫球(皮革已龟裂)　　**图 4.2　现在的高尔夫球**

这个谜底直到 20 世纪建立流体力学边界层理论后才解开。光滑球体绕流时，湍流转捩发生得较晚，与湍流对应的规则流动称为层流，层流边界层较易发生流动分离现象，球体迎面形成高压区，背面形成较大的低压区，产生很大的压差阻力，因而，高尔夫球飞行的距离比较小。而当球体表面有凹痕时，凹痕促使湍流转捩发生，湍流边界层不易发生流动分离现象，从而使球体背后的低压区小，减少了阻力，因而高尔夫球飞行的距离增大。

佯谬二：行驶中的汽车阻力 (图 4.3) 主要来自于汽车前部。

汽车发明于 19 世纪末，当时人们认为汽车的阻力主要来自汽车前部对空气的撞击，因此早期的汽车后部是陡峭的，称为箱形车，阻力系数很大，约为 0.8。

图 4.3　汽车行驶中受到的空气阻力

实际上汽车阻力主要来自汽车后部形成的尾流，称为形状阻力。从 20 世纪 30 年代起，人们开始运用流体力学原理改进汽车尾部形状，从最早的马车形、箱形到甲壳虫形、船形、鱼形、楔形，经过约 80 年的研究改进，汽车的外形越来越流线化，阻力系数也从

0.8逐渐降至0.137左右，阻力减小为原来的1/5。目前，在汽车外形设计中，流体力学性能研究已占主导地位，合理的外形能使汽车具有更好的动力学性能和更低的耗油率。

4.1 流动阻力与能量损失的两种形式

流体在运动时，流体各质点之间具有内摩擦力，流体与固体壁面间会产生附着力，这些力对流体运动所呈现出的阻滞作用就是流体的流动阻力。流动阻力是造成能量损失的原因，因为流体在流动过程中克服阻力需要消耗一定的能量，而这部分能量不可逆地转化成了热能。

在给排水、暖通等工程中，通过管道系统输送流体，用能量方程解决流动的能量转换规律，选择泵与风机的型号规格时，必须计算流体流动过程中产生的能量损失。流体流动的能量损失与流体的运动状态和流动边界条件密切相关。

根据流动边界沿程是否发生变化，流动阻力可以分为沿程阻力和局部阻力两大类。由沿程阻力或局部阻力所引起的能量损失称为沿程损失或局部损失。

4.1.1 沿程阻力与沿程损失

当束缚流体流动的固体边壁沿程不变，如流体在长直管或过流断面形状、尺寸沿程不变的明渠中流动时，流体内部或流体与固体壁面之间产生的流动阻力，称为沿程阻力。

这种阻力源于沿流程各流体微元或流层之间以及流体与固体壁面之间的摩擦力。

由沿程阻力所引起的能量损失称为沿程损失。单位重量流体的沿程损失，用符号h_f表示：

$$h_f = \lambda \frac{l}{d} \cdot \frac{v^2}{2g} \tag{4-1}$$

式中，λ——沿程阻力系数（沿程摩阻系数），无量纲；

l——计算管段长度，m；

d——管道内径，m；

v——断面平均流速，m/s。

式（4-1）由德国人魏斯巴赫于1850年首先提出，法国人达西在1858年用实验的方法进行了验证，因此称为达西-魏斯巴赫公式，简称达西公式。

特别提示

达西公式中的沿程阻力系数λ并不是一个确定的常数，一般由实验确定。由此可认为，达西公式实际上是把沿程水头损失的计算转化为研究确定λ。

4.1.2 局部阻力与局部损失

当流体流过固体边界急剧变化的区域，比如变径管、弯头、阀门及三通等处，因边界的突变造成过流断面上流速分布的急剧变化，从而在较短范围内集中产生的阻力，称为局部阻力。

这种阻力主要是因为流体流经局部变化区域，使流速大小、方向迅速改变，质点间进行剧烈动量交换而产生的。

由局部阻力所引起的能量损失称为局部损失。单位重量流体的局部损失，用符号 h_j 表示：

$$h_j = \zeta \frac{v^2}{2g} \qquad (4-2)$$

式中，ζ——局部阻力系数，由实验确定，无量纲。

4.1.3 总能量损失

在应用能量方程求解相关问题时所选取的两过流断面之间可以包含多处沿程损失和多处局部损失，因此管路总的能量损失应包括两断面间所有的沿程损失和局部损失，即总能量损失为：

$$h_l = \sum h_f + \sum h_j \qquad (4-3)$$

如图 4.4 所示，从水箱侧壁底部引出一条变径管 ad。其中，a 点为管道入口处、b 点为管道变径处、c 点为阀门处、d 点为管道出口处。为了测量管路的能量损失，在管道上装设一系列的测压管，可以得到相应的测压管水头线和总水头线。总水头线的降落反映了管路的能量损失。图中标示的 h_{fab}、h_{fbc}、h_{fcd} 就是 ab、bc、cd 管段的沿程水头损失，沿程损失沿管道均匀分布，使总水头线在相应的各管段上形成一定的坡度。整个管路上的沿程水头损失等于各管段的沿程水头损失之和，即：

$$\sum h_f = h_{fab} + h_{fbc} + h_{fcd}$$

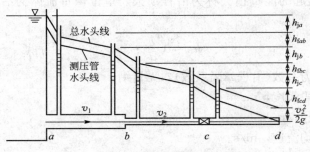

图 4.4 管路能量损失

当水流经管道截面发生变化、流动方向发生变化或者管道阀门及附件处，如图 4.4 中 a、b、c 处时，由于水流运动边界条件发生了急剧变化，引起流速分布迅速改变，水流质点相互碰撞和掺混，并伴随着漩涡区的产生，形成局部水头损失 h_{ja}、h_{jb}、h_{jc}，整个管路上的局部水头损失等于各管件的局部水头损失之和，即：

$$\sum h_j = h_{ja} + h_{jb} + h_{jc}$$

单位重量液体在整个管路上的总水头损失等于各管段的沿程水头损失和各管件的局部水头损失之和，即：

$$h_l = \sum h_f + \sum h_j$$

4.1.4 气体管路的能量损失

对于液体管路，能量损失可以用水头损失（m）来表示。对于气体管路，能量损失一般以压强损失(Pa)的形式来表示。

沿程压强损失:

$$p_f = \lambda \frac{l}{d} \cdot \frac{\rho v^2}{2} \tag{4-4}$$

局部压强损失:

$$p_j = \zeta \frac{\rho v^2}{2} \tag{4-5}$$

总的能量损失,即压强损失:

$$p_l = \sum p_f + \sum p_j \tag{4-6}$$

● 特 别 提 示 ··

压强损失与水头损失的关系可以用式 $p = \rho g h$ 表示。

··

4.2 流体的流态及流态的判定

早在 19 世纪初期,研究人员就已经发现沿程水头损失与流速之间有一定关系:流速很小时,水头损失与流速的一次方成比例;流速较大时,水头损失和流速的平方成比例。直到 1883 年,英国物理学家雷诺经过大量实验证明,流体运动存在两种流态,而沿程水头损失的规律与流态密切相关。

4.2.1 流态实验——雷诺实验

1883 年,雷诺按图 4.5 所示的实验装置对黏性流体进行了大量实验,提出了流体的运动存在两种状态:层流和紊流。

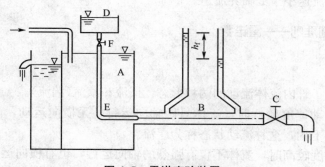

图 4.5 雷诺实验装置

1. 实验装置

实验水箱 A 设进水管,并通过溢流保持水位不变,水流通过透明玻璃管 B 恒定出流,并通过阀门 C 调节水量。容器 D 中盛有带颜色的水,通过细管 E 注入玻璃管中,F 为调节阀门。

2. 实验过程

（1）首先，微微开启阀门 C，使水流以较小的速度缓缓流经玻璃管，然后打开阀门 F，使少量的染色水通过 E 管注入玻璃管内，这时候通过透明玻璃管，可以看到一束边界非常清晰的带颜色的细直流束，它与周围清水互不掺混，如图 4.6(a) 所示。这种现象表明，玻璃管内水流呈层状流动，各流层的流体质点互不掺混，有条不紊地向前流动。这种流态称为层流。

（2）逐渐增大阀门 C 的开度，管内流速逐渐增大，当流速增大到一定程度时，可以观察到着色流束开始出现振荡，流束明显加粗，呈现出波状轮廓，但仍然未与周围清水相混，如图 4.6(b) 所示。这种流态称为过渡流。

（3）继续开大阀门 C，着色流束迅速破裂，与周围清水相混，着色的流体质点扩散到清水流中去，最终整个管内的水流都染上颜色，如图 4.6(c) 所示。这种流动状态称为紊流或者湍流。

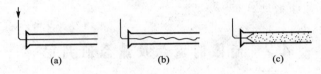

图 4.6　雷诺实验现象

在紊流状态下，如果逐渐关小阀门 C，随着玻璃管内水流速度的逐渐降低，我们会观察到跟上述实验现象相反的过程。

3. 实验结论

雷诺实验说明，当流动速度发生变化时，流动状态也将发生变化。流体流动时有层流和紊流两种不同的流态，在两种流态之间有一个过渡状态。

流体由层流向紊流转换的速度称为上临界流速。流体由紊流向层流转换的速度称为下临界流速。下临界流速小于上临界流速。

4.2.2　流态的判别准则——雷诺数

1. 两种流态

雷诺实验揭示了管内流体流动的两种形态：层流和紊流（湍流）。

当管内流体运动速度较低时，流体只做轴向运行，无横向运动，流体在管内分层流动，各层之间互不干扰，这种流动状态称为层流。

当管内流体速度较高时，流体不仅有强烈的轴向运行，也有横向运动，流体质点相互混合，流体在向前运动时处于无规则的混乱状态，这种流动状态称为紊流或湍流。

介于层流和紊流之间的状态，称为过渡流。过渡流是不稳定的，在外界条件的影响下很容易转化为紊流状态。

2. 流态的判别准则

研究证明，流体的流动状态除了与流体的速度 v 有关之外，还与管径 d、流体的密度 ρ、流体的黏度 μ 等参数有关。将影响流态的 4 个参数综合成一个无量纲的参数 Re，称之为雷诺数。

$$Re = \frac{vd\rho}{\mu} = \frac{vd}{\nu} \qquad (4-7)$$

雷诺数是流态转变的判断依据，只要雷诺数达到某一个临界值，就会发生流体的变化，临界雷诺数记为 Re_c。

$$Re_c = \frac{v_{cr}d\rho}{\mu} = \frac{v_{cr}d}{\nu} \qquad (4-8)$$

实验表明，不论流体的性质和管子的直径如何变化，下临界雷诺数 Re_c 大约等于 2320，上临界雷诺数 Re'_c 约为 13800，甚至更高。

当 $Re < Re_c$ 时，流动为层流；

当 $Re > Re'_c$ 时，流动为紊流；

当 $Re_c < Re < Re'_c$ 时，流动可能是层流，可也能是紊流，处于不稳定状态。

上临界雷诺数在工程上没有实用意义，通常把下临界雷诺数 Re_c 作为判别层流和紊流的准则，即：

当 $Re < Re_c$ 时，$v < v_c$，流动为层流；

当 $Re > Re_c$ 时，$v > v_c$，流动为紊流；

当 $Re = Re_c$ 时，$v = v_c$，流动为过渡流（临界流）。

工程实际中，用临界雷诺数作为流态的判别标准，应用起来十分方便。对于管流，一般取其临界雷诺数 $Re_c = 2000$。即当 $Re < 2000$ 时，流动为层流；当 $Re > 2000$ 时，流动为紊流。

 特 别 提 示

因为过渡流（临界流）极不稳定，稍有扰动就可能变成紊流，因此，当实际流动雷诺数等于临界雷诺数时，可认为流动状态为紊流。

对于非圆形截面管道，

$$Re = \frac{vd_e\rho}{\mu} = \frac{vd_e}{\nu} \qquad (4-9)$$

式中，d_e——当量直径。

3. 雷诺数的物理意义

雷诺数是以宏观特征量表征的流体质点所受惯性力作用与黏性作用之比。当 $Re < Re_c$ 时，流动受黏性作用控制，使流体因受微小扰动所引起的紊动衰减，流动保持为层流。随着 Re 增大，黏性作用减弱，惯性对紊动的激励作用增强，当 $Re > Re_c$ 时，流动受惯性作用控制，流态转变为紊流。

【例 4-1】 用直径 $d = 100mm$ 的管道输送质量流量为 $10kg/s$ 的水，如水温为 5℃，试确定管内水的流态。若用此管道输送同样质量流量的石油，已知石油密度为 $850kg/m^3$，运动黏度为 $1.14cm^2/s$，试确定石油的流态。

【解】 （1）查表知水温为 5℃时，水的运动黏度 $\nu = 1.519 \times 10^{-6} m^2/s$，水的密度 $\rho = 1000kg/m^3$。

$$q_m = \rho v A = \rho v \times \frac{\pi}{4} d^2$$

$$v = \frac{4q_m}{\pi \rho d^2} = \frac{4 \times 10}{3.14 \times 1000 \times 0.1^2} = 1.27(\text{m/s})$$

$$Re = \frac{vd}{\nu} = \frac{1.27 \times 0.1}{1.519 \times 10^{-6}} = 8.36 \times 10^4 > 2000$$

因此，管内水的流态为紊流。

（2）石油的流速：

$$v = \frac{4q_m}{\pi \rho d^2} = \frac{4 \times 10}{3.14 \times 850 \times 0.1^2} = 1.5(\text{m/s})$$

$$Re = \frac{vd}{\nu} = \frac{1.5 \times 0.1}{1.14 \times 10^{-4}} = 1316 < 2000$$

因此，管内石油的流态为层流。

【例 4-2】 某钢板制矩形风道，断面尺寸 320mm×200mm，风速 $v=5$m/s，空气温度为 20℃，$\rho=1.205$kg/m^3，$\nu=15.06\times10^{-6}$m^2/s。试求：（1）风道内气体的流态；（2）风道的临界流速。

【解】 （1）矩形风道的当量直径：

$$d_e = 4 \times \frac{ab}{2a+2b} = \frac{2ab}{a+b} = \frac{2 \times 0.32 \times 0.2}{0.32+0.2} = 0.025(\text{m})$$

$$Re = \frac{vd_e}{\nu} = \frac{5 \times 0.025}{15.06 \times 10^{-6}} = 8300 > 2000$$

因此，该风道内气体的流态为紊流。

（2）根据式（4-9），风道的临界流速：

$$v_c = \frac{Re_c \nu}{d_e} = \frac{2000 \times 15.06 \times 10^{-6}}{0.025} = 1.2(\text{m/s})$$

4.3 圆管内的流动

4.3.1 圆管内的层流运动

在实际工程中，大多数的流体运动属于紊流，但是也有不少流体运动属于层流，如某些小管径的管道流动，某些低速、高黏度的管道流动，像润滑油管、原油输油管内的流动多属于层流流动。研究圆管内的层流运动不仅具有工程实用意义，而且通过比较，可以加深对紊流运动的认识。

1. 层流的流速分布

层流运动的特点是流动有条不紊，流体各层质点互不掺混，流体质点只有平行于管轴方向的速度。整个管流如同无数薄壁圆筒一个套着一个地向前滑动。与管壁接触的最外层流体，受黏性的影响，贴附在管壁上，流速为零。越接近管轴线，流速越大，最大流速发生在管轴上，流速分布情况如图 4.7 所示。

各流层间的切应力服从牛顿内摩擦定律。根据牛顿内摩擦定律，结合边界条件，可以推导出过流断面的速度分布规律：

$$u = \frac{\rho g h_f}{4\mu l}(r_0^2 - r^2) \tag{4-10}$$

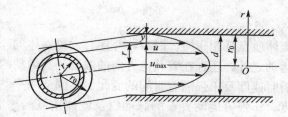

图 4.7 圆管内层流流速分布

式中，$r_0 = d/2$。

式(4-10)表明，流体在圆管内作层流运动时，过流断面上的流速分布服从抛物线规律。

在管轴心点处，由于 $r=0$，可得过流断面上的最大流速：

$$u_{max} = \frac{\rho g h_f}{4\mu l} r_0^2 \tag{4-11}$$

过流断面上的平均流速是该断面上最大流速的一半，即：

$$v = \frac{1}{2} u_{max} = \frac{\rho g h_f}{8\mu l} r_0^2 \tag{4-12}$$

2. 层流的沿程水头损失

根据式(4-12)整理可得沿程水头损失：

$$h_f = \frac{32\mu l}{\rho g d^2} v \tag{4-13}$$

将式(4-13)代入达西公式，可得沿程阻力系数：

$$\lambda = \frac{64}{Re} \tag{4-14}$$

式(4-14)表明，圆管内层流流动的沿程阻力系数仅与雷诺数 Re 有关，而与其他参数如管壁的粗糙度等无关。

【例4-3】 设圆管直径 $d=2$cm，用皮托管测得轴心速度 $u_m = 14$cm/s，水温 $t=10℃$。试求在管长 $l=20$m 上的沿程水头损失。

【解】 根据式(4-12)，管内平均流速：

$$v = \frac{1}{2} u_{max} = \frac{1}{2} \times 14 = 7(cm/s)$$

$$Re = \frac{vd}{\nu} = \frac{7 \times 10^{-2} \times 2 \times 10^{-2}}{1.308 \times 10^{-6}} = 1070$$

$$\lambda = \frac{64}{Re} = \frac{64}{1070} = 0.0598$$

因此，管道 20m 长度上的沿程损失：

$$h_f = \lambda \frac{l}{d} \cdot \frac{v^2}{2g} = 0.0598 \times \frac{20}{0.02} \times \frac{0.07^2}{2 \times 9.81} = 0.015(m)$$

4.3.2 圆管内的紊流运动

工程实际中遇到的流动多数属于紊流状态。工业生产中的许多工艺过程，如流体的管道输送、燃烧过程、掺混过程、传热和冷却等都涉及紊流问题。

1. 紊流的特征

在紊流运动中，流体质点互相碰撞、混杂，并伴有大量涡体的产生，流体质点除具有平行于管轴向的主流运动之外，还存在着其他方向的波动，其运动的轨迹非常紊乱。

紊流场中某点的瞬时速度及压强随着时间的变化始终围绕一平均值上下波动，这种现象称为脉动现象。速度、压强等运动要素的脉动以及流体质点的掺混是紊流运动的特征，也是研究紊流运动的出发点。

层流运动中，流体质点分层流动，其流层间的黏性切应力可由牛顿内摩擦定律来确定，而紊流运动中的阻力则由两部分组成：一方面，流体各层因时均流速（时间平均速度）不同而存在着相对运动，故流层间会产生摩擦阻力，单位面积上的摩擦阻力即黏性切应力，可由牛顿内摩擦定律确定；另一方面，由于紊流的脉动现象，流层间质点相互掺混，低速流层的质点进入高速流层后，对高速流层起阻碍作用，反之高速流层的质点进入低速流层后，对低速流层起拖动作用，因此形成紊流附加切应力，附加切应力可由动量传递理论确定。

因此，紊流的切应力应为黏性切应力与附加切应力之和。在雷诺数较小时，流体质点的碰撞和掺混较弱，黏性切应力占主要地位，雷诺数越大，紊流的脉动越剧烈，黏性切应力的影响就越小。工程中的实际流体流动，一般雷诺数都足够大，紊流得到充分发展，附加切应力远大于黏性切应力，此时黏性切应力可以忽略不计。

如图4.8所示，在圆管紊流中，紧贴管壁附近有一很薄的流层，由于固体壁面的阻滞作用，流速很小，惯性较小，流态表现为层流性质，该流层称为层流底层，或者称为黏性底层、层流边界层。

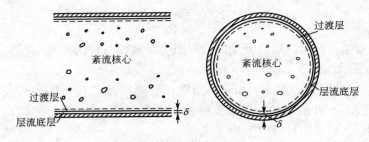

图4.8 圆管内的紊流流动

层流底层的厚度为 δ，可由层流流速分布和牛顿内摩擦定律，以及实验资料求得。紊流流动越强烈，雷诺数愈大，层流底层就越薄。之所以黏性很大，是因为其 δ 只有几毫米。一般流体 δ 只有几十分之一到几分之一毫米。但是它的存在对管壁粗糙的扰动作用有重大影响。

在层流底层以外的部分，流体质点相互碰撞和掺混，流速、压强等运动参数的脉动开始显现，流动充分显示紊流的特征，称之为紊流核心。

2. 紊流的流速分布

圆管紊流断面上的流速分布如图4.9所示。

圆管内紊流流动的平均速度 $v \approx 0.8u_{max}$，层流流动的平均速度 $v = 0.5u_{max}$。因此，层流运动的截面最大速度比较突出，截面速度分布比较陡峭。由于流体强烈的混合作用，紊流流动的截面速度分布相对均匀一些，如图 4.10 所示。

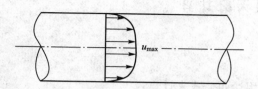

图 4.9　紊流的断面流速分布

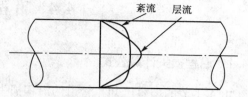

图 4.10　层流与紊流断面流速分布的比较

由于紊流的复杂性，紊流流动的沿程阻力系数 λ 不能通过严格的理论推导出来。工程上 λ 的确定有两种途径：一种是以紊流的半经验理论为基础，结合实验结果，整理成半经验公式；另一种是直接根据实验结果，综合成经验公式。

4.3.3　水力光滑管和水力粗糙管

紊流的黏性底层厚度 δ 非常小，但它对紊流流动的能量损失及流体与壁面间的热交换等却有重要的影响。这种影响与管道壁面的粗糙程度直接有关。

管道由于受加工方法和材质的影响，其管壁表面总是粗糙不平的，粗糙突出管壁的平均高度称为管壁的绝对粗糙度，记为 K（或 Δ），绝对粗糙度 K 与管径 d 的比值 K/d 称为相对粗糙度。

如图 4.11(a)所示，$\delta > K$，管壁的粗糙突出部分完全被淹没在层流底层中，这时紊流核心完全感受不到管壁粗糙度的影响，流体好像在完全光滑的管子中流动一样，流体流动的沿程能量损失也与管壁的粗糙度无关，这种管道称为水力光滑管，或简称光滑管。

如图 4.11(b)所示，$\delta < K$，管壁的粗糙突出部分有一部分或大部分暴露在紊流核心区，当流体流过粗糙突起部分时，会形成小的旋涡，加剧了流体的紊动强度，增大沿程能量损失。此时，流体流动的沿程能量损失与管壁的粗糙度有关，这种管道称为水力粗糙管，或简称粗糙管。

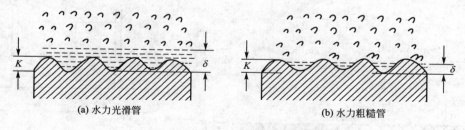

(a) 水力光滑管　　　　　　　　　(b) 水力粗糙管

图 4.11　水力光滑管与水力粗糙管

特　别　提　示

因为层流底层的厚度 δ 与雷诺数等参数有关，因此，同一根管子，在雷诺数比较小的时候可能是水力光滑管，而随着雷诺数的增大，又可能会变成水力粗糙管。

4.4 沿程损失的计算

4.4.1 沿程损失计算公式

由 4.1 节的内容已知，管道的沿程损失可用达西公式来计算：

$$h_f = \lambda \frac{l}{d} \cdot \frac{v^2}{2g}$$

达西公式既适用于管道内的层流运动，也适用于紊流运动。但对于不同的流态，沿程阻力系数 λ 有所不同。层流的沿程阻力系数 $\lambda = 64/Re$，而紊流的沿程阻力系数不仅取决于雷诺数 Re，还和相对粗糙度 K/d 有关。工程上确定沿程阻力系数 λ 有两种方法：一种是以紊流的半经验理论为基础，借助实验研究，整理成半经验公式；另一种是直接根据紊流沿程损失的实验资料综合成阻力系数的纯经验公式。

4.4.2 尼古拉兹实验

1933 年，德国科学家尼古拉兹进行了管流沿程阻力系数和流速分布的实验测定。尼古拉兹在实验中采用了一种简化的粗糙模型。他把大小基本相同、形状近似球体的砂粒用漆汁均匀而稠密地黏附于管壁上，如图 4.12 所示。人为地造出 6 种不同的相对粗糙度的人工粗糙管，对沿程损失、雷诺数和粗糙度之间的关系进行了一系列的实验。实验的范围很广，雷诺数 $Re = 500 \sim 1 \times 10^6$，实验管道相对粗糙度 $K/d = 1/1014 \sim 1/30$。

实验原理如图 4.13 所示，在水平放置的圆管相距 l 的截面上装两根测压管。根据伯努利方程，测压管液面高度差即为一定流速下管段 l 上的沿程损失 h_f。根据测得流速和流体的性质，可以计算出雷诺数，再由达西公式计算出沿程损失系数 λ，将不同管子、不同流速下的数据绘制在对数坐标上，就得到 $\lambda = f(Re, K/d)$ 曲线，即尼古拉兹实验曲线，如图 4.14 所示。

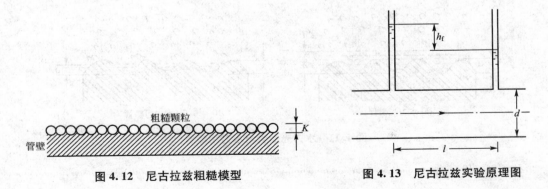

图 4.12 尼古拉兹粗糙模型 　　　　　图 4.13 尼古拉兹实验原理图

尼古拉兹曲线表明，沿程损失系数 λ 和雷诺数、管子粗糙度之间的关系比较复杂，不存在描述它们之间关系的统一的数学表达式。

根据 λ 的变化特性，尼古拉兹实验曲线分为 5 个阻力区，分别以 Ⅰ、Ⅱ、Ⅲ、Ⅳ、Ⅴ 表示。

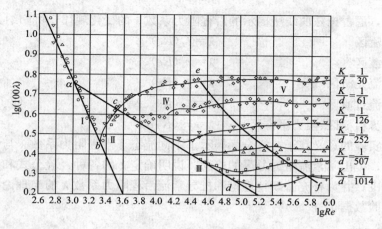

图 4.14　尼古拉兹实验曲线

1. 第Ⅰ区——层流区(*ab* 线)

当 $Re<2000$($\lg Re<3.36$)时，流体流动处于层流状态，不同相对粗糙度的实验点聚集在一条直线上。表明 λ 与相对粗糙度无关，只是雷诺数 Re 的函数，且 $\lambda=64/Re$。该实验结果验证了圆管层流理论公式的正确性。

2. 第Ⅱ区——过渡区(*bc* 线)

当 $Re=2000\sim4000$($\lg Re=3.36\sim3.6$)时，流体流动是由层流转变为紊流的过渡区。六条相对粗糙度不同的管道的实验点偏离直线 *ab*，分布在曲线 *bc* 上。λ 与相对粗糙度无关，只是 Re 的函数，且随 Re 的增大而增大。过渡区的范围很窄，工程中的实用意义不大。

3. 第Ⅲ区——紊流光滑区(*cd* 线)

当 $Re>4000$($\lg Re>3.6$)时，流动已处于紊流状态，不同相对粗糙度的实验点聚集在一条直线上。这表明 λ 仍与相对粗糙度无关，只是 Re 的函数。随着 Re 加大，相对粗糙度大的管道，其实验点在 Re 较低时离开了直线 *cd*；而相对粗糙度小的管道，其实验点在 Re 较高时才脱离直线 *cd*。

这时管内流态虽然是紊流，但是靠近管壁的层流边界层在雷诺数不大时，其厚度完全掩盖了管壁的粗糙突起高度，水流处于水力光滑状态。但随着雷诺数的增大，层流边界层的厚度不断减小，相对粗糙度大的管道其流动状态就不属于水力光滑状态了。

4. 第Ⅳ区——紊流过渡区(*cd* 线和 *ef* 线之间的区域)

随着雷诺数的不断增加，不同的相对粗糙管的实验点都脱离了直线 *cd*，各自独立形成一条波状曲线。这表明 λ 既与相对粗糙度有关，又与雷诺数 Re 有关。

5. 第Ⅴ区——紊流粗糙区(*ef* 线右侧区域)

当雷诺数足够大时，不同的相对粗糙管的实验点分别落在不同的与横坐标近似平行的水平直线上。这表明 λ 只与相对粗糙度有关，而与雷诺数无关。

这时水流处于发展完全的紊流状态，水流阻力与流速的平方成正比，故又称为阻力平方区。

综上所述，尼古拉兹曲线所揭示的沿程阻力系数 λ 的变化规律，可归纳如下：

Ⅰ——层流区 $\qquad\qquad\qquad\qquad \lambda = f_1(Re)$

Ⅱ——过渡区 $\qquad\qquad\qquad\qquad \lambda = f_2(Re)$

Ⅲ——紊流光滑区 $\qquad\qquad\qquad \lambda = f_3(Re)$

Ⅳ——紊流过渡区 $\qquad\qquad\qquad \lambda = f_4(Re, K/d)$

Ⅴ——紊流粗糙区（阻力平方区） $\qquad \lambda = f_5(K/d)$

尼古拉兹实验的意义在于：它全面揭示了不同流态下沿程阻力系数 λ 与雷诺数及相对粗糙度的关系；提出了紊流阻力分区的概念，说明确定 λ 的各种经验公式和半经验公式有一定的适用范围；并为补充普朗特理论和推导紊流沿程阻力系数 λ 的半理论半经验公式提供了必要的实验数据。

特 别 提 示 ....

1938 年苏联水力学家蔡克士仿照尼古拉兹实验，在人工的粗糙矩形明槽中进行了沿程阻力系数的实验研究，得到与尼古拉兹实验性质上相同的结果。

4.4.3 莫迪图

尼古拉兹实验给出了人工粗糙管的沿程阻力系数随相对粗糙度、雷诺数的变化规律，而工业上实际应用的管道，其内壁的粗糙度则是自然的、非均匀的高低不平，难以测定，因此要把尼古拉兹实验结果用于工业管道，就必须用实验方法确定工业管道与人工粗糙管的等值的绝对粗糙度，从而引入"当量粗糙度"的概念。

将和工业管道紊流粗糙区 λ 值相等的同直径尼古拉兹人工粗糙管的粗糙度作为工业管道的当量粗糙度（K/d 或 Δ/d）。

部分常用工业管道的当量糙粒高度值如表 4-1 所示。

表 4-1   工业管道的当量糙粒高度

管道材料	当量糙粒高度 K/mm	管道材料	当量糙粒高度 K/mm
钢板制风管	0.15	竹风道	0.8~1.2
塑料板制风管	0.01	铅管、铜管、玻璃管	0.01
矿渣石膏板风管	1.0	镀锌钢管	0.15
表面光滑砖风道	4.0	钢管	0.046
矿渣混凝土板风道	1.5	涂沥青铸铁管	0.12
铁丝网抹灰风道	10~15	新铸铁管	0.15~0.5
胶合板风道	1.0	旧铸铁管	1~1.5
地面沿墙砌制风道	3~6	混凝土管	0.3~3.0
墙内砖砌风道	5~10	木条拼合圆管	0.18~0.9

在紊流过渡区，工业管道的不均匀粗糙突破黏性低层伸入紊流核心是一个逐渐的过程，不同于粒径均匀的人工粗糙同时突入紊流核心，两者沿程阻力系数的变化规律相差

很大。

1933 年，柯列勃洛克和怀特给出了适用于工业管道紊流过渡区的沿程阻力系数的计算公式，即柯列勃洛克公式：

$$\frac{1}{\sqrt{\lambda}} = 2\lg\left(\frac{K}{3.7d} + \frac{2.51}{Re\sqrt{\lambda}}\right) \tag{4-15}$$

柯列勃洛克公式实际上是尼古拉兹光滑管公式和粗糙管公式的结合。当雷诺数比较低时，公式右边括号内第一项相对于第二项很小，公式接近尼古拉兹光滑管公式，当雷诺数很大时，公式右边括号内第二项很小，公式接近尼古拉兹粗糙管公式。这样，柯列勃洛克公式不仅可以用于工业管道过渡区，而且可以用于紊流的全部三个阻力区，故称为紊流沿程阻力系数的综合计算公式。由于该公式适用范围宽，且与工业管道实验结果符合良好，在国内外得到了广泛应用。

为了简化计算，1944 年，美国工程师莫迪以柯列勃洛克公式为基础，绘制出了工业管道的沿程阻力系数随雷诺数及相对粗糙度的变化规律，即莫迪图。

如图 4.15 所示，莫迪图分为五个区域，即层流区、临界区（相当于尼古拉兹曲线的过渡区）、光滑管区（相当于尼古拉兹曲线的紊流光滑区）、过渡区（相当于尼古拉兹曲线的紊流过渡区）、完全紊流粗糙管区（相当于尼古拉兹曲线的紊流粗糙区，即阻力平方区）。

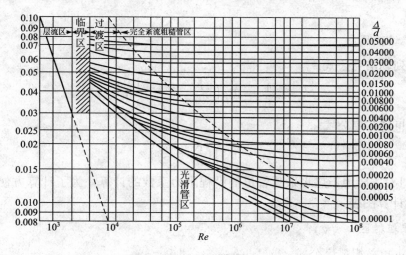

图 4.15 莫迪图

根据管道中流体流动的雷诺数 Re 及相对粗糙度 $K/d(\Delta/d)$ 就可以直接查出沿程阻力系数 λ 的值，从而计算出管路的沿程损失。

4.4.4 沿程阻力系数的经验公式

根据尼古拉兹曲线及莫迪图，流体流动可分为五个区域，我们可以根据雷诺数 Re 及相对粗糙度 K/d 从图中查出 λ 的值，也可以根据实验资料结合理论分析，总结出经验或半经验公式。这些经验公式在理论上不是十分严密，但是却能与实验结果很好地吻合，可以满足工程中水力计算的需要，应用比较广泛。

1. 层流区

$$\lambda = \frac{64}{Re}$$

2. 过渡区

过渡区不稳定，流动可能是层流，也可能是紊流，实验数据分散，没有一定的规律，一般情况下可以按照紊流光滑区来处理。

3. 紊流光滑区

（1）尼古拉兹光滑管公式：

$$\frac{1}{\sqrt{\lambda}} = 2\lg \frac{Re\sqrt{\lambda}}{2.51} \tag{4-16}$$

该公式为半经验公式，适用于 $Re < 10^6$ 的范围内。

（2）布拉修斯公式：

$$\lambda = \frac{0.3164}{Re^{0.25}} \tag{4-17}$$

布拉修斯公式形式简单，对于 $Re < 10^5$ 的光滑管流有极高的精度，在实际工程中得到广泛应用。

4. 紊流过渡区

（1）柯列勃洛克公式：

$$\frac{1}{\sqrt{\lambda}} = 2\lg \left(\frac{K}{3.7d} + \frac{2.51}{Re\sqrt{\lambda}} \right)$$

（2）阿里特苏里公式：

$$\lambda = 0.11 \left(\frac{K}{d} + \frac{68}{Re} \right)^{0.25} \tag{4-18}$$

式（4-18）主要用于热水采暖管道的沿程阻力系数的计算，为了计算方便，根据公式编有专用的计算图表。

5. 紊流粗糙区

（1）尼古拉兹粗糙区公式：

$$\frac{1}{\sqrt{\lambda}} = 2\lg \frac{3.7d}{K} \tag{4-19}$$

（2）希弗林松公式：

$$\lambda = 0.11 \left(\frac{K}{d} \right)^{0.25} \tag{4-20}$$

希弗林松公式形式简单，计算方便，工程上经常采用。

4.4.5 尼古拉兹曲线、莫迪图及经验公式的应用

利用尼古拉兹曲线、莫迪图或经验、半经验公式能够解决两类问题。

一是已知管径、管子粗糙度、流体性质、流量等参数，求解管流沿程损失。这类问题可以根据雷诺数和相对粗糙度直接查图或者利用公式求得沿程阻力系数 λ 之后，再根据达

西公式求解沿程损失。

二是已知流体性质、管子粗糙度、沿程损失等参数，求解流量或管径。这类问题由于流体的流量或管径未知，不能计算出雷诺数，无法确定流动区域，只能采用试算方法。

【**例 4 - 4**】 无缝钢管直径 $d=200mm$、管长 $l=2000m$，管子粗糙度 $K=0.2mm$，输送质量流量为 $90000kg/h$、密度为 $900kg/m^3$ 的原油，若原油夏天的运动黏度为 $0.355 \times 10^{-4} m^2/s$，冬天的运动黏度为 $1.092 \times 10^{-4} m^2/s$。试分别计算夏天和冬天输油管道的沿程损失。

【**解**】 根据流量的定义：

$$q_m = \rho q_v = \rho v \frac{\pi}{4} d^2$$

原油在管内的平均流速为：

$$v = \frac{4q_m}{\rho \pi d^2} = \frac{4 \times 90000/3600}{900 \times 3.14 \times 0.2^2} = 0.885 (m/s)$$

（1）夏天的雷诺数：

$$Re = \frac{vd}{\nu} = \frac{0.885 \times 0.2}{0.355 \times 10^{-4}} = 4986 > 2000，流动为紊流。$$

$$\frac{K}{d} = \frac{0.2}{200} = 0.001$$

查莫迪图，得：

$$\lambda = 0.0385$$

因此，夏天管道的沿程损失：

$$h_f = \lambda \frac{l}{d} \cdot \frac{v^2}{2g} = 0.0385 \times \frac{2000}{0.2} \times \frac{0.885^2}{2 \times 9.81} = 15.37 (m)$$

（2）冬天的雷诺数：

$$Re = \frac{vd}{\nu} = \frac{0.885 \times 0.2}{1.092 \times 10^{-4}} = 1621 < 2000，流动为层流。$$

$$\lambda = \frac{64}{Re} = \frac{64}{1621} = 0.0395$$

因此，冬天管道的沿程损失：

$$h_f = \lambda \frac{l}{d} \cdot \frac{v^2}{2g} = 0.0395 \times \frac{2000}{0.2} \times \frac{0.885^2}{2 \times 9.81} = 17.35 (m)$$

【**例 4 - 5**】 温度 $t=10℃$ 的水在管径 $d=100mm$、管长 $l=300m$ 的圆管中流动，雷诺数 $Re=8 \times 10^4$，分别求下列三种情况下的沿程损失。

（1）管内壁 $K=0.15mm$ 的人工粗糙管。

（2）当量糙粒高度 $K=0.15mm$ 的工业管道。

（3）处于紊流光滑区的铜管。

【**解**】（1）人工粗糙管。

$$\frac{K}{d} = \frac{0.15}{100} = 0.0015$$

根据雷诺数及相对粗糙度查尼古拉兹曲线，得：

$$\lambda = 0.02$$

根据水温 $10℃$，查表可知管内流体的运动黏度 $\nu=1.308 \times 10^{-6} m^2/s$，管内流速：

$$v = \frac{Re\nu}{d} = \frac{8 \times 10^4 \times 1.308 \times 10^{-6}}{0.1} = 1.05(\text{m/s})$$

因此，

$$h_{\text{f}} = \lambda \frac{l}{d} \cdot \frac{v^2}{2g} = 0.02 \times \frac{300}{0.1} \times \frac{1.05^2}{2 \times 9.81} = 3.37(\text{m})$$

（2）工业管道。

根据雷诺数根据 $Re = 8 \times 10^4$，相对粗糙度 $K/d = 0.0015$ 查莫迪图，得：

$$\lambda = 0.024$$

因此，

$$h_{\text{f}} = \lambda \frac{l}{d} \cdot \frac{v^2}{2g} = 0.024 \times \frac{300}{0.1} \times \frac{1.05^2}{2 \times 9.81} = 4.05 \ (\text{m})$$

（3）光滑铜管。

根据雷诺数，可采用布拉修斯公式：

$$\lambda = \frac{0.3164}{Re^{0.25}} = \frac{0.3164}{80000^{0.25}} = 0.0188$$

因此，

$$h_{\text{f}} = \lambda \frac{l}{d} \cdot \frac{v^2}{2g} = 0.0188 \times \frac{300}{0.1} \times \frac{1.05^2}{2 \times 9.81} = 3.17(\text{m})$$

【例 4-6】 一直径 $d = 300\text{mm}$、绝对粗糙度 $K = 3\text{mm}$、管长 $l = 400\text{m}$ 的管段上沿程损失 $h_{\text{f}} = 8\text{m}$，管内流水的运动黏度 $\nu = 1.13 \times 10^{-6}\text{m}^2/\text{s}$，求管内水的流量。

【解】

$$\frac{K}{d} = \frac{3}{100} = 0.03$$

因流量是未知量，流速、雷诺数无法求出，沿程阻力系数 λ 也无法直接查出或通过经验公式计算得出，可采用试算法。

假设 $\lambda = 0.038$，有：

$$v = \sqrt{\frac{2gdh_{\text{f}}}{\lambda l}} = \sqrt{\frac{2 \times 9.81 \times 0.3 \times 8}{0.038 \times 400}} = 1.76(\text{m/s})$$

$$Re = \frac{vd}{\nu} = \frac{1.76 \times 0.3}{1.13 \times 10^{-6}} = 4.67 \times 10^5$$

然后，根据求出的 Re 和 K/d 的值查莫迪图，查出 λ 正好为 0.038，说明假设合理。

因此，水的流量：

$$q_v = vA = 1.76 \times \frac{\pi}{4} \times 0.3^2 = 0.124(\text{m}^3/\text{s})$$

【例 4-7】 某低碳钢管内油的体积流量为 $1000\text{m}^3/\text{h}$，油的运动黏度为 $1 \times 10^{-5}\text{m}^2/\text{s}$，在管长 200m 的距离上沿程损失为 20m 油柱，管道的绝对粗糙度为 0.046mm，试确定管子直径。

【解】 根据公式：

$$q_v = vA = \frac{\pi}{4}d^2 v, \quad Re = \frac{vd}{\nu}, \quad h_{\text{f}} = \lambda \frac{l}{d} \cdot \frac{v^2}{2g}$$

有：

$$d^5 = \frac{8lq_v^2}{\pi^2 gh_{\mathrm{f}}}\lambda$$

要确定管子直径 d，必须知道沿程阻力系数 λ 的值，但是在雷诺数 Re 未知的情况下，λ 无法计算或通过查图得出，因此需要采用试算法。

假设 $\lambda = 0.02$，则：

$$d = \left(\frac{8lq_v^2}{\pi^2 gh_{\mathrm{f}}}\lambda\right)^{\frac{1}{5}} = \left[\frac{8 \times 200 \times (1000/3600)^2}{3.14^2 \times 9.81 \times 20} \times 0.02\right]^{\frac{1}{5}} = 0.264(\mathrm{m})$$

$$Re = \frac{vd}{\nu} = \frac{4q_v}{\pi d\nu} = \frac{4 \times (1000/3600)}{3.14 \times 0.264 \times 1 \times 10^{-5}} = 134000$$

$$\frac{K}{d} = \frac{0.046}{264} = 0.000174$$

查莫迪图，得 $\lambda = 0.0182$，与假设值不一致，再以 $\lambda = 0.0182$ 为改进值，重复上述计算过程，得：

$$d = \left(\frac{8lq_v^2}{\pi^2 gh_{\mathrm{f}}}\lambda\right)^{\frac{1}{5}} = \left[\frac{8 \times 200 \times (1000/3600)^2}{3.14^2 \times 9.81 \times 20} \times 0.0182\right]^{\frac{1}{5}} = 0.259$$

$$Re = \frac{vd}{\nu} = \frac{4q_v}{\pi d\nu} = \frac{4 \times (1000/3600)}{3.14 \times 0.259 \times 1 \times 10^{-5}} = 137000$$

根据求出的 Re、K/d 查莫迪图，得 $\lambda = 0.018$，再以 $\lambda = 0.018$ 为改进值，重复上述计算过程，得：

$$d = \left(\frac{8lq_v^2}{\pi^2 gh_{\mathrm{f}}}\lambda\right)^{\frac{1}{5}} = \left[\frac{8 \times 200 \times (1000/3600)^2}{3.14^2 \times 9.81 \times 20} \times 0.018\right]^{\frac{1}{5}} = 0.258$$

$$Re = \frac{vd}{\nu} = \frac{4q_v}{\pi d\nu} = \frac{4 \times (1000/3600)}{3.14 \times 0.258 \times 1 \times 10^{-5}} = 137000$$

根据新的 Re、K/d 查莫迪图，得 $\lambda = 0.018$，与改进值一致，因此沿程阻力系数 $\lambda = 0.018$。管子直径 $d = 0.258\mathrm{m}$，实际可选择公称直径为 $300\mathrm{mm}$ 的管子。

⬤ 特 别 提 示 ⬤ ··

当求解流动问题的已知参数较少不能直接查图表或利用公式时，可以采用试算方法。即假设某个关键未知参数的值，利用该参数按步骤求解流动问题，得出相应结果后，再反过来求解该参数，看其计算值是否与假设值一致，如果一致，计算过程结束，假设值即为该参数的真实值；如果不一致，则以该计算值为新的假设值，重复求解过程，直至计算值与假设值一致。手工试算法适用于比较简单的问题，复杂问题可借助计算机技术解决。

【例 4-8】 钢板制风管，断面尺寸为 $600\mathrm{mm} \times 400\mathrm{mm}$，风道长为 $200\mathrm{m}$，输送空气温度为 $20℃$，风速 $8\mathrm{m/s}$，试求风道的压强损失。

【解】 根据 $t_{空气} = 20℃$，查表得空气的运动黏度为 $15.7 \times 10^{-6}\mathrm{m}^2/\mathrm{s}$。

矩形风道的当量直径 $d_{\mathrm{e}} = \frac{2ab}{a+b} = \frac{2 \times 0.6 \times 0.4}{0.6+0.4} = 0.48(\mathrm{m})$

因此，

$$Re = \frac{vd_{\mathrm{e}}}{\nu} = \frac{10 \times 0.48}{15.7 \times 10^{-6}} = 3.1 \times 10^5$$

查表 4-1，钢板制风管 $K=0.15\text{mm}$，风道的相对粗糙度：

$$\frac{K}{d_\text{e}} = \frac{0.15 \times 10^{-3}}{0.48} = 3.125 \times 10^{-4}$$

查莫迪图，得：

$$\lambda = 0.0152$$

因此，风道的沿程损失：

$$p_\text{f} = \lambda \frac{l}{d} \cdot \frac{\rho v^2}{2} = 0.0152 \times \frac{200}{0.48} \times \frac{1.2 \times 8^2}{2} = 243.2(\text{Pa})$$

4.4.6 沿程损失的工程计算方法

工程中对于空气和水等流体的流动阻力的计算可采用相对简单的方法——比摩阻法。

单位长度管道所产生的沿程损失，称为比摩阻，记为 R_m。

$$R_\text{m} = h_\text{f}/l \quad \text{或} \quad R_\text{m} = p_\text{f}/l$$

工程上一般采用 R_m，单位为 Pa/m。为了简化计算过程，根据实验结果和经验公式，计算出各种情况下的空气和水的比摩阻，并制成了计算表。只要已知流量、管径、流速和比摩阻等参数中的任意两个，就可以在表中查出其他参数。

4.5 局部损失产生的原因及其计算

在工业管道或渠道中，往往安装有变径管、三通、弯管、水表、拦污栅格、控制阀门等局部配件和设备。流体流经这些部件时，由于固体壁面或流量的改变，使均匀流动受到破坏，从而引起流速方向、大小或断面流速分布发生变化，增大流体间的摩擦、碰撞并形成旋涡等，因而在局部管件处产生集中的局部阻力，流体因克服局部阻力所引起的能量损失即为局部损失。

4.5.1 局部损失产生的原因

局部损失与沿程损失一样，流态对局部阻力会产生很大的影响，但要使流体在流经管道配件处受到固体边壁强烈干扰的情况下，仍能保持层流，就要求雷诺数远比 2000 小的情况下才有可能。而实际管道中，这种情况是很少出现的。因此我们只分析紊流状态下的局部损失。

局部损失产生的原因主要有两个方面。

（1）流体流经管道配件时，由于惯性作用，流体不能随边界条件的突然变化而改变方向，致使主流与固体壁面发生分离现象，从而在主流边界与固体壁面之间形成旋涡区。在旋涡区内流体作回转运动要消耗能量，同时形成的旋涡又不断被主流带走，并随之扩散，又会加大主流的紊流强度，增大阻力。

（2）由于固体边界的突然变化，促使主流部分流速分布重新调整，流体质点产生剧烈变形，加大了相邻流层之间的相对运动，从而增大了局部区域的水头损失。

流体流经一些常见的管道部件时的流动情况如图 4.16 所示。

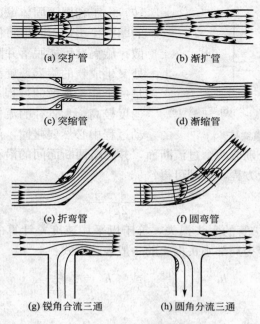

(a) 突扩管　　　　　　　(b) 渐扩管

(c) 突缩管　　　　　　　(d) 渐缩管

(e) 折弯管　　　　　　　(f) 圆弯管

(g) 锐角合流三通　　　　(h) 圆角分流三通

图 4.16　几种典型的局部阻碍

特 别 提 示

经研究分析发现，无论是改变流速大小还是改变方向，局部损失在很大程度上取决于旋涡区的大小。也就是说，主流脱离边壁，旋涡区的形成是造成局部水头损失的主要原因，局部阻碍处的旋涡区越大，旋涡强度越大，局部水头损失就越大。

4.5.2　局部损失的计算

前面的章节里我们已经阐述了局部损失的计算公式：

$$h_j = \zeta \frac{v^2}{2g}$$

计算管路系统产生的局部损失的关键是计算局部阻力系数 ζ。

由于管道上安装的局部管件种类比较多，形态各异，只有少数外形简单的管件比如突扩管件，可以通过理论分析的方法求得局部阻力系数，其他大部分管件的局部阻力系数均由实验确定，并根据实验结果制成专用图表，在使用时可直接查阅有关手册。附录 1 中给出了常见局部管件的局部损阻力系数。

需要注意的是，局部损失计算中的 ζ 是针对一定的过流断面上的速度水头 $v^2/2g$，因为造成局部能量损失的管件前后都有流速，有时管件前后的速度并不相同。一般情况下，针对管件前后不同的流速 v_1、v_2，相应的有两个阻力系数 ζ_1、ζ_2，计算时要匹配好。如果没有特殊说明，则 ζ 与管件后流速 v_2 对应。

1. 管道截面突然扩大

突扩管件中的流动，如图 4.17(a)所示，流体从小直径的管道流向大直径的管道时，主流流束先收缩后扩张，管壁拐角与主流束之间形成旋涡。旋涡在主流束的带动下不断旋

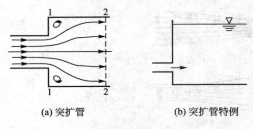

(a) 突扩管　　　　　(b) 突扩管特例

图 4.17　管道突扩

转，由于和周围固体壁面以及其他流体质点间的摩擦作用，不断地将机械能转换为热能而耗散；旋涡有可能脱落并随主流进入下游，凸肩处又生成新的旋涡，旋涡的不断脱落和生成也是一个能量耗散的过程。另外，小管径的流体速度较高，大管径的流体速度较低，二者在流动过程中必然要碰撞，产生碰撞损失。

在突扩管的上下游分别取两个过流断面，并忽略两断面间的沿程水头损失，在两断面间分别列能量方程和动量方程，整理可得：

$$h_{\mathrm{j}} = \frac{(v_1 - v_2)^2}{2g} \tag{4-21}$$

式(4-21)表明，突扩管的水头损失，等于以平均速度差计算的流速水头。该式又称为包达公式，可将该式变为局部水头损失的一般表达形式：

$$h_{\mathrm{j}} = \zeta_1 \frac{v_1^2}{2g} \quad \text{或} \quad h_{\mathrm{j}} = \zeta_2 \frac{v_2^2}{2g}$$

其局部阻力系数：

$$\zeta_1 = \left(1 - \frac{A_1}{A_2}\right)^2, \zeta_2 = \left(\frac{A_2}{A_1} - 1\right)^2$$

如图 4.17(b)所示为突扩管的特殊情况，当液体从管道流入断面很大的容器中或气体流入大气时，由于 $A_2 \gg A_1$，可推导出 $\zeta_1 \approx 1$，ζ_1 称为管道的出口损失系数。

2. 管道截面突然缩小

如图 4.18(a)所示，当流体由大直径管道流入小直径管道时，流束急剧收缩，由于惯性作用，主流最小截面并不在细管入口处，而是向后推迟一段距离，其后又经历一个扩大的过程，在上述过程中由于速度分布不断变化，产生新的摩擦，从而

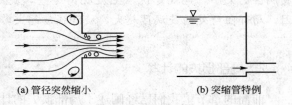

(a) 管径突然缩小　　　　(b) 突缩管特例

图 4.18　管道突缩

产生能量损失；在流体进入细管之前以及缩颈部位都存在旋涡区，也将产生不可逆的能量损失。

突缩管的局部损失：

$$h_{\mathrm{j}} = \zeta \frac{v_2^2}{2g}$$

其局部阻力系数：

$$\zeta = 0.5\left(1 - \frac{A_2}{A_1}\right)$$

如图 4.18(b)所示为突缩管的特殊情况，流体从断面很大的容器中流入管道中，由于 $A_1 \gg A_2$，可推导出 $\zeta \approx 0.5$，ζ 称为管道的入口水头损失系数。

 特　别　提　示 ░░

管道出口的局部阻力系数为 1.0，管道中水流的速度水头完全耗散于池水之中；管道

入口的局部阻力系数为 0.5，这里所指的管道入口是指锐缘入口。

3. 管道入口

不同的管道入口形式所造成的局部阻力系数不同，如图 4.19 所示列出了几种常见的管道入口形式及相应的局部阻力系数。

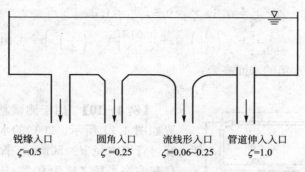

锐缘入口　　　圆角入口　　　流线形入口　　　管道伸入入口
$\zeta=0.5$　　　$\zeta=0.25$　　　$\zeta=0.06\sim0.25$　　　$\zeta=1.0$

图 4.19　管道入口

在计算局部水头损失时，应注意计算手册中给出的局部阻力系数是在局部阻碍前后都有足够长的均匀直管段或渐变段的条件下，并不受其他干扰而由实验测得的。当选用这些系数计算时，要求各局部阻碍之间有一定的距离，一般不小于 3 倍的管径。

如果几个造成局部阻力的管件近距离地串接在一起，相互之间会造成干扰，总的损失不等于各损失的和，因此，对相距很近的局部阻碍，其阻力系数不能简单地叠加。计算局部阻力相互干扰的水头损失时，一般用干扰修正系数来估算其影响，干扰修正系数取决于靠近的局部阻碍的类型以及局部阻碍之间的相对距离。局部障碍相互干扰的结果是局部水头损失可能减小，也可能增大，若要准确确定，应由实验测定。

【例 4-9】　如图 4.20 所示，两水箱用两段不同直径的管道相连接，1—3 管段长 $l_1=10\text{m}$，直径 $d_1=200\text{mm}$，$\lambda_1=0.019$；3—6 管段长 $l_2=10\text{m}$，直径 $d_2=100\text{mm}$，$\lambda_2=0.018$。管路中的局部管件：管道入口 1；90°煨弯弯头 2、5 ($R/d=0.75$)；渐缩管 3 ($\alpha=8°$)；闸阀 4 ($\zeta=0.5$)；管道出口 6。若输送流量 $q_v=20\text{L/s}$，求水箱水面的高差 H 应为多少？

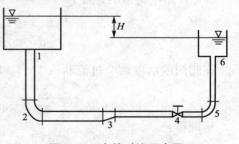

图 4.20　水箱对流示意图

【解】　根据连续性方程 $q_v=v_1A_1=v_2A_2$，有：

$$v_1=\frac{q_v}{\frac{\pi}{4}d_1^2}=\frac{20\times10^{-3}}{\frac{3.14}{4}\times0.2^2}=0.64(\text{m/s})$$

$$v_2=v_1\frac{A_1}{A_2}=v_1\left(\frac{d_1}{d_2}\right)^2=0.64\times\left(\frac{0.2}{0.1}\right)^2=2.56(\text{m/s})$$

取左右两水箱的自由液面 0—0、7—7 作为分析断面，在两断面之间列能量方程：

$$z_0+\frac{p_0}{\rho g}+\frac{v_0^2}{2g}=z_7+\frac{p_7}{\rho g}+\frac{v_7^2}{2g}+h_{l0-7}$$

将已知条件代入上式，整理得：

$$H = h_{l0-7}$$

$$h_{l0-7} = \sum h_f + \sum h_j = \lambda_1 \frac{l_1}{d_1} \cdot \frac{v_1^2}{2g} + \lambda_2 \frac{l_2}{d_2} \cdot \frac{v_2^2}{2g} + (\zeta_1 + \zeta)_2 \frac{v_1^2}{2g} + (\zeta_3 + \zeta_4 + \zeta_5 + \zeta_6)\frac{v_2^2}{2g}$$

$$= \left(\lambda_1 \frac{l_1}{d_1} + \zeta_1 + \zeta_2\right)\frac{v_1^2}{2g} + \left(\lambda_2 \frac{l_2}{d_2} + \zeta_3 + \zeta_4 + \zeta_5 + \zeta_6\right)\frac{v_2^2}{2g}$$

查表知：$\zeta_1 = 0.5$，$\zeta_2 = \zeta_5 = 0.5$，$\zeta_4 = 0.5$，$\zeta_6 = 1.0$，

$$\zeta_3 = \frac{\lambda}{8\sin\alpha}\left[1 - \left(\frac{A_2}{A_1}\right)^2\right] = \frac{0.018}{8\sin 8}\left[1 - \left(\frac{1}{4}\right)^2\right] = 0.015$$

代入公式，得两水箱的水面高差：

$$H = h_{l0-7} = 1.3 \text{m}$$

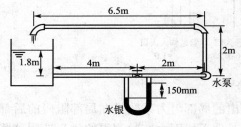

图 4.21 阀门压降测试装置

【例 4-10】 用于测试新阀门压降的实验装置如图 4.21 所示。20℃的水从容器进入管道系统，管道内径 $d = 50$mm，管路中三个弯管的管径和曲率半径之比为 0.2，用水泵保持管道内稳定流量 12m³/h，若在给定流量下液柱差压计的读数为 150mm，试求：

（1）水通过阀门的压降；

（2）阀门的局部阻力系数；

（3）阀门前水的计示压强；

（4）若不计水泵损失，通过该系统的总损失。

【解】 （1）假设阀门前后管路中的压力分别为 p_1、p_2，水流经阀门的压降：

$$\Delta p = p_1 - p_2 = (\rho_{\text{Hg}} - \rho_{\text{H}_2\text{O}})gh = (13600 - 1000)\times 9.81 \times 0.15 = 18540.9 \text{(Pa)}$$

（2）管路中的水的速度：

$$v = \frac{q_v}{\frac{\pi}{4}d^2} = \frac{12/3600}{\frac{3.14}{4}\times 0.05^2} = 1.7 \text{(m/s)}$$

在阀门前后取两个过流断面 1—1、2—2，在两过流断面之间列能量方程：

$$z_1 + \frac{p_1}{\rho g} + \frac{v_1^2}{2g} = z_2 + \frac{p_2}{\rho g} + \frac{v_2^2}{2g} + h_{l1-2}$$

整理得：

$$h_{l1-2} = \frac{\Delta p}{\rho g}$$

根据 $h_j = \zeta \frac{v^2}{2g} = \frac{\Delta p}{\rho g}$，可得阀门的局部阻力系数：

$$\zeta = \frac{2\Delta p}{\rho v^2} = \frac{2 \times 18540.9}{1000 \times 1.7^2} = 12.83$$

（3）取容器的自由液面 0—0、阀门前的过流断面 1—1 作为分析断面，在两断面之间列能量方程：

$$z_0 + \frac{p_0}{\rho g} + \frac{v_0^2}{2g} = z_1 + \frac{p_1}{\rho g} + \frac{v_1^2}{2g} + h_{l0-1}$$

将已知条件代入上式，整理得：

$$h_{l0-1} = (z_0 - z_1) - \frac{p_1 - p_0}{\rho g} - \frac{v_1^2}{2g}$$

因此，$\dfrac{p_{1e}}{\rho g} = (z_0 - z_1) - \dfrac{v_1^2}{2g} - h_{l0-1} = 1.8 - \dfrac{1.7^2}{2 \times 9.81} - h_{l0-1} = 1.65 - h_{l0-1}$

$$h_{l0-1} = \lambda \frac{l_1}{d_1} \cdot \frac{v_1^2}{2g} + \zeta_{锐缘进口} \frac{v_1^2}{2g}$$

因 $Re = \dfrac{vd}{\nu} = \dfrac{1.7 \times 0.05}{1.007 \times 10^{-6}} = 8.44 \times 10^4 < 10^5$，可以采用布拉修斯经验公式计算沿程阻力系数：

$$\lambda = \frac{0.3164}{Re^{0.25}} = \frac{0.3164}{(8.44 \times 10^4)^{0.25}} = 0.0186$$

因此，

$$h_{l0-1} = \lambda \frac{l_1}{d_1} \frac{v_1^2}{2g} + \zeta_{锐缘进口} \frac{v_1^2}{2g}$$

$$= \left(0.0186 \times \frac{4}{0.05} + 0.5 \right) \times \frac{1.7^2}{2 \times 9.81} = 0.293 (\text{m})$$

阀门前水的计示压强：

$$p_{1e} = (1.65 - h_{l0-1}) \times \rho g = (1.65 - 0.293) \times 1000 \times 9.81 = 13312 (\text{Pa})$$

（4）根据 $d/R = 0.2$，查表得弯管的局部阻力系数为 $\zeta_3 = 0.132$，则管路的总损失：

$$h_l = \sum h_f + \sum h_j$$

$$= \lambda \frac{l_1 + l_2 + l_3 + l_4}{d} \cdot \frac{v^2}{2g} + (\zeta_1 + \zeta_2 + 3\zeta_3) \frac{v^2}{2g}$$

$$= \left[0.0186 \frac{4 + 2 + 2 + 6.5}{0.05} + (0.5 + 12.83 + 3 \times 0.132) \right] \times \frac{1.7^2}{2 \times 9.81}$$

$$= 2.82 (\text{m})$$

4.6　减少阻力的措施

　　减少阻力就能减少流体流动的能量损失，从而减少水泵、风机、油泵等流体机械的能耗，节约能源。减小阻力长期以来就是工程流体力学中的一个重要的研究课题，其研究成果对工程建设及国民经济的很多领域都有十分重要的意义。

　　针对阻力产生的原因分析，减少流动阻力的方法有两种：一是添加剂减阻法，即在流体内部加入极少量的添加剂，使其影响流体运动的内部结构，降低流体黏度、抑制紊动，减少沿程阻力；二是改进流体外部的环境，改善边壁对流动的影响。

　　通过改善流动边界减阻的具体措施如下。

　　（1）管路系统设计合理，如尽量采用直管路、减少不必要的局部构件等。

　　（2）减小管壁的粗糙度，减少沿程阻力损失。如在实际工程中对钢管、铸铁管等进行内部涂塑，或者采用塑料管道、玻璃钢管道代替金属管道。此外，用柔性边壁代替刚性边壁也可能减少沿程阻力。

　　（3）改变局部管件结构，减少局部阻力损失。

　　① 采用平顺的、渐变的管道进口，如图 4.19 所示。

② 采用扩散角较小或阶梯式变化的渐扩管，如图 4.22(a)、(b)所示。

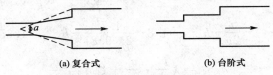

(a) 复合式　　　　　　　　　　(b) 台阶式

图 4.22　渐扩管

③ 控制弯管的曲率半径，设置导流叶片。

弯管的阻力系数在一定范围内随曲率半径 R 的增大而减小。表 4-2 给出了 90°弯管在不同 R/d 时的 ζ 值。

表 4-2　不同 R/d 时 90°弯管的 ζ 值($Re=10^6$)

R/d	0	0.5	1	2	3	4	6	10
ζ	1.14	1.00	0.246	0.159	0.145	0.167	0.20	0.24

由表 4-2 可知，$R/d<1$ 时，ζ 值随 R/d 的增大而急剧减小，这与旋涡区的出现和增大有关。$R/d>3$ 时，ζ 值随 R/d 的增大而增大，这是由于弯管加长后，摩阻增大造成的。因此弯管的 R 最好在($1\sim4$)d 的范围内。

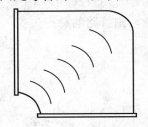

图 4.23　弯管导流叶片

对于断面很大的弯管，往往只能采用较小的 R/d，这时可在弯管内部布置导流叶片。在叶片的导流作用下，流体流动与管道壁面能较好地吻合，避免流体与壁面的分离，减少或消灭旋涡区。如图 4.23 所示为风管弯管部分的导流叶片设置。

④ 改缓折角，减小三通支流管与合流管之间的夹角。

尽可能地减小支流管与合流管之间的夹角，或将支管与合流管连接处的折角改缓，都能减小三通的局部阻力系数，比如将正三通改为斜三通、顺水三通。

⑤ 管道配件之间合理衔接。

比如在既要转弯 90°，又要扩大断面的流动中，采用先弯后扩的水头损失为先扩后弯的水头损失的 4 倍。因此，在这种情况下要尽量采用先扩后弯的做法。

知 识 链 接

早在 19 世纪末，人们就发现海生动物的皮肤黏性具有减阻作用，在河流的某些区段，浑浊的水比清水流得快，后来又发现船舶在带有水藻的水中湍流行进时表面摩阻较小。但当时这些减阻现象并没有引起人们的重视。直到 1948 年，Toms 发现了聚甲基丙烯酸甲酯在氯苯中的减阻作用，被称为"Toms"效应，有目的的减阻研究才陆续展开。并且由于节约能源的迫切需求，减阻的研究工作有了迅速的发展。

目前，对于流动减阻的相关研究和应用越来越多，许多有效的流动减阻方法得到了广泛的应用，如肋条减阻法、聚合物添加剂（减阻剂）法、柔顺壁法、微气泡法和仿生法等。对于这些方法的减阻机理，一般认为是通过增加黏性低层的厚度来实现减阻的。其中，高聚合物添加剂减阻方法在石油运输、消防及船舶等众多领域广泛应用，效果比较显著。

长输管道中流体的摩擦阻力限制了流体在管道中的流动，造成管道长途输送能力降低、能量消耗增加。高聚物减阻法是在流体中注入少量的高分子聚合物，使之在紊流状态下降低流动的阻力。减阻作用是一种特殊的湍流现象，减阻效应是减阻影响湍流场的宏观表现，属于纯物理作用。减阻剂分子与油品的分子不发生作用，也不影响油品的化学性质，只是与其流动特性密切相关。在湍流中，流体质点的运动速度随机变化着，形成大大小小的旋涡，大尺度旋涡从流体中吸收能量发生变形、破碎，并向小尺度旋涡转化。小尺度旋涡又称耗散性旋涡，在黏滞力作用下被减弱、平息，它所携带的部分能量转化为热能而耗散。在近管壁部分，由于管壁剪切应力和黏滞力的作用，这种转化更为严重。

在减阻剂加入到管道以后，减阻剂呈连续相分散在流体中，靠本身特有的黏弹性，分子长链顺流向自然拉伸呈流状，其微元直接影响流体微元的运动。来自流体微元的径向作用力作用在减阻剂微元上，使其发生扭曲，旋转变形。减阻剂分子间的引力抵抗上述作用力反作用于流体微元，改变流体微元的作用方向和大小，使一部分径向力被转化为顺流向的轴向力，从而减少了无用功的消耗，宏观上得到了减少摩擦阻力损失的效果。

在层流中，流体受黏滞力作用，没有像湍流那样的旋涡耗散，没有明显的减阻效果。随着雷诺数增大，流动进入湍流状态时，减阻作用逐渐增强，雷诺数越大减阻效果就越明显。当雷诺数达到一定程度，流体剪切应力足以破坏减阻剂分子链结构时，减阻剂降解，减阻效果反而下降，甚至完全失去减阻作用。减阻剂的添加浓度影响它在管道内形成弹性底层的厚度，浓度越大，弹性底层越厚，减阻效果越好。理论上，当弹性底层达到管轴心时，减阻达到极限，即最大减阻。另外，减阻效果还与油品黏度、管道直径等因素有关。

需要注意的是，使用减阻剂作为一种短时间的应急措施具有很大的优越性。但对于需要长期增输的管道来说，由于需要大量的减阻剂，使其经济效益不明显，而且在输油系统中增加了减阻剂注入装置，使其整个系统的操作量、故障率有所提高，不利于日常操作管理。所以对减阻剂技术既要优先考虑，又不能盲从应用。可以预见，在不远的未来，投注减阻剂技术作为一种新兴的输送工艺，必将为国内外管道工业创造更大的经济和社会效益。

本 章 小 结

本章以理论研究和经典实验结果，阐述了流动阻力和能量损失的一般规律。

（1）流体在流动过程中会遇到两种阻力：沿程阻力和局部阻力。由沿程阻力和局部阻力所引起的能量损失分别称为沿程（水头）损失和局部（水头）损失。

（2）黏性流体存在两种不同的流态：层流和紊流。判别流态的标准是临界雷诺数。不同的流态，水头损失的规律不同。

（3）圆管内的流动分层流和紊流两种流态。层流运动的截面最大速度比较突出，截面速度分布比较陡峭，而紊流流动的截面速度分布相对均匀一些。

（4）沿程水头损失主要产生在长直管段，可根据达西公式计算。由达西公式计算沿程损失的关键是计算沿程阻力系数 λ，λ 可通过尼古拉兹曲线、莫迪图或经验、半经验公式等求解。

（5）尼古拉兹实验全面揭示了沿程阻力系数 λ 随雷诺数和管道相对粗糙度的变化规律，根据实验所得的尼古拉兹曲线将流动划分为五个区域：层流区、临界区、紊流光滑区、紊流过渡区和紊流粗糙区。在不同的阻力区内，λ 的影响因素不同。

（6）局部水头损失产生的主要原因是主流脱离边壁，形成旋涡区。计算局部水头损失的关键是计算局部阻力系数 ζ，局部阻力系数取决于局部阻碍的形状。

（7）很多工程应用场合需要减少流体流动过程中产生的阻力损失。减少阻力损失的基本方法有两种：一是通过减低流体黏性的方法来减少沿程损失；二是通过改善局部阻碍的形状特征以及边壁对流动的影响来减少局部损失。

思　考　题

1. 流体流动时为什么会发生能量损失现象？

2. 流体流动的能量损失有哪几种形式？产生的主要原因分别是什么？

3. 层流和紊流流动各有什么特点？如何判断黏性流体的两种流态？

4. 当不同黏性的流体分别流经两种不同管径的管道时，其临界雷诺数是否相同？

5. 简述圆管内紊流流动的特点。

6. 圆管内层流与紊流流动的断面流速分布有什么不同？

7. 绝对粗糙度为定值的某种材质的管道，为什么既可能是水力光滑管，也可能是水力粗糙管？

8. 简述尼古拉兹曲线的五个阻力分区，每个分区阻力系数的影响因素有哪些？

9. 对于给定的一根输水管路，如何实测其沿程阻力系数？

10. 什么是比摩阻？如何应用比摩阻计算阻力损失？

11. 管路系统中哪些部分容易产生沿程损失？如何减少沿程阻力损失？

12. 管路系统中哪些部分容易产生局部损失？如何减少局部阻力损失？

13. 长度及管径确定的管路，当通过的流量增大时，沿程阻力系数如何变化？沿程损失如何变化？

14. 两断面分别为圆形和正方形的风管，其断面面积相等、长度相等，如果沿程水头损失也相等，且流动都处于阻力平方区，试问哪种断面的风管过流能力大？

练　习　题

一、选择题

1. 流动阻力产生的主要原因是流体具有（　　）。

A. 流动性 　　　　　　　　　　　B. 膨胀性

C. 压缩性 　　　　　　　　　　　D. 黏性

2. 水在圆管内的流动状态处于紊流粗糙区，当管内流量增加时，沿程阻力系数（　　）。

A. 增大 　　　　　　　　　　　　B. 减小

C. 不变 　　　　　　　　　　　　D. 可能增大，也可能减小

3. 圆管紊流，经试验测得管轴线上的流速为 5m/s，则该圆管断面平均流速为（　　）。

A. 1m/s 　　　　　　　　　　　　B. 2.5m/s

C. 4m/s 　　　　　　　　　　　　D. 5m/s

4. 某圆管流动的雷诺数为 1800，该圆管流动的沿程阻力系数为(　　)。

A. 0.018　　　　　　　　　　　　B. 0.036

C. 0.072　　　　　　　　　　　　D. 0.136

5. 某变径管内流体流动的雷诺数在变径前后之比为 4:1，则其变径前后管径之比为
(　　)。

A. 1:4　　　　　　　　　　　　B. 4:1

C. 1:2　　　　　　　　　　　　D. 2:1

6. 矩形风管的尺寸为 400mm×320mm，其当量直径为(　　)。

A. 87mm　　　　　　　　　　　B. 320mm

C. 347mm　　　　　　　　　　　D. 400mm

7. 紊流过渡区的沿程阻力系数(　　)。

A. 只与相对粗糙度有关

B. 只与绝对粗糙度有关

C. 只与雷诺数有关

D. 既与绝对粗糙度有关，也与雷诺数有关

8. 水流从水箱经管径为 200mm 和 150mm 的两段串联管路自由出流，测得末端管路
出口处流速为 2m/s，则与水箱相连接的管段断面平均流速为(　　)。

A. 1.13m/s　　　　　　　　　　B. 2.25m/s

C. 2.67m/s　　　　　　　　　　D. 3.56m/s

9. 两根同管径的材质相同的管道，用于输送同一种流体，若输送流量较大的一根管
道可视为水力光滑管，则另一根管道(　　)。

A. 一定是水力光滑管　　　　　　B. 一定是水力粗糙管

C. 可能是水力光滑管，也可能是水力粗糙管　　D. 无法判断

10. 下列关于局部阻力的说法中正确的是(　　)。

A. 采用扩散角较小或阶梯式变化的渐扩管可以减小局部阻力系数

B. 对相距很近的几个局部阻碍，其局部阻力系数可以进行简单的叠加

C. 在既要转弯又要扩大断面的流动中，采用先弯后扩的做法可以减小局部阻力系数

D. 管道出口的局部阻力系数为 0.5，管道锐缘入口的局部阻力系数为 1.0

二、计算题

1. 水流经变截面管道，变径管直径分别为 d_1、d_2，且 $d_1/d_2=2$，试问哪个断面的雷
诺数大？

2. 用直径 200mm 的管道输送质量流量为 20kg/s 的石油，已知石油的密度为
900kg/m³，运动黏度为 2cm²/s，试确定石油的流态。

3. 已知某管道直径 20mm，管中水流量为 0.35L/s，水温 90℃，试确定该条件下水的
流态。如果保持管内水流状态为层流，流量应该如何限制？

4. 用管道输送流速为 0.5m/s 的常温水，若在 10m 长的管段上测得的水头损失为
20mmH₂O，已知管道沿程阻力系数为 0.01，试确定该管道直径。

5. 用直径为 30cm 的水平管道做水的沿程损失试验，在相距 120m 的两点用水银差压
计测得的水银柱高差为 33cm，已知水的流量为 0.2m³/s，试求沿程阻力系数。

6. 用直径 300mm 的铸铁管路输送 20℃的常温水，已知管路长度为 1000m，流量为 60L/s，试求管路的沿程水头损失。

7. 长度为 10m，直径为 50mm 的水管，在流动处于粗糙区时，测得流量为 4L/s，沿程水头损失为 1.2m，水温为 20℃，试求该种管材的绝对粗糙度。

8. 为测定 90°弯头的局部阻力系数 ζ 采用如图 4.24 所示的装置。已知 AB 段管长 $l=10$m，管径 $d=50$mm，$\lambda=0.03$。实测数据为：（1）AB 两断面测压管水头差 $\Delta h=0.629$m；（2）两分钟流入水箱的水量为 0.329m³。试求弯头的局部阻力系数 ζ。

9. 如图 4.25 所示，为测定一阀门的阻力系数，在阀门的上下游设置了 3 个测压管，AB 段间距 $l_1=1$m，BC 段间距 $l_2=2$m，若直径 $d=50$mm，实测 $H_1=150$cm，$H_2=125$cm，$H_3=40$cm，流速 $v=3$m/s，试求：（1）管道的沿程阻力系数；（2）阀门的局部阻力系数。

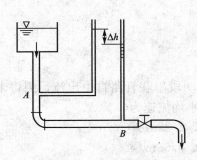

图 4.24　计算题 8 图

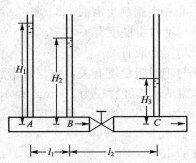

图 4.25　计算题 9 图

10. 如图 4.26 所示，自水池中引出一根变径水管，已知较细断面直径 $d_1=100$mm，较粗断面 $d_2=200$mm，长度 $l=100$m，水池液位 $H=10$m，管道的沿程阻力系数 $\lambda=0.02$，局部阻力系数 $\zeta=3.0$，试求通过水管的流量。

11. 如图 4.27 所示，矩形风道的断面尺寸为 1200mm×600mm，风道内空气的温度为 45℃，风量为 42000m³/h，风道壁面材料的当量粗糙度为 0.1mm，在 12m 长的管段 AB 中，用倾斜角度为 30°的酒精微压计测得斜管中读数 $l=7.5$mm，已知酒精密度为 860kg/m³，试求风道的沿程阻力系数。并将该测量结果与采用经验公式以及莫迪图查得的结果进行比较。

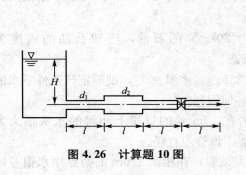

图 4.26　计算题 10 图

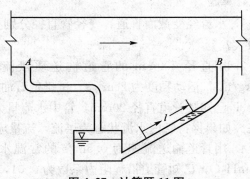

图 4.27　计算题 11 图

12. 用如图 4.28 所示，已知管段长度 $l = 3.6$m，管径 $d = 0.015$m，油的密度为 850kg/m³，当流量保持为 3.5×10^{-5}m³/s 时，测压管液面高差为 27mm，试求管道的沿程阻力系数。

13. 如图 4.29 所示的 U 形管差压计，用于测量弯管的局部损失系数，已知管径为 250mm，管内水的体积流量为 0.04m³/s，U 形管的工作液体是密度 1600kg/m³ 的四氯化碳，U 形管左右两侧液面高差为 70mm，试求弯管的局部损失系数。

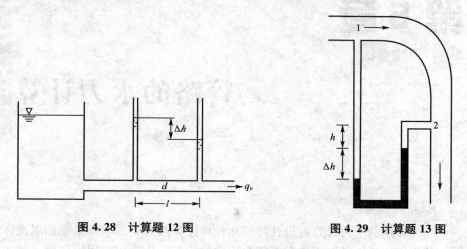

图 4.28　计算题 12 图　　　　图 4.29　计算题 13 图

14. 有一内壁绝对粗糙度为 0.15mm 的均匀沙粒的人工粗糙管，其管径为 100mm，管长为 300mm，管内流动着温度为 10℃的水，雷诺数为 80000，试求其沿程能量损失。

第 5 章

管路的水力计算

学习引导

　　管路的水力计算有设计计算和校核计算两大类。本章主要运用流体动力学基本方程式，结合流体在管道中流动的特点，从工程应用的角度，阐述了管路水力计算的方法，是流体力学基本理论的综合应用。

学习目标

　　了解管路系统的分类及特点；掌握管路特性曲线的绘制及应用；掌握简单管路及复杂管路的水力计算；掌握简单工程管网的水力计算；了解工程中常见的水击现象。

学习要求

能力目标	知识要点	权重
了解管路系统的特点，能区分长管与短管、简单管路与复杂管路	长管，短管；简单管路，复杂管路；串联管路，并联管路	10%
掌握管路特性曲线的绘制，能根据管路特性曲分析管路特点	管路特性曲线的绘制；管路特性曲线的应用	10%
掌握简单管路及复杂管路的水力计算方法；能进行各种较为简单的工程管网的水力计算	简单短管的水力计算；简单长管的水力计算；串联管路的水力计算；并联管路的水力计算；枝状管网的水力计算；环状管网的水力计算	70%
了解工程中常见的水击现象，能根据实际情况制定缓解或避免水击现象的措施	水击现象；水击现象的危害；水击过程；缓解水击现象的措施	10%

引 例

如图 5.1 所示为某公共建筑的直流式中央空调风管系统。

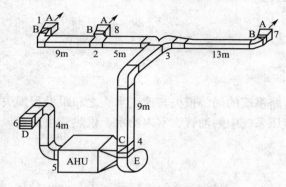

图 5.1 直流式中央空调风管系统

A—送风口；B—变径弯头；C—风量调节阀；D—固定百叶风格；E—风机；AHU—空气处理装置

该中央空调系统采用的是直流式全新风系统。室外新风经新风处理装置处理，达到空调房间设计要求后，通过风机加压沿主风管到支风管，最后通过风口送至空调房间。

中央空调系统的风管系统的一般设计步骤如下所示。

（1）根据空调房间要求合理配置风管系统，绘制风管走向示意图。

（2）确定系统最不利管路，并根据管路流量进行管段编号。

（3）按照选定的管道截面，确定实际管内流速，然后计算各管段的沿程阻力及局部阻力。

（4）按系统阻力平衡的原则，确定其他分支管段的管径，且使各相连支管间的阻力平衡。

（5）管路系统的阻力加上空气处理装置的阻力即为风管系统的总阻力，根据系统总阻力选择风机。

若在该风管系统中，已知每个风口的风量为 $1500\text{m}^3/\text{h}$，空气处理装置的阻力为 305Pa（过滤器 50Pa，表冷器 150Pa，加热器 70Pa，空气进出口及箱体内部附加阻力 35Pa），空调房间内保持正压 10Pa，管道材料为镀锌钢板。可根据上述设计步骤确定各段风管尺寸，计算该风管系统的总阻力并为系统选配合适的风机。

5.1 管路系统的分类

根据管路中沿程水头损失和局部水头损失所占的比重，管路可以划分为长管和短管；根据管路的布置情况，管路又可以划分为简单管路和复杂管路。

其中，复杂管路根据各管段的连接情况可以分为串联管路、并联管路、枝状管网和环状管网。

5.1.1 长管和短管

1. 长管

所谓长管，是指管路系统的水头损失以沿程损失为主，局部损失与流速水头之和远远小于沿程损失，可以忽略不计，或者可以将其按沿程损失的某百分数估算。如城市的室外给水管道、城市热力管道、远距离输油管道、远程泵站之间的输送介质的管路，以及水泵的压水管路等都属于长管。

长管的流动损失：

$$h_l \approx \sum h_f \quad \left(\frac{l}{d} > 1000\right)$$

2. 短管

所谓短管，是指管路系统的局部损失与速度水头之和跟沿程损失都占相当的比重，两者都不可忽略。比如液压系统中的油管、室内给水、供热管道及通风管道、水泵吸水管等都属于短管。

短管的流动损失：

$$h_l = \sum h_f + \sum h_j \quad \left(4 < \frac{l}{d} < 1000\right)$$

特 别 提 示

长管和短管是按照管路中两种损失所占的比重来划分的，而不是按照管道绝对长度来划分的。当管路中存在较大局部损失的管件，例如局部开启闸门、喷嘴及底阀等，即使管道很长，其局部损失也不能忽略，必须按短管来计算。

5.1.2 简单管路和复杂管路

1. 简单管路

简单管路是指没有分支或汇合，管径及流量沿程不发生变化的单一管路。简单管路是组成复杂管路的基本单元。

2. 复杂管路

复杂管路是管径及流量沿程发生变化的管路。复杂管路由简单管路组成。

1）串联管路

串联管路是由不同直径、不同长度的管段首尾相连组成的管路系统，如图 5.2 所示。在串联管路中，各管段的流量相同，管路总的能量损失等于各管段的损失之和，即：

$$h_l = h_{l1} + h_{l2} + h_{l3} + \cdots + h_{ln} \tag{5-1}$$

2）并联管路

并联管路是由不同管径、不同长度的管段并联在一起组成的管路，如图 5.3 所示。

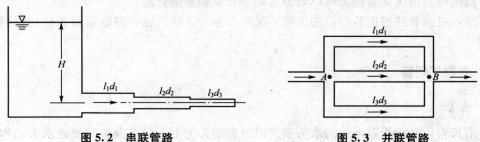

| 图 5.2 串联管路 | 图 5.3 并联管路 |

并联管路总流量等于各并联管路的流量之和。管路总的能量损失等于各管段的能量损失，即：

$$h_l = h_{l1} = h_{l2} = h_{l3} = \cdots = h_{ln} \qquad (5-2)$$

3)管网

管网按照布置形式可分为枝状管网和环状管网两种，如图 5.4 所示。

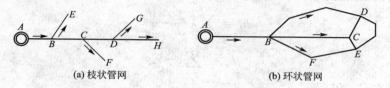

(a) 枝状管网 (b) 环状管网

图 5.4 管网形式

枝状管网如图 5.4(a)所示，其管路呈树枝样分布，管网比较简单，管路总长度短，造价较低，运行管理方便，但是其安全可靠性差，当管网某处发生故障时会影响到后面的管路。枝状管网广泛存在于通风、空调、城市给排水及供热工程中。

环状管网如图 5.4(b)所示，其管路(主干线)布置成环状，管路总长度较枝状管网长，管网中阀门配件多，初期投资高，但其安全可靠性高，当某一管路出现故障时，可由其他管路补给。

管网的水力计算较为复杂。

5.2 简单管路计算

在工业生产和生活中输送流体的各种管路系统，如供热管路、给水管路、通风除尘的送排风管路、输油管路和燃气管路等，都会遇到相应的水力计算问题。管路的水力计算是流体运动的基本方程式及流体能量损失计算式等流体基础理论知识的实践应用。

管路水力计算的目的：一是确定管路系统中的阻力损失，确定流动所需的作用水头，选用流体输送机械；二是设计管路、确定管道的合理截面尺寸；三是核算管路系统的输送能力。

简单管路是没有分支或汇合且管径及流量一般不发生变化的单一管路系统。下面我们分短管和长管两种情况分别介绍其管路分析计算过程。

5.2.1 简单短管的水力计算

短管的出口形式有自由出流和淹没出流两种。自由出流是指短管中的流体经出口直接流入大气，如图 5.5(a)所示；淹没出流是指流体经短管出口流入下游自由表面以下的液体中，如图 5.5(b)所示。

以自由出流为例，分析短管的水力计算。

取计算用基准面 0—0，对自由液面 1—1 和出口断面 2—2 列能量方程：

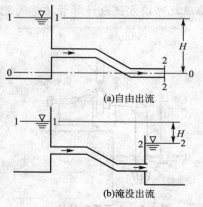

(a)自由出流

(b)淹没出流

图 5.5 短管流动

$$z_0 + \frac{p_0}{\rho g} + \frac{v_0^2}{2g} = z_2 + \frac{p_2}{\rho g} + \frac{v_2^2}{2g} + h_{l0-2}$$

根据已知条件 $p_0 = p_2 = p_a$，$v_0 \approx 0$，$z_2 = 0$，$z_0 = H$，有：

$$H = \frac{v_2^2}{2g} + h_{l0-2}$$

能量损失包括沿程损失、局部损失两部分：

$$h_f = \sum \lambda \frac{l}{d} \cdot \frac{v_2^2}{2g}$$

$$h_j = \sum \zeta \frac{v_2^2}{2g}$$

代入能量方程，得：

$$H = \frac{v_2^2}{2g} + \sum \lambda \frac{l}{d} \cdot \frac{v_2^2}{2g} + \sum \zeta \frac{v_2^2}{2g} = \left(1 + \sum \lambda \frac{l}{d} + \sum \zeta\right) \frac{v_2^2}{2g}$$

根据连续性方程 $v = \frac{q}{\pi d^2 / 4}$，代入上式得：

$$H = \left(1 + \sum \lambda \frac{l}{d} + \sum \zeta\right) \frac{8q^2}{g\pi^2 d^4}$$

令 $S_h = \left(1 + \sum \lambda \frac{l}{d} + \sum \zeta\right) \frac{8}{g\pi^2 d^4}$，则：

$$H = S_h q^2 \tag{5-3}$$

对于气体管路，

$$p = \rho h H = \rho g S_h q^2 = S_p q^2 \tag{5-4}$$

$$S_p = \rho g S_h \tag{5-5}$$

式中，S_h——管路阻抗，适用于液体管路计算，如给水管路的计算，s^2/m^5；

S_p——管路阻抗，适用于不可压缩气体管路的计算，如通风、空调管路的计算，kg/m^7。

●●● 特 别 提 示 ●●●

管路阻抗 S 对于给定的管路是一个定数，它综合反映了管道流动阻力的情况，实质为包含管道长度、直径、沿程阻力系数和局部阻力系数等多种因素在内的管道特征。利用管路阻抗可以方便地计算管路总的能量损失，还可以绘制管路特性曲线。

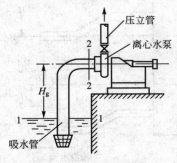

图 5.6　水泵管路计算

【例 5-1】　一离心式水泵安装如图 5.6 所示，泵的吸水管长度 $l = 8m$，直径 $d = 150mm$，沿程阻力系数 $\lambda = 0.03$，管路上装有 $\zeta = 6.0$ 的滤水网一个、$\zeta = 0.3$ 的 $90°$ 弯头一个，泵的抽水量 $q = 12L/s$，泵入口处的允许真空高度 $[h_v] = 5m$。求该泵的安装高度 H_g。

【解】　选择水泵吸液池液面 1—1 为基准面，在断面 1—1 与水泵进口断面 2—2 之间列能量方程：

$$z_1 + \frac{p_1}{\rho g} + \frac{v_1^2}{2g} = z_2 + \frac{p_2}{\rho g} + \frac{v_2^2}{2g} + h_{l1-2}$$

将已知条件代入上式，得：

$$0 + \frac{p_a}{\rho g} + 0 = H_g + \frac{p_2}{\rho g} + \frac{v_2^2}{2g} + h_{l1-2}$$

因此，

$$H_g = \frac{p_a - p_2}{\rho g} - \frac{v_2^2}{2g} - h_{l1-2} = [h_v] - S_h q^2$$

管路阻抗 $S_h = \left(1 + \sum \lambda \frac{l}{d} + \sum \zeta\right) \frac{8}{g \pi^2 d^4}$

$$= \left(1 + 0.03 \times \frac{8}{0.15} + 6.0 + 0.3\right) \times \frac{8}{9.81 \times 3.14^2 \times 0.15^4}$$

$$= 1454 (\mathrm{s^2/m^5})$$

水泵的安装高度：

$$H_g = [h_v] - S_h q^2 = 5 - 1454 \times 0.012^2 = 4.79 (\mathrm{m})$$

【例 5-2】　某长度为 80m 的矿渣混凝土矩形风道，壁面绝对粗糙度为 1.5mm，其断面尺寸为 1m×1.2m，局部阻力系数为 3.0，流量为 14m³/s，输送空气的温度为 20℃。试求该矩形风道的风压损失。

【解】　矩形风道的当量直径 $d_e = \frac{2ab}{a+b} = \frac{2 \times 1 \times 1.2}{1 + 1.2} = 1.09 (\mathrm{m})$

雷诺数 $Re = \frac{v d_e}{\nu} = \frac{\frac{14}{1 \times 1.2} \times 1.09}{15.7 \times 10^{-6}} = 8.1 \times 10^5$

相对粗糙度 $\frac{\Delta}{d_e} = \frac{1.5 \times 10^{-3}}{1.09} = 1.376 \times 10^{-3}$

查莫迪图，得 $\lambda = 0.021$

$$S_p = \left(\sum \lambda \frac{l}{d_e} + \sum \zeta\right) \frac{8\rho}{\pi^2 d_e^4}$$

$$= \left(0.021 \times \frac{80}{1.09} + 3.0\right) \times \frac{8 \times 1.2}{3.14^2 \times 1.09^4} = 3.13 (\mathrm{kg/m^7})$$

因此，该矩形风道的风压损失：

$$p = S_p q^2 = 3.13 \times 14^2 = 613.48 (\mathrm{Pa})$$

【例 5-3】　如图 5.7 所示，用一虹吸管从钻井吸水到集水池。钻井到集水池间的恒定水位高差 $H = 1.60\mathrm{m}$。虹吸管 AB 段长度 30m，BC 段长度 40m，直径 $d = 200\mathrm{mm}$，虹吸管的沿程阻力系数 $\lambda = 0.03$，120°弯头的局部阻力系数 $\zeta = 0.2$，90°弯头的局部阻力系数 $\zeta = 0.5$。虹吸管中的最大真空度不能超过允许值 $[h_v]$，一般情况下，$[h_v] \approx 7.0 \sim 8.0 \mathrm{mH_2O}$。

试求：(1) 流经虹吸管的流量；(2) 如果虹吸管顶部 B 点的安装高度 $h_B = 4.5\mathrm{m}$，虹吸管能否正常工作？

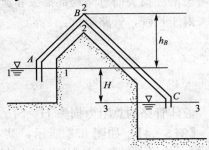

图 5.7　虹吸管

【解】　(1) 列 1—1、3—3 断面的能量方程式：

$$z_1 + \frac{p_1}{\rho g} + \frac{v_1^2}{2g} = z_3 + \frac{p_3}{\rho g} + \frac{v_3^2}{2g} + h_{l1-3}$$

将已知条件 $p_1 = p_3 = p_a$，$v_1 = v_3 \approx 0$，$z_1 - z_3 =$

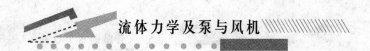

H，代入上式，得：

$$H = h_{l1-3} = S_h q^2$$

$$
\begin{aligned}
S_h &= \left(\sum \lambda \frac{l}{d} + \sum \zeta \right) \frac{8}{g\pi^2 d^4} \\
&= \left(\lambda \frac{l_{AB} + l_{BC}}{d} + \zeta_{进口} + \zeta_{120°弯头} + \zeta_{90°弯头} + \zeta_{出口} \right) \frac{8}{g\pi^2 d^4} \\
&= \left(0.03 \times \frac{30 + 40}{0.2} + 0.5 + 0.2 + 0.5 + 1.0 \right) \times \frac{8}{9.81 \times 3.14^2 \times 0.2^4} \\
&= 656.52 (s^2/m^5)
\end{aligned}
$$

因此，流经虹吸管的流量：

$$q = \sqrt{\frac{H}{S_h}} = \sqrt{\frac{1.6}{656.52}} = 0.049 (m^3/s)$$

（2）列 1—1、2—2 断面的能量方程式：

$$z_1 + \frac{p_1}{\rho g} + \frac{v_1^2}{2g} = z_2 + \frac{p_2}{\rho g} + \frac{v_2^2}{2g} + h_{l1-2}$$

将已知条件代入，得：

$$\frac{p_a - p_2}{\rho g} = h_B + \frac{v_2^2}{2g} + h_{l1-2}，即：$$

$$h_v = h_B + S_h q^2$$

$$
\begin{aligned}
S_h &= \left(1 + \sum \lambda \frac{l}{d} + \sum \zeta \right) \frac{8}{g\pi^2 d^4} \\
&= \left(1 + \lambda \frac{l_{AB}}{d} + \zeta_{进口} + \zeta_{120°弯头} + \zeta_{90°弯头} \right) \frac{8}{g\pi^2 d^4} \\
&= \left(0.03 \times \frac{30}{0.2} + 0.5 + 0.2 + 0.5 \right) \times \frac{8}{9.81 \times 3.14^2 \times 0.2^4} \\
&= 294.66 (s^2/m^5)
\end{aligned}
$$

虹吸管中的最大真空度：

$$h_v = h_B + S_h q^2 = 4.5 + 294.66 \times 0.049^2 = 5.21 (m) < [h_v]$$

因此，该虹吸管能够正常工作。

5.2.2　简单长管的水力计算

上述关于短管的水力计算公式同样适用于长管，但是根据长管的特性，其水力计算时只考虑沿程损失而忽略局部损失和流速水头，因此，长管的阻抗与短管的阻抗有所不同。

对于长管，管路阻抗：

$$S_h = \lambda \frac{l}{d} \cdot \frac{8}{g\pi^2 d^4} = \frac{8\lambda l}{g\pi^2 d^5} \tag{5-6}$$

$$S_p = \rho g S_h = \frac{8\rho\lambda l}{\pi^2 d^5} \tag{5-7}$$

液体管路的总阻力损失 $H = S_h q^2$，气体管路的总阻力损失 $p = S_p q^2$。

【例 5-4】　如图 5.8 所示，某一长度为 2000m 的简单长管，管路沿程阻力系数为 0.020，管径 400mm，试求作用水头 $H = 15m$ 时的流量为多少（单位：L/s）？

【解】　列断面 1—1、2—2 之间的能量方程：

$$z_1+\frac{p_1}{\rho g}+\frac{v_1^2}{2g}=z_2+\frac{p_2}{\rho g}+\frac{v_2^2}{2g}+h_{l1-2}$$

将已知条件代入，整理得：

$$H=h_{l1-2}$$

对于简单长管：

$$S_h=\frac{8\lambda l}{g\pi^2 d^5},\ h_{l1-2}=S_h q^2$$

因此：

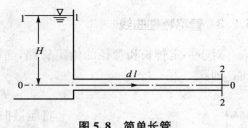

图 5.8　简单长管

$$H=S_h q^2=\frac{8\lambda l q^2}{g\pi^2 d^5}$$

管内流量：

$$q=\sqrt{\frac{g\pi^2 d^5 H}{8\lambda l}}=\sqrt{\frac{9.81\times3.14^2\times0.4^5\times15}{8\times0.020\times2000}}=0.215(\text{m/s})=215\text{L/s}$$

【例 5-5】　如图 5.9 所示为一水塔向车间供水的简单管路系统。水塔处地面标高110m，水塔高度 20m，管路全长 2000m，用户要求自由水头 5m，车间的地面标高 100m，设计流量 30L/s，试按长管计算确定给水管道的直径（假设管路的沿程阻力系数为 0.025）。

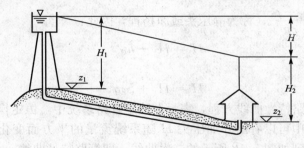

图 5.9　长管水力计算

【解】　以地面标高为 0 的水平面作为基准面，列出水塔水面与用水点处两断面间的能量方程：

$$z_1+\frac{p_1}{\rho g}+\frac{v_1^2}{2g}=z_2+\frac{p_2}{\rho g}+\frac{v_2^2}{2g}+h_{l1-2}$$

忽略管路末端流速水头，即 $v_2\approx0$，$p_1=p_2=p_a$，$v_1\approx0$；将上述已知条件代入能量方程式，得：

$$z_1=z_2+h_{l1-2}$$

又因为 $h_{l1-2}=S_h q^2$，$S_h=\frac{8\lambda l}{g\pi^2 d^5}$

因此，

$$d=\sqrt[5]{\frac{8\lambda l q^2}{g\pi^2(z_1-z_2)}}$$

$$=\sqrt[5]{\frac{8\times0.025\times2000\times0.03^2}{9.81\times3.14^2\times[(110+20)-(200+5)]}}$$

$$=0.172(\text{m})$$

根据计算结果，可选择标准直径为 175mm 的给水管道。

5.2.3　管路特性曲线

对于一定管长和管径的给定管路，管路中的能量损失与流经管路的流量的平方成正比，即：

$$h_l = S_h q^2$$

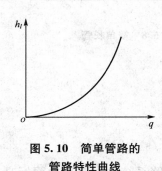

将能量损失与流量之间的关系绘制成曲线，如图 5.10 所示，称为管路特性曲线。

当采用泵输送液体，即管路系统中设置水泵，如图 5.11 所示，假设吸水池与受水池的液面压力分别为 p_1、p_2，两液面高差为 h，列 1—1、2—2 两断面间的能量方程：

$$z_1 + \frac{p_1}{\rho g} + \frac{v_1^2}{2g} + H = z_2 + \frac{p_2}{\rho g} + \frac{v_2^2}{2g} + h_{l1-2}$$

图 5.10　简单管路的管路特性曲线

式中，H 是泵提供的能量，也是流体在管路系统中流动时所需的外加压头。

$$H = (z_2 - z_1) + \frac{p_2 - p_1}{\rho g} + \frac{v_2^2 - v_1^2}{2g} + h_{l1-2}$$

令 $H_1 = (z_2 - z_1) + \dfrac{p_2 - p_1}{\rho g}$，称为静压头或净扬程，因此：

$$H = H_1 + h_{l1-2}$$

即：

$$H = H_1 + S_h q^2 \qquad\qquad (5-8)$$

式(5-8)称为管路特性曲线方程，表示在特定管路系统中，恒定操作条件下外加压头与流量的关系，从式中可以看出外加压头 H 随系统流量的平方而变化，将二者关系绘制在直角坐标系上，得到如图 5.12 所示的二次曲线，即管路特性曲线。

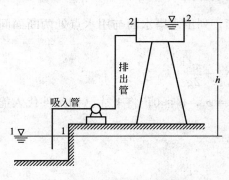

图 5.11　设泵的管路系统图

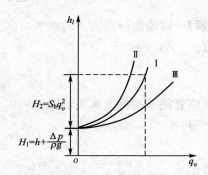

图 5.12　管路特性曲线

由管路特性曲线方程可知，管路阻力越大，阻抗 S 越大，二次曲线越陡。在同一管路系统中，恒定操作条件下，管路阻抗 S 为定值。如果操作条件改变，比如将管路上的调节阀关小，管路局部阻力增大，管路阻抗 S 相应增大，管路特性曲线将变陡峭，反之，将阀门开大，管路的局部阻力减小，管路阻抗 S 相应减小，管路特性曲线将变平坦。

对于气体管路，管路特性曲线方程为：

$$p = p_1 + S_p q^2 \qquad\qquad (5-9)$$

式中，p——风机提供的有效压力，即风机的风压，Pa；

  p_1——风机的静压头，$p_1 = \rho g(z_2 - z_1) + (p_2 - p_1)$，Pa。

对于风机来说，气体密度比较小，当风机吸入口与风机出口高程差不是很大时，气柱重量形成的压强可以忽略不计，其净扬程可以认为等于零，这时，风机管路性能曲线可以简化为：

$$p = S_p q^2 \tag{5-10}$$

利用管路特性曲线可以确定泵或风机的工作点，在包括泵与风机的管路系统设计中有重要的作用。

5.3 复杂管路计算

工程中所遇到的管路，如给排水、供暖、制冷及通风空调等工程中，由于系统的复杂性，其管路系统一般是以复杂管路为主。复杂管路由简单管路组合而成，其流量及管径沿程发生变化。

复杂管路的水力计算较为复杂，但其计算类型同简单管路。第一类问题是确定管路系统中的阻力损失，确定流动所需的作用水头，为系统中泵与风机等流体机械的选择提供依据；第二类问题是设计管路，确定每一段管路的合理截面尺寸；第三类问题是核算管路系统的输送能力。

5.3.1 串联管路的水力计算

串联管路由直径不同的几段简单管路依次连接在一起组成，如图 5.2、图 5.13 及图 5.14 所示均为串联管路。

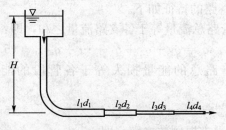

图 5.13 自由出流的串联管路

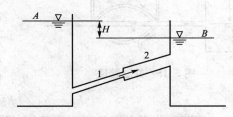

图 5.14 淹没出流的串联管路

串联管路的特征如下。

（1）各管段流量相同，即：

$$q_1 = q_2 = q_3 = \cdots = q_n \tag{5-11}$$

（2）管路总的能量损失等于各管段的损失之和，即：

$$h_l = h_{l1} + h_{l2} + h_{l3} + \cdots + h_{ln} \tag{5-12}$$

（3）管路总阻抗 S 等于各段管的阻抗叠加，即：

$$S = S_1 + S_2 + S_3 + \cdots + S_n \tag{5-13}$$

【例 5-6】 假设在例 5-5 中，可供选择的管材规格没有 175mm 的，试重新设计该供水管路。

【解】 根据例 5-5，经计算，供水管路的直径为172mm，172mm 为非标准管径，如果选用150mm 的管子，不能满足管路输送要求，如果选用200mm 的管子则会造成管材浪费。

因此，合理的解决办法是采用 $d_1=200$mm 和 $d_2=150$mm 的两段不同管径的管路进行串联。

根据串联管路的特性：

$$S_h = S_{h1} + S_{h2}$$
$$= \frac{8\lambda l_1}{g\pi^2 d_1{}^5} + \frac{8\lambda l_2}{g\pi^2 d_2{}^5}$$
$$= \frac{h_{l1-2}}{q^2}$$

代入已知数据整理得：

$$0.237l_1 + l_2 = 1020.12$$

又因为：

$$l_1 + l_2 = 2000$$

联立上两式求解得：

$$l_1 = 1284.2\text{m} \ ; \ l_2 = 715.8\text{m}$$

因此，根据供水要求，实际可取长度为 1280m、管径 200mm 的管子，与长度为 720m、管径 150mm 的管子串联供水。

5.3.2 并联管路的水力计算

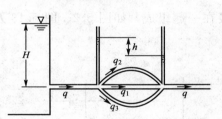

图 5.15 并联管路

并联管路由不同管径、不同长度、不同粗糙度的管段并联在一起组成，如图 5.3 及图 5.15 所示。

并联管路的特征如下。

(1) 管路总流量等于各支路流量之和，即：

$$q = q_1 + q_2 + q_3 + \cdots + q_n \qquad (5-14)$$

(2) 管路总的能量损失等于各管段的能量损失，即：

$$h_l = h_{l1} = h_{l2} = h_{l3} = \cdots = h_{ln} \qquad (5-15)$$

(3) 管路阻抗平方根的倒数等于各支路阻抗平方根倒数之和，即：

$$\frac{1}{\sqrt{S}} = \frac{1}{\sqrt{S_1}} + \frac{1}{\sqrt{S_2}} + \cdots + \frac{1}{\sqrt{S_n}} \qquad (5-16)$$

(4) 并联管路的流量分配规律：

$$q_1 : q_2 : \cdots : q_n = \frac{1}{\sqrt{S_1}} : \frac{1}{\sqrt{S_2}} : \cdots : \frac{1}{\sqrt{S_n}} \qquad (5-17)$$

⬤ 特 别 提 示 ⬤

根据并联管路的流量分配规律，并联管路中阻抗大的支路流量小，阻抗小的支路流量大。在实际工程中的并联管路设计时，需要根据并联管路的流量分配原则，进行"阻力平衡"计算。

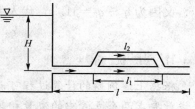

【例 5 - 7】 如图 5.16 所示，采用一管径为 200mm 的管道供水，作用水头 $H = 10m$，管长 $l = 1000m$，管道沿程阻力系数为 0.03。(1)试校验该管路输水能力是否能达到 50L/s？(2)假如该管路的输水能力不足，为满足设计流量的要求，在原管道中加接部分并联管道 l_2，并联管路部分 $l_1 = l_2$，$d_1 = d_2$，试求并联管路部分管长 l_2。

图 5.16　并联管路计算

【解】　(1)对于简单长管：

$$H = S_h q^2 = \frac{8\lambda l q^2}{g\pi^2 d^5}$$

管路输送流量：

$$q = \sqrt{\frac{g\pi^2 d^5 H}{8\lambda l}} = \sqrt{\frac{9.81 \times 3.14^2 \times 0.2^5 \times 10}{8 \times 0.03 \times 1000}} = 0.0359 (\text{m/s})$$

因此，该管路输水能力达不到设计要求。

(2) 并联一段管路 l_2：

$$H = S_{h1} q^2 + S_{h2} \left(\frac{q}{2}\right)^2$$

$$H = \frac{8\lambda(1000 - l_2)}{g\pi^2 d^5} q^2 + \frac{8\lambda l_2}{g\pi^2 d^5} \left(\frac{q}{2}\right)^2$$

整理得并联管路部分的长度：

$$l_2 = \frac{1}{3}\left(4000 - \frac{g\pi^2 d^5 H}{2\lambda q^2}\right)$$

$$= \frac{1}{3}\left(4000 - \frac{9.81 \times 3.14^2 \times 0.2^5 \times 10}{2 \times 0.03 \times 0.05^2}\right) = 645.5 (\text{m})$$

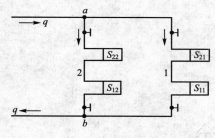

图 5.17　采暖管路

【例 5 - 8】 某两层楼的供暖管路立管设置如图 5.17 所示，管段 1 的直径为 20mm，总长为 20m，管路总的局部阻力系数为 12；管段 2 的直径为 20mm，总长为 10mm，管路总的局部阻力系数为 12；管路沿程阻力系数 $\lambda = 0.026$，干管中的流量为 1L/s，试求通过每根立管的流量。

【解】　根据并联管路特性：

$$q_1 : q_2 = \frac{1}{\sqrt{S_1}} : \frac{1}{\sqrt{S_2}}$$

$$S_1 = \left(\lambda_1 \frac{l_1}{d_1} + \sum \zeta_1\right)\frac{8}{g\pi^2 d_1^4}$$

$$S_2 = \left(\lambda_2 \frac{l_2}{d_2} + \sum \zeta_2\right)\frac{8}{g\pi^2 d_2^4}$$

因此：

$$\frac{q_1}{q_2} = \sqrt{\frac{\lambda_2 \dfrac{l_2}{d_2} + \sum \zeta_2}{\lambda_1 \dfrac{l_1}{d_1} + \sum \zeta_1}} = \sqrt{\frac{0.026 \times \dfrac{10}{0.02} + 12}{0.026 \times \dfrac{20}{0.02} + 12}} = 0.81$$

又因为 $q_1+q_2=1\text{L/s}$，代入上式，整理得通过立管 1 和立管 2 的流量：

$$q_2=0.55\text{L/s},q_1=0.45\text{L/s}$$

● 特 别 提 示 ⋯⋯⋯⋯⋯⋯⋯⋯⋯⋯⋯⋯⋯⋯⋯⋯⋯⋯⋯⋯⋯⋯⋯⋯⋯⋯⋯⋯⋯⋯⋯⋯⋯⋯⋯⋯⋯⋯⋯

根据上述例题的计算过程可以看出，阻抗大的立管流量小，阻抗小的立管流量大。如果设计要求两个立管中的流量相等，则需要改变某立管的管径或者局部阻力，使两立管的阻抗相等，这就是阻力平衡的计算。实际工程中，只要两条管路的阻抗差值在允许的范围之内，就可以认为两管阻力平衡。

5.4 管网的水力计算

由若干管段并联或串联组成的复杂管路系统称为管网，在给排水、通风空调等系统中被广泛采用。按照布置形式可以分为枝状管网和环状管网。

管网的水力计算主要有两种类型：一是设计新管网，根据设计要求的流量，布置管网系统，确定管径，并进行阻力平衡和能量损失的计算，选择合适的动力设备；二是对已建成的管网系统进行流量及能量损失的计算，校核管网或动力设备如泵、风机的输送能力。

5.4.1 枝状管网

如图 5.18(a)、(b)、(c)所示，分别为给水、输油、排风系统的枝状管网，其管线于某点分开后不再汇合到一起，呈树枝样分布。一般情况下，枝状管网的总长度较短，建造费用较低，工程上大都采用此种管网，但当某处发生事故切断管路时，就要影响到一些用户，所以枝状管网的安全性能较低，但是运行控制较简单。

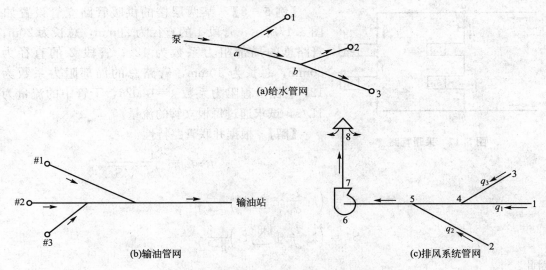

图 5.18 枝状管网

在对枝状管网进行水力计算时，管网中各个节点满足质量守恒定律，即进出节点的流量的代数和等于零（$\sum q_i=0$）。各管段的管径一般根据设计流量及允许流速（或经济流速）

来确定。

【例5-9】 如图 5.18(c)所示的排风管路系统,已知 $q_1 = 2500 \ \text{m}^3/\text{h}$,$q_2 = 5000 \text{m}^3/\text{h}$,$q_3 = 2500 \text{m}^3/\text{h}$;主管线各管段长度 $l_{14} = 6\text{m}$,$l_{45} = 8\text{m}$,$l_{56} = 4\text{m}$,$l_{78} = 10\text{m}$,沿程阻力系数 $\lambda = 0.020$;各管段的局部阻力系数 $\sum \zeta_{14} = 1.5$,$\sum \zeta_{45} = 1.0$,$\sum \zeta_{56} = 1.15$,$\sum \zeta_{78} = 0.5$。试确定主管线各管段的管径及压强损失,并计算通风机应具有的总压头。

【解】 首先从管路末端算起,然后逐段向前计算。

(1)管段 1—4:

$$q_1 = 2500\text{m}^3/\text{h}$$

根据设计要求,取该管段允许流速(或经济流速)$v_{14} = 6\text{m/s}$。

初选管径:$d_{14} = \sqrt{\dfrac{4q_1}{\pi v_{14}}} = \sqrt{\dfrac{4 \times 2500/3600}{3.14 \times 6}} = 0.384(\text{m})$

根据管材规格,选择 $d_{14} = 380\text{mm}$,则管段 1—4 内实际风速为:

$$v_{14} = \frac{4q}{\pi d_{14}^2} = \frac{4 \times 2500/3600}{3.14 \times 0.38^2} = 6.13(\text{m/s})$$

该管段的阻抗:

$$S_{14} = \left(\lambda \frac{l_{14}}{d_{14}} + \sum \zeta_{14} \right) \frac{8\rho}{\pi^2 d_{14}^4}$$

$$= \left(0.020 \times \frac{6}{0.38} + 1.5 \right) \times \frac{8 \times 1.2}{3.14^2 \times 0.38^4} = 84.79(\text{kg/m}^7)$$

压强损失:$p_{14} = S_{14}q^2 = 84.79 \times (2500/3600)^2 = 40.89(\text{Pa})$

(2)管段 4—5:

$$q_{45} = q_1 + q_3 = 2500 + 2500 = 5000(\text{m}^3/\text{h})$$

根据设计要求,取该管段允许流速(或经济流速)$v_{45} = 8\text{m/s}$。

初选管径:$d_{45} = \sqrt{\dfrac{4q_{45}}{\pi v_{45}}} = \sqrt{\dfrac{4 \times 5000/3600}{3.14 \times 8}} = 0.470(\text{m})$

根据管材规格,选择 $d_{45} = 470\text{mm}$。

该管段的阻抗:

$$S_{45} = \left(\lambda \frac{l_{45}}{d_{45}} + \sum \zeta_{45} \right) \frac{8\rho}{\pi^2 d_{45}^4}$$

$$= \left(0.020 \times \frac{8}{0.47} + 1.0 \right) \times \frac{8 \times 1.2}{3.14^2 \times 0.47^4} = 26.75(\text{kg/m}^7)$$

压强损失:$p_{45} = S_{45}q_{45}^2 = 26.75 \times (5000/3600)^2 = 51.60(\text{Pa})$

(3)管段 5—6—7—8:

$$q_{56} = q_1 + q_2 + q_3 = 2500 + 5000 + 2500 = 10000(\text{m}^3/\text{h})$$

根据设计要求,取该管段允许流速(或经济流速)$v_{56} = 10\text{m/s}$。

初选管径:$d_{56} = \sqrt{\dfrac{4q_{56}}{\pi v_{56}}} = \sqrt{\dfrac{4 \times 10000/3600}{3.14 \times 10}} = 0.595(\text{m})$

根据管材规格,选择 $d_{56} = 600\text{mm}$,则管段 5—6 内实际风速为:

$$v_{56} = \frac{4q_{56}}{\pi d_{56}^2} = \frac{4 \times 10000/3600}{3.14 \times 0.6^2} = 9.83(\text{m/s})$$

该管段的阻抗：

$$S_{5-8} = \left(\lambda \frac{l_{56} + l_{78}}{d_{56}} + \sum \zeta_{56} + \sum \zeta_{78}\right) \frac{8\rho}{\pi^2 d_{56}^4}$$

$$= \left(0.020 \times \frac{4+10}{0.6} + 1.15 + 0.5\right) \times \frac{8 \times 1.2}{3.14^2 \times 0.6^4} = 15.90 (\text{kg/m}^7)$$

压强损失：$p_{5-8} = S_{5-8}q_{56}^2 = 15.90 \times (10000/3600)^2 = 122.69 (\text{Pa})$

将上述计算过程及结果填入表 5 - 1 中。

表 5 - 1　枝状管网计算表

管段编号	设计流量 /(m³/h)	允许风速 /(m/s)	初选管径 /mm	实际管径 /mm	实际风速 /(m/s)	管路阻抗 /(kg/m⁷)	压强损失 /Pa
1—4	2500	6	384	380	6.13	84.79	40.89
4—5	5000	8	470	470	8	26.75	51.60
5—6—7—8	10000	10	595	600	9.83	15.90	122.69

(4) 通风机应该具有的总压头：

$$p = p_{14} + p_{45} + p_{56} + p_{78} = 40.89 + 51.60 + 122.69 = 215.18 (\text{Pa})$$

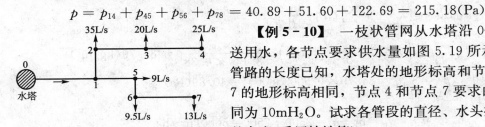

图 5.19　枝状管网计算

【例 5 - 10】　一枝状管网从水塔沿 0—1 干线输送用水，各节点要求供水量如图 5.19 所示。每一段管路的长度已知，水塔处的地形标高和节点 4、节点 7 的地形标高相同，节点 4 和节点 7 要求的自由水头同为 $10\text{mH}_2\text{O}$。试求各管段的直径、水头损失及水塔的高度（采用铸铁管）。

【解】　(1) 根据各节点的供水量要求，计算各管段的设计流量，并填入表 5 - 2 中。

(2) 从管网末端开始计算，根据允许流速（或经济流速）确定各管段的管径。

对于左侧支路末端，即 3—4 管段：$q_{3-4} = 25\text{L/s}$。

选用经济流速 $v = 1\text{m/s}$，则该管段直径：

$$d = \sqrt{\frac{4q_{3-4}}{\pi v}} = \sqrt{\frac{4 \times 0.025}{3.14 \times 1}} = 0.178 (\text{m})$$

因此，3—4 管段可选用标准直径为 200mm 的管子，且该管段实际流速：

$$v = \frac{4q_{3-4}}{\pi d^2} = \frac{4 \times 0.025}{3.14 \times 0.2^2} = 0.8 (\text{m/s})$$

对于铸铁管，可用比阻来计算管道的能量损失：

$$h = kRlq^2$$

式中，k——修正系数，可查表；

R——管道的比阻，指单位流量通过单位长度管道所需的水头，可查表，s^2/m^6；

l——计算管段的长度，m。

因此，该管段的能量损失：

$$h_{3-4} = 1.06 \times 9.029 \times 350 \times 0.025^2 = 2.09 (\text{m})$$

以此类推，可以计算出其他各管段的水力参数，并将计算结果列于表5-2中。

表5-2 枝状管网计算表

管段编号		管段长度 l/m	设计流量 $q/(L/s)$	管道直径 d/mm	流速 v/m	阻抗 $S/(s^2/m^5)$	水头损失 h/m
		已知数据		计算结果			
左侧支线	3—4	350	25	200	0.80	3348	2.09
	2—3	350	45	250	0.92	1002	2.03
	1—2	200	80	300	1.13	205	1.31
右侧支线	6—7	500	13	150	0.74	22366	3.78
	5—6	200	22.5	200	0.72	1956	0.99
	1—5	300	31.5	250	0.64	907	0.90
输水干线	0—1	400	111.5	350	1.16	183	2.27

（3）根据计算结果，从水塔到最远的用水点4和7的水头损失分别为：

左侧支线：

$$h_{0-1-2-3-4} = 2.09 + 2.03 + 1.31 + 2.27 = 7.70(\mathrm{m})$$

右侧支线：

$$h_{0-1-5-6-7} = 3.78 + 0.99 + 0.90 + 2.27 = 7.94(\mathrm{m})$$

管网中水塔、节点4及节点7地形标高相同，根据计算结果，右侧支线为最不利管路，因此，水塔水面高度：

$$H = h_{0-1-5-6-7} + 20 = 7.94 + 10 = 17.94(\mathrm{m}) \approx 18\mathrm{m}$$

5.4.2 环状管网

如图5.20所示，环状管网中的管段在某一共同节点分支，然后在另一节点汇合，管网由很多管段串并联组成。其管线总长度一般比枝状管网长，管网复杂但运行可靠。

对于任意环状管网，管段数＝环路数（m）＋节点数（n）－1。

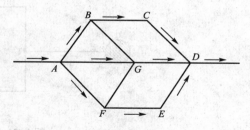

图5.20 环状管网

环状管网水力计算的原则。

（1）管网中的每一个节点都满足流量平衡条件，即流入和流出的流量相等。一般流入为负，流出为正，满足 $\sum q_i = 0$。如果管路中有 n 个节点，可列出 $n-1$ 个独立的连续性方程。

（2）在任意封闭的环路中，如果假设顺时针方向流动的损失 $h_{顺}$ 为正，逆时针方向流动的损失 $h_{逆}$ 为负，则环路中所有管段的能量损失的代数和等于零，即 $\sum h_i = 0$（i 为各环路的编号）。若环网中有 m 个环路，则可列出 m 个独立的方程。

应用上述两个计算原则，可以列出 $m+n-1$ 个独立方程，正好等于环网中的管段数，理论上可以联立求解各管段的流量。但实际上环网的计算要进行平差(在初分流量,选定管径的基础上,为消除闭合差 Δh 所进行的流量调整计算),其过程非常烦琐复杂。

在计算过程中,由于个别管段上流量分配不合理,环路中逆时针和顺时针方向的水头损失的代数和有时候不等于零,而出现闭合差 Δh。

$h_顺 - h_逆 = \Delta h > 0$,说明顺时针方向管段的流量分配多了;

$h_顺 - h_逆 = -\Delta h < 0$,说明逆时针方向管段的流量分配多了。

为此,要进行流量调整,使得 $h_顺 = h_逆(\Delta h = 0)$,这样管段流量才与实际相符。

工程中常用哈迪-克劳斯(Hardy - Cross)法进行计算。其计算步骤如下。

(1) 根据设计流量要求,按照各节点的供水情况初拟各管段的水流方向,由流量平衡条件初步分配各管段的流量。

(2) 按照选定的经济流速确定管径。

(3) 计算每一环路的阻力损失,并求出环路闭合差 Δh。

(4) 计算各环路的校正流量 Δq:

$$\Delta q = -\frac{\sum h_i}{2\sum S_i q_i} = -\frac{\sum h_i}{2\sum \dfrac{h_i}{q_i}}$$

(5) 进行管段流量的调整,在原来分配的流量基础上加上校正流量,即为第一次校正后的流量 q_1。

(6) 根据校正后的流量 q_1 重新计算 Δh。

(7) 重复上述步骤,进行多次校正,直到闭合差 $\Delta h = 0$ 或者 Δh 小于允许值。

【例 5 - 11】 如图 5.21 所示由铸铁管组成的环状管网,已知用水点流量 $q_4 = 0.032 \text{m}^3/\text{s}$,$q_5 = 0.054 \text{m}^3/\text{s}$。各管段长度及直径如表 5 - 3 所示。求各管段通过的流量(要求闭合差小于 0.5m)。

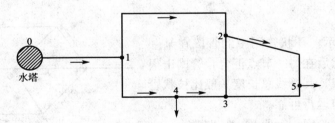

图 5.21 计算用环状管网

表 5 - 3 已知条件

环路编号	管段编号	管段长度/m	直径/mm
I	2—5	220	200
	5—3	210	200
	3—2	90	150
II	1—2	270	200
	2—3	90	150
	3—4	80	200
	4—1	260	250

【解】 （1）初拟流量，分配流量：初拟各管段流向如图所示，根据节点流量平衡 $\sum q_i = 0$，第一次分配流量。分配值列入表5-4内。

（2）计算各管段水头损失列入表5-4内。

（3）计算环路闭合差：

$$\sum h_{\mathrm{I}} = 1.84 - 1.17 - 0.17 = 0.5(\mathrm{m})$$

$$\sum h_{\mathrm{II}} = 3.19 + 0.17 - 0.26 - 1.84 = 1.26(\mathrm{m})$$

闭合差大于规定值，计算校正流量 Δq。

（4）调整分配流量，将与各管段分配流量相加，得第二次分配流量。然后重复（2）、（3）步骤计算。经计算发现，按第二次分配流量，各环已满足闭合差要求，故第二次分配流量即为各管段的通过流量。

表5-4 计算结果

环号	管段	第一次分配流量 $q_i/(\mathrm{L/s})$	h_i/m	$\dfrac{h_i}{q_i}/$ $[\mathrm{m/(L/s)}]$	$\Delta q/$ $(\mathrm{L/s})$	各管段校正流量/$(\mathrm{L/s})$	第二次分配流量/$(\mathrm{L/s})$	h_i/m
I	2—5	30	1.84	0.0613		−1.81	28.19	1.64
	5—3	−24	−1.17	0.0488	−1.81	−1.81	−25.81	−1.34
	3—2	−6	−0.17	0.0283		3.75−1.81	−4.06	−0.08
	$\sum$		0.5	0.138				0.22
II	1—2	36	3.19	0.089		−3.75	32.25	2.61
	2—3	6	0.17	0.0283	−3.75	3.75+1.81	4.06	0.08
	3—4	−18	−0.26	0.014		−3.75	−21.75	−0.37
	4—1	−50	−1.84	0.0368		−3.75	−53.37	2.10
	$\sum$		1.26	0.168				0.22

5.5 水 击 现 象

水击是工业管道中经常遇到的现象。当液体在压力管道中流动时，由于某种外界原因，如阀门的突然开启或关闭、泵的突然停车或启动，液体的流动速度突然改变，导致管道中压力产生反复的、急剧的变化，从而引起管道的振动，这种水力现象称为水击。水击现象只发生在液体中。

5.5.1 水击现象的危害

水击引起的压强波动值很高，可达管道正常工作压强的几十倍甚至几百倍，而且增压和减压交替频率很高，会使管壁材料及管道上的设备承受很大的应力，产生变形，严重时会造成管道或附件的破裂。压力的反复变化还会使管壁及设备受到反复的冲击，发出强烈的振动和噪声，犹如管道受到锤击一样，故水击又称为水锤。这种反复的冲击还会使金属表面损坏，打出许多麻点，轻者增大流动阻力，重者损坏管道及设备。

掌握水击现象的规律，合理地采取防范措施，可以避免水击现象的发生或者减轻水击造成的危害。

5.5.2 水击过程

以管路中阀门突然关闭为例，说明水击现象的形成过程。

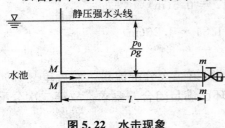

图 5.22　水击现象

如图 5.22 所示，水平设置的压力管路，管路长度为 l，直径为 d，末端装有阀门，在压力水头 $p_0/\rho g$ 的作用下，水沿管路以速度 v 出流。在某一时刻，管路阀门突然关闭。

水击的过程是以波的方式传递的，称为水击波。水击波的传递速度设为 c。

（1）水击刚开始时，由于水具有弹性，紧靠阀门的水层 $m—m$ 首先停止流动，流速由 v 迅速变为零，动量也由 mv 变为零，动量的突然变化对阀门产生很大的冲击，在紧靠阀门处压强骤然升高。当第一个水层停止流动后，紧接着后边的其他各个水层相继停止流动，由此形成一个自阀门向上游断面发展的减速增压过程，一直到靠近水池的断面 $M—M$ 为止。这时整个管路内的液体处于被压缩状态，管壁处于被胀大的状态。这种减速增压一直延续到时间 $t=l/c$。

（2）当经过时间 $t=l/c$ 后，自阀门开始的水击波到达水池，由于水池中静压强不变，在断面 $M—M$ 处的水在水击压强和水池静压强的压强差作用下，立即向水池方向流动，这样管内水的受压状态，便从断面 $M—M$ 处开始以波速 c 向下游方向逐层解除，这是一个增速减压过程。

（3）当时间 $t=2l/c$ 时，整个管路中的水恢复正常压强。但阀门处压强恢复正常以后，由于水的惯性作用，整个管内的水继续向水池方向流动，而不能立即停下来，致使阀门处水层 $m—n$ 的压强降低到正常压强以下，这一低压又以水击波的方式由阀门处逐层向断面 $M—M$ 处传递，这是一个减速减压过程。

（4）当时间 $t=3l/c$ 时，整个管路中的水处在瞬时的低压状态，而水池中的静压强仍然不变，在断面 $M—M$ 处的水由于减压，使其压强低于水池中的静压强，于是在水池的静压强和管内水击压强的压强差作用下，水又开始自水池向管路流动，使管路上的水又逐层获得向阀门方向的流速，压强也相应地逐层上升至正常状态，这是一个增速增压过程。

（5）当时间 $t=4l/c$ 时，整个管路中的水流恢复到水击未发生时的起始正常情况。

此后，在水的可压缩性及惯性作用下，上述水击波的传递、反射、水流方向的来回变动，都将重复地进行，直到由于水流的阻力损失及管壁和水因变形做功，把水击波的能量全部消耗为止，水击现象才会消失。

如图 5.23 所示为理想液体在水击现象下，阀门断面 0 处的水击压强随时间的周期变化图。实际液体压强的变化曲线如图 5.24 所示，每次水击压强增值逐渐减小，经过几次反复之后完全消失。

阀门关闭时间 T_s 与水击波在全管长度上来回传递一次所需时间 $t=2l/c$ 对比，存在下列两种关系。

（1）$T_s<2l/c$，阀门关闭时间很短，在从水池返回来的弹性波未到阀门处时，阀门已

经关闭。这种情况下产生的水击称为直接水击。

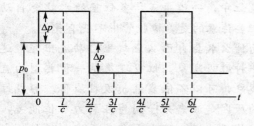

图 5.23　理想液体压强变化图

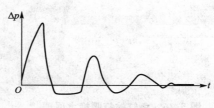

图 5.24　实际液体压强变化

直接水击产生的压强：

$$\Delta p = \alpha(v - v_1) \tag{5-18}$$

式中，v——水击前管中平均流速；

　　　v_1——关阀后速度。

（2）$T_s > 2l/c$，从水池返回来的弹性波，在阀门尚未关闭完全时到达，这种情况下发生的水击称为间接水击。间接水击产生的压强比直接水击压强小。

5.5.3　防止水击危害的措施

水击的危害主要来自于水击压力，根据水击产生的条件及水击压力的影响因素，可以采取以下措施减弱水击的危害。

（1）尽可能地延长阀门的启闭时间，缩短管道长度，避免直接水击发生，减小水击压力。

（2）减小流速，从而降低水击压力。可采用增大管道直径或限制流速的办法。

（3）采用过载保护，在可能产生水击的管道中装设安全阀、调压塔（如图 5.25 所示的空气缸）、溢流阀和蓄能器等以缓冲水击压力。

（4）增加管道的弹性，以吸收冲击能量，减轻水击。

图 5.25　空气缸可调压塔

● 特 别 提 示

实际上，水击现象也有可以利用的一面。如水锤泵（水锤扬水机）就是利用水击压力变化反复工作的，不需要任何其他动力设备。

● 知 识 链 接

你曾经换过鱼缸里的水吗？如果直接倒掉，鱼会不会不小心被一起倒掉了呢？有经验的人是怎么做的呢？

如图 5.26 所示，鱼缸需要换水时，可以把一根橡胶管的一端插入水中，另一端垂在鱼缸之外，且其出口端一定要低于鱼缸水面。先用嘴在橡胶管出水口吸嗷，让水充满橡胶管，当橡胶管内充满水后，就不必再用嘴吸，鱼缸里的水就会自动通过橡胶管流出来。也

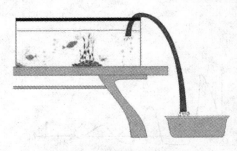

图5.26 鱼缸的虹吸换水原理

可事先将橡胶管充满水，捏住两头，然后将一端放入鱼缸中，一端垂下，鱼缸里的水就会自动流出，但要注意的是，橡胶管中不能有气泡。

为什么水会自己从鱼缸里自动流出呢？这其实是一种虹吸现象。虹吸现象是一种典型的流体力学现象，可以不依靠泵而吸抽液体。形成虹吸现象的原因是液态分子间存在引力与位能差，即利用水柱压力差，使水上升后再流到低处，由于管口水面承受不同的大气压力，水会由压力大的一边流向压力小的一边，直到两边的大气压力相等，当虹吸管两端容器内的水面变成相同的高度时，水就会停止流动。

虹吸管是人类的一种古老发明，人们很早就懂得应用虹吸原理。应用虹吸原理制造的虹吸管，在我国古代称为"注子""偏提""渴乌"或"过山龙"。东汉末年出现了灌溉用的渴乌。西南地区的少数民族用一根去节弯曲的长竹管饮酒，也是应用了虹吸的物理现象。宋朝曾公亮《武经总要》中，有用竹筒制作虹吸管将峻岭阻隔的泉水引下山的记载。我国古代还应用虹吸原理制作了唧筒，唧筒是战争中一种守城必备的灭火器。

现代社会虹吸原理的应用更为广泛，如用于排水系统的虹吸马桶、虹吸式屋面排水管，用于水处理的虹吸滤池等。

需要注意的是，利用虹吸原理必须满足以下条件：①虹吸管内必须先装满液体，不能有大量气泡；②虹吸管的最高点距上部容器的液面高度不得高于大气压所支持的液柱高度；③虹吸管出口必须低于上部容器的液面。

本 章 小 结

本章阐述了研究流体运动的基本方法和基本概念，分析了流体运动的三个基本方程式的建立及应用。

（1）根据管路中沿程水头损失和局部水头损失所占的比重，管路可以划分为长管和短管。长管管路系统的水头损失以沿程损失为主，局部损失与流速水头之和远远小于沿程损失，可以忽略不计；短管管路系统的局部损失与速度水头之和跟沿程损失都占相当的比重，两者都不可忽略。

（2）根据管路的布置情况，管路可以划分为简单管路和复杂管路。简单管路是指没有分支或汇合，管径及流量沿程不发生变化的单一管路；复杂管路由简单管路串并联组成。

（3）串联管路由直径不同的几段简单管路依次连接在一起组成，其各管段流量相同，管路总的能量损失等于各管段的损失之和，管路总阻抗 S 等于各段管的阻抗叠加。

（4）并联管路由不同管径、不同长度、不同粗糙度的管段并联在一起组成，其管路总流量等于各支路流量之和，管路总的能量损失等于各管段的能量损失，管路阻抗平方根的倒数等于各支路阻抗平方根倒数之和。

（5）管网可以布置成枝状或环状，枝状管网布置简单，可靠性较低；环状管网布置较为复杂，但可靠性高。

(6) 管网的水力计算主要有两种类型：一是设计新管网，根据设计要求的流量，布置管网系统，确定管径，并进行阻力平衡和能量损失的计算，选择合适的动力设备；二是对已建成的管网系统进行流量及能量损失的计算，校核管网或动力设备(如泵、风机)的输送能力。

(7) 在压力管路中，当阀门迅速启闭等扰动因素存在时，会发生水击现象。工程实际中，多数情况下需要采取一定措施避免或缓解水击现象，但水击现象也有可以利用的一面。

思 考 题

1. 什么是长管？什么是短管？工程中如何划分长管和短管？在长管和短管的水力计算中其计算内容和理论依据有无实质性区别？

2. 什么是管路阻抗？如何计算长管和短管的管路阻抗？

3. 什么是串联管路？串联管路的水流特点是什么？

4. 什么是并联管路？并联管路的水流特点是什么？

5. 简述管路特性曲线的形式，并说明如何绘制管路特性曲线。

6. 简述水击现象产生的原因及其危害。如何避免产生水击现象？

练 习 题

一、选择题

1. 两节点间的并联管路系统的总水头差(　　)各支管的水头损失。

A. 大于　　　　　　　　　　　　　　B. 小于

C. 等于　　　　　　　　　　　　　　D. 不确定

2. 串联管路中，各串联管段的(　　)相等。

A. 流量　　　　　　　　　　　　　　B. 能量损失

C. 阻抗　　　　　　　　　　　　　　D. 水力坡度

3. 长管和短管是按照(　　)来划分的。

A. 管道长度大小　　　　　　　　　　B. 沿程损失大小

C. 局部损失大小　　　　　　　　　　D. 沿程损失和局部损失所占的比重

4. 两条管路并联运行，其阻抗之比为 4∶1，管长之比为 2∶1，则两管路的流量之比为(　　)。

A. 2∶1　　　　　　　　　　　　　　B. 4∶1

C. 1∶2　　　　　　　　　　　　　　D. 1∶4

5. 下列关于串联管路的说法中不正确的是(　　)。

A. 各管段的流量相等

B. 各管段的水头损失相等

C. 管路总的能量损失等于各管段的损失之和

D. 管路总阻抗等于各段管的阻抗之和

6. 两管径相同、沿程阻力系数相同的长管 1 和 2 并联，其中管 2 的长度是管 1 的两倍，则通过长管 1、2 的流量（　　）。

　A. $q_1 = 2q_2$　　　　　　　　　　B. $q_1 = 1.4q_2$

　C. $q_1 = q_2$　　　　　　　　　　D. $q_1 = 0.7q_2$

7. 作为长管计算的串联管路，若忽略局部水头损失与流速水头，则（　　）。

　A. 测压管水头线与管轴线重合　　　B. 测压管水头线位于总水头线上方

　C. 测压管水头线是一条水平线　　　D. 测压管水头线与总水头线重合

8. 其他操作条件不变，只将原管路上的调节阀门关小，管路特性曲线将（　　）。

　A. 变平坦

　C. 不变

　B. 变陡峭

　D. 可能变平坦，也可能变陡峭

9. 并联管路中，各并联管段的（　　）相等。

　A. 流量

　C. 阻抗

　B. 能量损失

　D. 水力坡度

10. 从水管末端突然关闭阀门开始，水击波的传播过程因此为（　　）。

　A. 减速增压、增速减压、减速减压、增速增压

　B. 增速增压、减速减压、增速减压、减速增压

　C. 减速增压、减速减压、增速减压、增速增压

　D. 增速减压、增速增压、减速增压、减速减压

二、计算题

1. 如图 5.27 所示的简单管路，已知管长 $l=600m$，管径 $d=150mm$，沿程阻力系数 $\lambda=0.013$，作用水头 $H=28m$，试求通过该管道的流量。

2. 水从一水箱经过两段水管流入另一水箱，如图 5.28 所示为两水箱对流示意图，已知 $d_1=15cm$，$l_1=30m$，$\lambda_1=0.03$，$d_2=25cm$，$l_2=50m$，$\lambda_2=0.025$，$H_1=5m$，$H_2=3m$，水箱尺寸很大，箱内水面保持恒定，试求其流量。

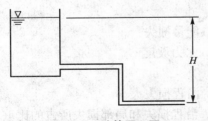

图 5.27　计算题 1 图

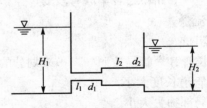

图 5.28　计算题 2 图

3. 如图 5.29 所示，管径和管长均相同的两支管并联在管路中，如果在支管 1 上加设一调节阀，则两支路的流量如何变化？两支路的阻抗关系如何？

4. 如图 5.30 所示为一恒水位高位水塔输水系统。输水管道采用无缝钢管，全长 300m，直径 100mm，输送 20℃ 的常温水。管路系统中设有一个截止阀（$\zeta_1=3.5$），两个相同的弯头（$\zeta_2=0.5$），水塔与管道连接处局部阻力系数为 0.5。若已知管路总的水头损失为 30m，试求管路中水的流量。

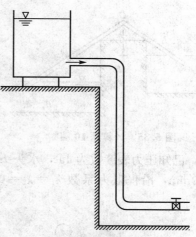

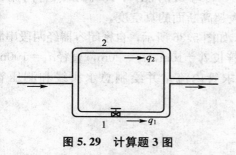

图 5.29　计算题 3 图

图 5.30　计算题 4 图

5. 假如计算题 4 中的管路流量已知，为 $80m^3/h$，其他条件不发生变化，试选定输水管道的管径。

6. 如图 5.31 所示，两根完全相同的长管道，只有安装高度不同，试判断两管的流量关系。

7. 如图 5.32 所示，并联管道 1、2，两管道的直径相同，沿程阻力系数相同，长度 $l_2=3l_1$，试判断通过两管道的流量关系。

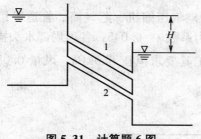

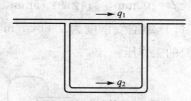

图 5.31　计算题 6 图

图 5.32　计算题 7 图

8. 如图 5.33 所示的水泵抽水系统，管长 $l_1=20m$，$l_2=260m$；管径 $d_1=25cm$，$d_2=20cm$；局部阻力系数 $\zeta_1=3.0$，$\zeta_2=0.2$，$\zeta_3=0.2$，$\zeta_4=0.5$；沿程阻力系数为 0.03，管路流量为 $40\times10^{-3}m^3/s$。试求水泵所需水头。

9. 如图 5.34 所示，有一简单并联管路，总流量为 $0.08m^3/s$，两条支路的管长及管径分别为：$d_1=200mm$，$l_1=600m$，$d_2=200mm$，$l_2=360m$。试求各支管的流量以及 a、b 两节点间的水头损失。如果要使两支路的流量相等，需要在支路上做何改动？

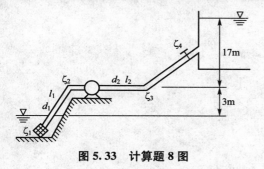

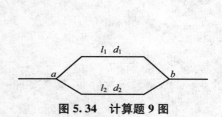

图 5.33　计算题 8 图

图 5.34　计算题 9 图

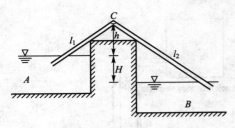

图 5.35　计算题 10 图

10. 如图 5.35 所示，虹吸管将 A 池中的水输入 B 池中，已知长度 $l_1 = 3m$，$l_2 = 5m$，直径 $d = 75mm$，两水池液面高差 $H = 2m$，最大超高 $h = 1.8m$，沿程阻力系数 0.02，局部阻力系数：进口 0.5，转弯 0.2，出口 1.0。试求管内流量即管道最大超高断面的真空度。

11. 如图 5.36 所示，自密闭容器经两段串联管道输水，已知压力表读数为 1at，水头 $H = 2m$，管长 $l_1 = 10m$，$l_2 = 20m$，直径 $d_1 = 100mm$，$d_2 = 200mm$，沿程阻力系数 $\lambda_1 = \lambda_2 = 0.03$。试求管内流量并绘制总水头线和测压管水头线。

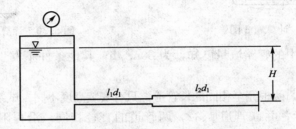

图 5.36　计算题 11 图

12. 如图 5.37 所示，风动工具的送风系统由空气压缩机、贮气筒、管道等组成，已知管道总长 $l = 100mm$，直径 $d = 75mm$，沿程阻力系数 $\lambda = 0.045$，各项局部水头损失之和 $\sum \zeta = 4.4$，压缩空气密度为 $7.86 kg/m^3$，风动工具要求风压 650kPa，风量 $0.088 m^3/s$，试求贮气筒的工作压强。

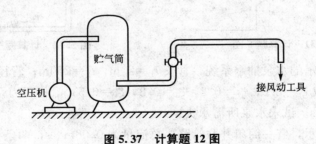

图 5.37　计算题 12 图

下篇

泵与风机

第6章

泵与风机基础

学习引导

本章是泵与风机的开篇，主要以离心式泵与风机为例阐述了泵与风机的基本构造及工作原理。泵与风机应用广泛，属于通用机械，凡需使流体流动的地方，都离不开泵与风机的工作。

学习目标

熟悉常见的流体机械，了解泵与风机的分类及用途；掌握离心式泵与风机的基本构造及工作原理；了解其他形式的泵与风机。

学习要求

能力目标	知识要点	权重
熟悉常见的流体机械，了解泵与风机的分类及用途，能根据不同的场合选用合适的泵与风机类型	流体机械；泵与风机的分类；泵与风机的应用	10%
掌握离心式泵与风机的基本构造及工作原理，能够根据某台离心式泵或风机说明其基本构造及特点	离心泵的基本构造；离心风机的基本构造；离心式泵与风机的工作原理；流体在叶轮内的流动分析	60%
了解其他形式的泵与风机，能辨别工程中常用的泵与风机的类型，并说明其结构特点	轴流式泵与风机；混流式泵与风机；容积式泵与风机；其他如喷射泵、贯流式风机、真空泵等	30%

引　例

水的提升对于人类生活和生产都十分重要。古代就已有各种提水器具，例

如埃及的链泵(公元前 17 世纪),中国的橘槔(公元前 17 世纪,图 6.1)、辘轳(公元前 11世纪,图 6.2)和水车(公元 1 世纪,图 6.3)。比较著名的还有公元前 3 世纪阿基米德发明的螺旋杆,可以平稳连续地将水提至几米高处,其原理仍为现代螺杆泵所利用。

图 6.1　橘槔复原图

图 6.2　辘轳

图 6.3　水车

　　公元前 200 年左右,古希腊工匠克特西比乌斯发明的灭火泵是一种最原始的活塞泵,已具备典型活塞泵的主要元件,但活塞泵只是在出现了蒸汽机之后才得到迅速发展。1840—1850 年,美国沃辛顿发明泵缸和蒸汽缸对置的、蒸汽直接作用的活塞泵,标志着现代活塞泵的形成。19 世纪是活塞泵发展的高潮时期,当时已用于水压机等多种机械中。然而随着需水量的剧增,从 20 世纪 20 年代起,低速的、流量受到很大限制的活塞泵逐渐被高速的离心泵和回转泵所代替。但是在高压小流量领域往复泵仍占有主要地位,尤其是隔膜泵、柱塞泵独具优点,应用日益增多。回转泵的出现与工业上对液体输送的要求日益多样化有关。早在 1588 年就有了关于四叶片滑片泵的记载,以后陆续出现了其他各种回转泵,但直到 19 世纪回转泵仍存在泄漏大、磨损大和效率低等缺点。20 世纪初,人们解决了转子润滑和密封等问题,并采用高速电动机驱动,适合较高压力、中小流量和各种黏性液体的回转泵才得到迅速发展。回转泵的类型和适宜输送的液体种类之多为其他各类泵

146

所不及。

利用离心力输水的想法最早出现在列奥纳多·达·芬奇所作的草图中。1689年，法国物理学家帕潘发明了四叶片叶轮的蜗壳离心泵。但更接近于现代离心泵的，则是1818年在美国出现的具有径向直叶片、半开式双吸叶轮和蜗壳的所谓马萨诸塞泵。1851—1875年，带有导叶的多级离心泵相继被发明，使得发展高扬程离心泵成为可能。尽管早在1754年，瑞士数学家欧拉就提出了叶轮式水力机械的基本方程式，奠定了离心泵设计的理论基础，但直到19世纪末，高速电动机的发明使离心泵获得理想动力源之后，它的优越性才得以充分发挥。在英国的雷诺和德国的普夫莱德雷尔等许多学者的理论研究和实践的基础上，离心泵的效率大大提高，它的性能范围和使用领域也日益扩大，已成为现代应用最广、产量最大的泵。

6.1 泵与风机的分类及应用

输送流体的机械称为流体机械，其作用是将原动机（电动机）的能量传递给流体。按照工作介质的不同，流体机械可以分为液体机械和气体机械两大类。

工程中常见的液体机械是泵，常见的气体机械是风机，如图6.4(a)、(b)所示。泵与风机能将原动机的机械能转换成被输送流体的压强势能和动能。

(a) 离心泵　　　　　　　　(b) 离心风机

图 6.4　流体机械

泵与风机的正常运转要靠电机来驱动，在运行过程中会产生较大的噪声，因此，泵与风机一般集中设置在水泵房或风机房内，如图6.5和图6.6所示。

图 6.5　消防泵房

图 6.6 风机房

6.1.1 泵与风机的分类

泵与风机的品种及规格繁多，结构形式多样，一般可以按照下列方法进行分类。

1. 按照工作原理分类

泵与风机按照工作原理可以分为叶片式、容积式及其他形式。

1) 叶片式

叶片式也称为叶轮式或速度式。叶片式泵与风机通过高速旋转的叶轮使流体获得能量。根据流体流出叶轮的方向和叶轮叶片对流体做功的原理不同，叶片式泵与风机又分为离心式、轴流式和混流式等形式。

2) 容积式

容积式泵与风机利用活塞或转子的挤压改变工作容积使流体升压以获得能量。使工作容积改变的方式有往复运动和旋转运动，因此容积式泵与风机又分为活塞式往复泵、齿轮泵、螺杆泵、转子泵、罗茨鼓风机等。

3) 其他形式

不属于叶片式和容积式的泵与风机统称为其他形式的泵与风机，如喷射泵、空气升液泵、真空泵、电磁泵、贯流式风机等。

2. 按照安装方式分类

泵与风机按照安装方式可以分为立式和卧式两种类型。

3. 按照产生的压力分类

泵按照出口压力可以分为低压泵（$p < 2\text{MPa}$）、中压泵（$2\text{MPa} \leqslant p \leqslant 6\text{MPa}$）和高压泵（$p > 6\text{MPa}$）；风机按照出口压力可以分为通风机（$p \leqslant 15\text{kPa}$）、鼓风机（$15\text{kPa} < p \leqslant 340\text{kPa}$）和压缩机（$p > 340\text{kPa}$）。

4. 按照用途分类

泵按照用途可以分为给水泵、凝结水泵、循环水泵、齿轮油泵、计量泵等；风机按照用途可以分为排烟风机、除尘风机、防爆风机、屋顶通风机等。

6.1.2　泵与风机的应用

泵与风机属于通用机械的范畴，广泛应用于国民经济和国防工业的各个领域。例如，农业水利中的排涝与灌溉，采矿业的坑道通风及排水，石油化工业的石油及高温、腐蚀性流体的排送，机械工业的润滑油及冷却液输送，电力工业的汽、水及烟气等工作介质的输送、冷却，建筑工业的水暖及空调、制冷系统循环等都离不开泵或风机。

泵与风机的种类繁多，其应用场合、性能参数、输送介质和使用条件各不相同。本篇主要讲述离心式泵与风机，对其他形式的泵与风机仅作简单介绍。根据专业特点，通过泵与风机的流体可以按照不可压缩流体来处理。

●特●别●提●示

从泵的性能范围看，巨型泵的流量每小时可达几十万立方米以上，而微型泵的流量每小时则在几十毫升以下；泵的压力可从常压到高达 19.61MPa 以上；被输送液体的温度最低达 −200℃ 以下，最高可达 800℃ 以上。泵输送液体的种类繁多，如输送水（清水、污水等）、油液、酸碱液、悬浮液和液态金属等。

6.2　离心式泵与风机的构造及工作原理

6.2.1　离心式泵的基本构造

如图 6.7 所示，离心泵主要由叶轮、泵壳、泵轴、吸入室、压出室、减漏装置、密封装置、轴向力平衡装置等部分组成。

实际上，离心泵的类型很多，型号各异，但其主要的零部件组成和作用基本相同。离心泵按泵轴上叶轮个数的多少可分为单级离心泵和多级离心泵；按吸入方式可分为单吸式泵和双吸式泵，叶轮仅一侧有吸入口的称为单吸式泵，叶轮两侧都有吸入口的称为双吸式泵；按泵轴安装方向可分为卧式泵、立式泵和斜式泵；按是否需要充水排气可分为普通离心泵和自吸离心泵等。

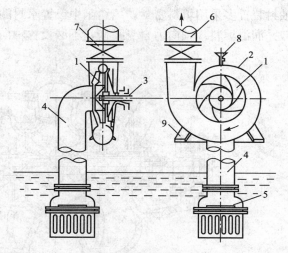

图 6.7　离心泵的构造示意图
1—叶轮；2—泵壳；3—泵轴；4—吸入管；5—底阀；
6—压出管；7—截止阀；8—灌水漏斗；9—泵座

如图 6.8 所示，为某 IS 型卧式单级单吸悬臂式离心泵的结构示意图。IS 型泵主要用于送清水及物理化学性质类似于水且不含固体颗粒的液体，输送介质温度适用于 80℃ 以下，适用于工业和民用建筑业，如冶金、电站、纺织、化工、印染、陶瓷、橡胶、采暖、余热利用及制冷空调等方面。

如图 6.9 所示，为卧式 S 型单级双吸离心泵的结构示意图。液体从叶轮左、右两侧进

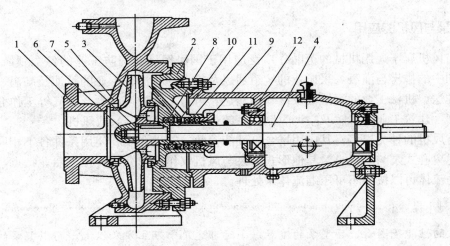

图 6.8 IS 型单级单吸离心泵的结构

1—泵体；2—泵盖；3—叶轮；4—轴；5—密封环；6—叶轮螺母；

7—止动垫圈；8—轴套；9—填料压盖；10—填料环；11—填料；12—悬架轴承部件

入叶轮，其流量较大。转子为两端支承，泵壳为水平副分的蜗壳形。两个呈半螺旋形的吸液室与泵壳一起为中开式结构，共用一根吸液管，吸、排液管均布在下半个泵壳的两侧，检查泵时，不必拆动与泵相连接的管路。由于泵壳和吸液室均为蜗壳形，为了在灌泵时能将泵内气体排出，在泵壳和吸液室的最高点处分别开有螺孔，灌泵完毕用螺栓封住。泵的轴封装置多采用填料密封，填料函中设置水封圈，用细管将压液室内的液体引入其中以冷却并润滑填料。轴向力自身平衡，不必设置轴向力平衡装置。

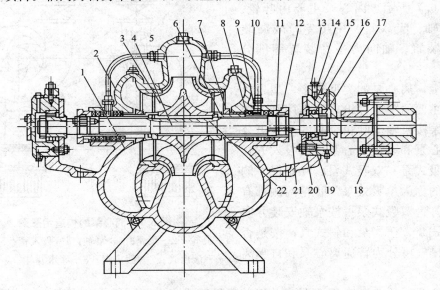

图 6.9 S 型单级双吸离心泵的结构

1—泵体；2—泵盖；3—叶轮；4—泵轴；5—密封环；6—轴套；7—填料挡套；8—填料；

9—填料环；10—水封管；11—填料压盖；12—轴套螺母；13—固定螺栓；14—轴承架；15—轴承体；

16—单列向心球轴承；17—圆螺母；18—联轴器；19—轴承挡套；20—轴承盖；21—双头螺栓；22—键

● 特 别 提 示 ●●●

在相同的流量条件下，双吸泵比单吸泵的抗汽蚀性能要好；双吸泵比单吸泵能更好地平衡轴向推力作用，且比单吸泵运行平稳。

如图 6.10 所示为多级离心泵的结构示意图。把若干个叶轮安装在同一个泵轴上，每个叶轮与其外周的液体导流装置形成一个独立的工作室，这个工作室与叶轮组成的系统可以认为是一个单级离心泵，每个工作室前后串联，就构成了多级泵。与多个单级离心泵串联相比，多级离心泵具有效率高、占地面积小、操作费用低、便于维修等优点。多级离心泵的扬程较高，应用广泛。

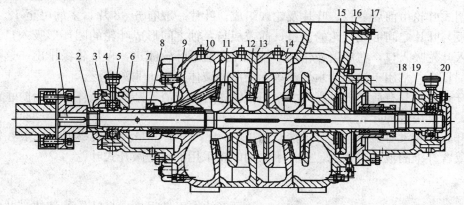

图 6.10　多级离心泵的结构

1—泵轴；2—轴套螺母；3—轴承盖；4—轴承衬套甲；5—单列向心球轴承；6—轴承体；7—轴套甲；
9—填料压盖；9—填料环；10—进水段；11—叶轮；12—密封环；13—中段；14—出水段；
15—平衡环；16—平衡盘；17—尾盖；18—轴套乙；19—轴承衬套乙；20—圆螺母

下面具体介绍离心泵的各主要部件。

1. 叶轮

叶轮由若干个弯曲的叶片及叶轮盖板组成，叶轮紧固于泵轴上，泵轴与电机相连，可由电机带动旋转。叶轮能够将电机输入的机械能传递给流体，同时提高流体能量。

叶轮的材料应具有高强度、耐腐蚀、抗冲刷等性能，通常采用铸铁、铸钢和青铜或黄铜制成，大型给水泵和凝结水泵等则采用优质合金钢。叶轮常见外形如图 6.11 所示。

图 6.11　叶轮外形图

叶轮按照其盖板的设置情况可以分为封闭式叶轮、半开式(半闭式)叶轮和敞开式叶轮三种形式，其内部结构如图 6.12 所示。

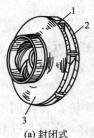 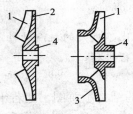

(a) 封闭式　　　　(b) 半开式(前半开式、后半开式)　　　(c) 敞开式

图 6.12　叶轮结构示意图

1—叶片；2—后盖板；3—前盖板；4—轮毂；5—加强筋

　　封闭式叶轮由前后盖板、叶片及轮毂组成，叶片一般有 6～8 片，多的可至 12 片。在前后盖板与叶片之间形成叶轮的流道，前盖板与泵轴之间形成叶轮的圆环形吸入口，流体轴向流入叶轮吸入口，在后盖板作用下转为径向通过叶轮流道，再从轮缘排出。这种叶轮内部泄漏量小，常用于输送清水、油等无杂质的液体，应用非常广泛。

　　半开式叶轮只有后盖板，当离心泵用于输送含有灰渣等杂质的液体时，为防止流道发生堵塞，可采用这种叶轮。

　　敞开式叶轮没有盖板，叶片一般仅有 2～5 片，其泄漏量大、效率低，一般在输送黏性较大或含纤维的液体时采用，如污水泵的叶轮采用的就是敞开式叶轮。

　　2. 泵壳

图 6.13　螺旋形泵壳图

　　泵壳的作用是收集来自叶轮的液体，并将部分液体的动能转换为压力能，最后将流体均匀地导向排出口或引向次级叶轮。泵壳结构有螺旋形和环形等多种形式，最常见的是螺旋形泵壳，如图 6.13 所示。叶轮装在泵壳内，形成过流断面由小到大的螺旋形流道，能使流体速度降低，压力增大，将流体的部分动能转化为压力能。一般情况下，泵壳的顶部设有充水和放气的螺孔，以便在水泵启动前充水和排气，泵壳的底部设有防水螺栓，以便泵停用和检修时排水。

　　3. 吸入室

　　离心泵吸入口法兰至首级叶轮入口之间的流动空间称为吸入室。吸入室的作用是在最小水力损失下，引导液体平稳地进入叶轮，并使叶轮入口处的流速尽可能地分布均匀。吸入室的结构形状对泵的吸入性能影响很大，通常采用的吸入室有直锥形、弯管形、环形、半螺旋形等形式。

　　直锥形吸入室的结构简单，制造方便，流速分布均匀，水力损失小，一般用于单级单吸式离心泵。其结构如图 6.14 所示。

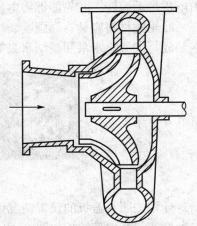

图 6.14　直锥形吸入室

圆环形吸入室的结构对称，轴向尺寸小，但液体进入叶轮时有冲击和旋流损失，常用在单吸分段式多级离心泵中。

半螺旋形吸入室的优点是液体进入叶轮流动情况较好，速度比较均匀，水力损失较小，但液体在叶轮入口处会产生预旋，对比转数大的泵，扬程损失比较明显，主要用于双吸单级泵或中开式多级泵。

4. 减漏装置

离心泵的减漏装置称为减漏环，也叫密封环，其结构如图 6.15 所示。减漏环用于减小高速转动的叶轮和固定的泵壳之间的缝隙，从而减少泵壳内高压区泄漏到低压区的流量。

减漏环是一种金属口环，通常镶嵌在缝隙处的泵壳上，或者在泵壳与叶轮上各镶嵌一个。其接缝面可以做成阶梯状，以增加液体的回流阻力，提高减漏效果。如图 6.16 所示为三种不同形式的减漏环。

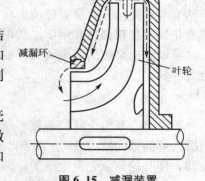

图 6.15 减漏装置

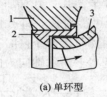 

(a) 单环型　　　　(b) 双环型　　　　(c) 双环迷宫型

图 6.16 减漏环

1—泵壳；2—镶在泵壳上的减漏环；3—叶轮；4—镶在叶轮上的减漏环

5. 密封装置

离心泵的泵轴穿出泵壳时，在泵轴与泵壳之间存在着间隙，当间隙处的液体压力大于大气压力时，泵壳内的高压水就会通过间隙向外泄漏，当间隙处的液体压力小于大气压力时，空气就会从间隙处流入泵壳内，从而降低泵的吸水性能。因此，需要在泵轴与泵壳的间隙处设置密封装置，称为轴封。常用的轴封有填料轴封、骨架橡胶轴封、机械轴封和浮动环轴封等类型，其中填料轴封应用最为广泛。

带水封环的填料密封结构如图 6.17 所示，它由填料压盖、填料、水封环、填料箱等组成，是目前普通离心泵最常用的一种轴封。泵在工作时，压盖将填料压紧，使泄漏量减小，从而达到密封的目的。压盖不能过松或过紧，过紧易造成轴套与填料表面摩擦加大，温度迅速升高，严重时可导致轴套和填料烧坏；过松则导致泄漏量增加，泵的效率下降。压紧程度应使液体从填料箱漏出少量液滴（每分钟约 60 滴）为宜。填料箱中装有水封环，通过水封环引入洁净水，使其在轴上形成水环进行密封，以防止空气漏入泵内或泵内压力水漏出泵外，密封水在填料与轴之间流过，同时也起到冷却与润滑作用。

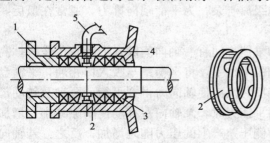

图 6.17 填料轴封

1—填料压盖；2—水封环；
3—填料；4—填料箱；5—引水管

153

常见的填料是截面形状规整的浸油、浸石墨的石棉绳及新型耐高温、耐腐耐磨材料，如碳素纤维、不锈钢纤维和合成树脂纤维等。填料接缝应采用斜口接缝，以减少泄漏。填料应定期检查和更换。

6. 泵轴

泵轴是传递扭矩的主要部件，轴上装有叶轮和轴承，叶轮与轴靠键进行连接。泵轴的形状有等直径轴和阶梯直径约为 0.02mm 的阶梯式轴两种。大型泵常采用阶梯式轴。泵轴应有足够的抗扭强度和刚度，常用材料为碳素钢、合金钢和不锈钢等。

泵轴穿出泵腔的区段均装有轴套。对具有等径轴、短轮毂的多级离心泵，其叶轮之间也装有轴套。

7. 轴向力平衡装置

单级离心泵由于叶轮盖板不对称，作用于前后盖板上的压力不相等，会导致有一个推向吸入端的轴向推力 Δp 作用于叶轮上，如图 6.18 所示。这个轴向推力会造成叶轮的轴向位移，使叶轮与泵壳发生磨损，因此需要采取平衡装置平衡轴向力。

对于单级单吸离心泵，一般采取在叶轮后盖板上钻开平衡孔，并在后盖板上加装减漏环的办法，如图 6.19 所示。开孔口位置接近轮毂且要尽可能对称，开孔面积及数量经试验确定，开孔后应做静、动平衡试验。高压液体流经减漏环时压力下降，并经平衡孔流回叶轮，使叶轮前、后盖板上的压力趋于平衡，从而达到基本上消除轴向力的目的。

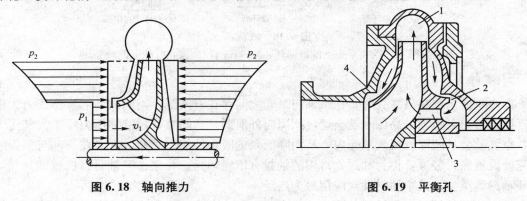

图 6.18　轴向推力　　　　　　　　图 6.19　平衡孔

对于多级单吸离心泵，如图 6.20 所示，液体从第一级叶轮流出后再进入下一级叶轮继续加速加压，产生的轴向不平衡力远大于单级离心泵，为平衡轴向推力，通常在最后一级装设推力平衡盘，如图 6.21 所示。

平衡盘和叶轮固定在同一轴上，平衡盘和泵体之间有一轴向间隙，当叶轮工作时，高压液体经过间隙降低压力之后流入平衡盘右侧的平衡室。将平衡室与吸入口相通，平衡盘两侧就有了压差，压差的作用方向与轴向力相反，从而使轴向力得到平衡。泵轴及转动部件可以左右少量移动。当轴向力大于平衡盘的平衡力时，泵轴向左移动使间隙减小，增加液流阻力，使平衡室内的压力降低，平衡盘两侧压差产生的压力随之增加；反之，若轴向力小于平衡力，间隙增大，平衡室压力增加，平衡盘左右压差产生的压力减小，平衡力降低。

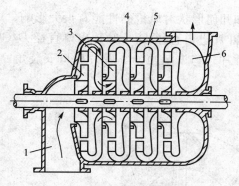

图 6.20 多级单吸离心泵

1—吸入口；2—第一级叶轮；3—第二级叶轮；

4—泵壳；5—导叶；6—压出室

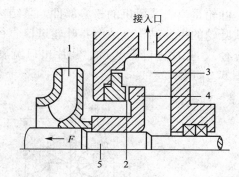

图 6.21 平衡盘

1—末级叶轮；2—轴向间隙；3—平衡室；

4—平衡盘；5—泵轴

特 别 提 示

泵一般安装在减振台座上，泵座上有与底板和基础固定的法兰孔，有收集轴封滴水的水槽。轴向的水槽底部设有泄水螺孔，以便随时排出填料盖内渗出的水。

6.2.2 离心式风机的基本构造

离心式风机的种类较多，根据用途不同，风机各部件的具体构造有很多差别。离心式风机一般由叶轮、机壳、机轴、吸入口和进气箱、导流器等部件组成。其主要结构如图 6.22 所示。

1. 叶轮

叶轮能对气体做功，并提高气体能量。如图 6.23 所示，离心式叶轮一般采用封闭式叶轮，这种叶轮一般由前盘、后盘、叶片和轮毂所组成，叶片的两侧分别焊接在前、后盘上，后盘又用铆钉或高强度螺栓与轮毂连接成叶轮整体。

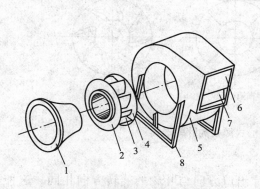

图 6.22 离心式风机主要结构分解图

1—吸入口；2—叶轮前盘；3—叶片；4—叶轮后盘；

5—机壳；6—出口；7—截流板(风舌)；8—支架

图 6.23 离心式风机叶轮

叶轮是离心式风机的核心部件，其结构参数和几何形状对风机的性能有很大影响。离心式叶轮的主要结构参数有：叶轮进口直径 D_0、叶片进口直径 D_1、叶片出口直径 D_2（叶轮外径）、叶片进口宽度 b_1、叶片出口宽度 b_2、叶片进口安装角 β_1、叶片出口安装角 β_2，如图 6.24 所示。

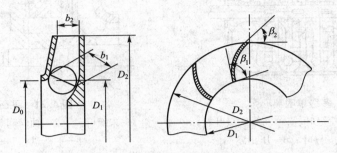

图 6.24　叶轮的主要结构参数

叶轮上的主要零件是叶片，叶片的基本形状有弧形、直线形和机翼形等。弧形叶片制作较复杂，但损失小；直线形则正好相反；机翼形叶片运行损失小，整机效率高，噪声小，但所产生的压头不高。根据叶片的出口安装角度 β_2 的不同，叶片又可以分为前向、后向和径向等几种形式，如图 6.25 所示。

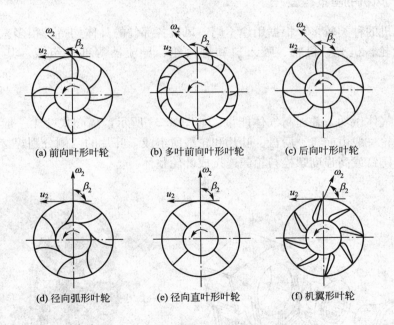

(a) 前向叶形叶轮　　　　(b) 多叶前向叶形叶轮　　　　(c) 后向叶形叶轮

(d) 径向弧形叶轮　　　　(e) 径向直叶形叶轮　　　　(f) 机翼形叶轮

图 6.25　离心式风机的叶轮形式

1）前向叶片

前向叶片的出口安装角 $\beta_2 > 90°$，叶片出口方向与叶轮的旋转方向相同。这种类型的叶轮流道较短，出口较宽，水头损失大，水力效率低，目前应用较少。且前向型叶轮，随着流量的增加，功率急剧上升，原动机易超载，因此在选择原动机时考虑的富裕系数要大一些。

2）径向叶片

径向叶片的出口安装角 $\beta_2 = 90°$，叶轮出口方向为径向。

3）后向叶片

后向叶片的出口安装角 $\beta_2 < 90°$，叶轮出口方向与叶轮的旋转方向相反。这种类型的叶轮，能量损失少，功率随流量变化缓慢，运行比较稳定，效率较高，电机不易超载，在流体机械中应用较为广泛。

叶轮可分为单侧吸入式和双侧吸入式。当流量小于 $300m^3/h$ 时，多采用结构较简单的单吸式叶轮；当流量较大时，多用双吸叶轮，无须加大叶轮进口直径即可限制叶轮进口流速，以免抗汽蚀性能变差。

2. 机壳

中低压离心风机的机壳外形一般呈阿基米德螺线或对数螺旋线状，如图 6.26 所示。机壳的作用是收集来自叶轮的气体，并将部分动压转换为静压，最后将气体导向出口。

机壳的出口方向一般是固定的。新型风机的机壳能在一定范围内转动，以适应用户对出口方向的不同需求。风机按照叶轮旋转方向分左旋和右旋两种，从电机一端正视，叶轮旋转为顺时针方向的称为右旋，叶轮旋转方向为逆时针方向的称为左旋。需要注意的是，叶轮只能顺着蜗壳螺旋线的展开方向旋转。

图 6.26 螺旋形机壳

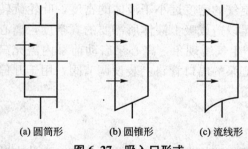

(a) 圆筒形　　(b) 圆锥形　　(c) 流线形

图 6.27 吸入口形式

3. 吸入口

吸入口通常是装在叶轮前面的一根进气导管，其作用是使气流能均匀地充满叶轮的进口，并在流动损失最小的情况下进入叶轮，故又称为集流器。吸入口的形状应尽可能符合叶轮进口附近气流的流动状况，常见的离心式风机的吸入口有圆筒形、圆锥形、流线形等形式，如图 6.27 所示。

4. 进气箱

气流引入风机有两种形式：一种是从由吸入口直接从外界空间吸取气体，称为自由进气；另一种是通过进气箱吸取气体。如大型风机进风口前装有弯管或双吸式风机，为改善气流的进气条件，减少因气流不均造成的阻力损失，在吸入口前装有进气箱。进气箱的形状和尺寸对风机的性能影响很大，如果进气箱结构设计不合理，造成的阻力损失可达风机全压的 $15\% \sim 20\%$。

5. 导流器

导流器是离心式风机进风装置中用于调节风机负荷的部件，又称为前导器或进口风量调节器。风机运行时，可以通过改变导流器叶片的角度来改变风机性能，扩大工作范围，

提高调节经济性。常见的导流器有轴向导流器、简易导流器和斜叶式导流器。导流器一般在大型离心式通风机及要求性能调节的通风机的进风口或进风口流道内装设。

● 特 别 提 示 ●

进气箱一般只用在大型或双吸式离心通风机上，一方面，当进风口需要转弯时安装进气箱能改善进口流动状况，减少因气流不均匀进入叶轮而产生的流动损失；另一方面，安装进气箱可使轴承装于通风机的机壳外边，便于安装和维修。例如在锅炉房中，锅炉的送引风机一般都装有进气箱。

6.2.3 离心式泵与风机的工作原理

离心式泵与风机的工作原理基本相同，现以离心式泵为例说明其工作原理。

离心泵启动前，要在泵内灌满输送液体，然后启动电机带动叶轮高速旋转，流道内的流体随之旋转获得能量。在离心力的作用下，流体经流道出口被甩出叶轮，进入螺旋形机壳，机壳流道逐渐扩大，流体速度减慢，将一部分动能转化为压力能，最后被导向出口排出。叶轮中心由于流体被甩出而形成真空，外部流体在大气压作用下，沿吸入管进入叶轮流道。叶轮连续旋转，流体不断地被泵吸入、排出，如此连续不断地输送流体。流体在泵内的流动状况如图 6.28 所示。

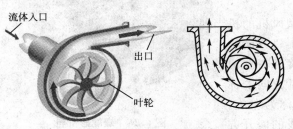

图 6.28 泵内流体流动情况

离心泵启动时，如果泵壳内存在空气，由于空气的密度远小于液体的密度，叶轮旋转所产生的离心力很小，叶轮中心处产生的低压不足以造成吸上液体所需要的真空度，离心泵无法工作，这种现象称作"气缚"。为了避免产生气缚现象，离心泵启动前泵内需充满液体，在吸入管道底部装一逆止阀。此外，在离心泵的出口管路上装设调节阀，用于开停车和调节流量。

6.2.4 流体在叶轮内的运动分析

为了深入讨论泵与风机的原理和性能，需要了解流体在叶轮内的流动规律。流体在叶轮内的运动比较复杂，在研究其运动规律时，先作如下假设。

(1) 叶轮中的叶片数为无限多且无限薄，即流体质点严格地沿叶片型线流动，也就是流体质点的运动轨迹与叶片的外形曲线相重合。

(2) 流体为理想流体，不考虑由黏性引起的能量损失。

(3) 流体作定常流动。

(4) 假设液体在很大的压差下体积变化甚微，而气体在压差改变不大时体积变化也很小，因此，在叶轮中流动的流体可以认为是不可压缩的。

泵与风机工作时，流体在叶轮中除作旋转运动外，同时还从叶轮进口和出口方向流动，因此流体在叶轮中的运动是一种复合运动。

当叶轮带动流体作旋转运动时，流体作圆周运动(牵连运动)，如图 6.29(a)所示。其运动速度为圆周速度,记为 u,运动方向与圆周切线方向一致,大小与半径 r 及转速 n 有关。

流体沿叶轮流道的流动为相对运动,如图 6.29(b)所示。其运动速度称为相对速度,记为 w,运动方向为叶片的切线方向,大小与流量及流道形状有关。

流体相对于静止机壳的运动,称为绝对运动,如图 6.29(c)所示。其运动速度为绝对速度,记为 v,绝对速度是圆周速度和相对速度的向量和,即:

$$v=u+w$$

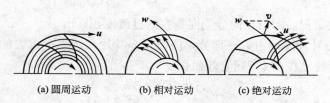

(a) 圆周运动   (b) 相对运动   (c) 绝对运动

图 6.29 流体在叶轮内的流动

由 v、u、w 三种速度组成的向量图称为速度三角形,如图 6.30 所示。速度三角形是研究流体在叶轮中流动的重要工具。绝对速度与圆周速度之间的夹角为 α,称为绝对速度角;相对速度与圆周速度反方向的夹角为 β,称为流动角。叶片切线与圆周速度反方向的夹角 β_a,称为叶片安装角。当流体沿着叶片型线运动时,流动角等于安装角。一般用下标 1、2 来表示叶片进口和出口处的参数。

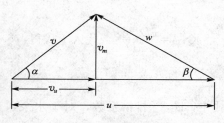

图 6.30 速度三角形

特 别 提 示

速度三角形是研究流体在叶轮内的能量转换及其参数变化的基础,在叶轮流道内的任意一点都可以作出该点的速度三角形。在研究叶轮的流动状态时,只需作出叶轮进口和出口的速度三角形。

6.2.5 速度三角形的计算

速度三角形一般只需要知道三个条件就可以作出。根据泵与风机设计时所采用的参数,可以比较方便地求出圆周速度 u、绝对速度的径向分速度 v_m 以及流动角 β,用这三个参数就可以作出速度三角形。

1. 圆周速度

流体在流道内运动的圆周速度:

$$u = \frac{\pi D n}{60} \tag{6-1}$$

式中,D——叶轮直径,m;

n——叶轮转速,r/min。

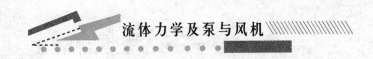

2. 绝对速度的径向分速度

根据连续性方程可知：

$$v_\mathrm{m} = \frac{q_\mathrm{T}}{A} = \frac{q}{A\eta_\mathrm{v}} = \frac{q}{\pi D b \eta_\mathrm{v} \psi} \tag{6-2}$$

式中，q_T——理论流量，$\mathrm{m^3/s}$；

$\quad\quad q$——实际流量，$\mathrm{m^3/s}$；

$\quad\quad \eta_\mathrm{v}$——容积效率；

$\quad\quad A$——有效面积，即与径向分速度垂直的过流面积，$\mathrm{m^2}$。

过流面积 A 被叶片厚度占去一部分，假设每一叶片在圆周上占去的长度为 σ，若叶轮共有 z 个叶片，叶片宽度为 b，则有效面积：

$$A = \pi D b - z \sigma b$$

代入式(6-2)可得：

$$v_\mathrm{m} = \frac{q}{(\pi D b - z \sigma b)\eta_\mathrm{v}}$$

令 $\psi = \dfrac{\pi D - z\sigma}{\pi D}$，代入上式得：

$$v_\mathrm{m} = \frac{q}{\pi D b \eta_\mathrm{v} \psi} \tag{6-3}$$

式中，ψ——排挤系数，对于水泵，其值一般为 $0.75 \sim 0.95$，小泵取下限值，大泵取上限值。

3. 流动角

当叶片无限多时，相对速度的方向应与叶片安装角的方向一致，即流动角等于叶片安装角。而叶片安装角在设计时是根据经验数值选取的。

6.3　其他常用的泵与风机

6.3.1　叶片式泵与风机

1. 轴流式泵与风机

轴流式泵与风机是一种比转数较高的叶轮式流体机械，其主要特点是流体由轴向进入、轴向流出，输送流量大而扬程较低。

1）轴流式泵的基本构造

轴流式泵的外形[图 6.31(a)]很像一根弯管，泵壳直径与吸入管直径差不多，既可以垂直安装(立式)、水平安装(卧式)，也可以倾斜安装。轴流泵的主要部件有：吸入管、叶轮、导叶、轴与轴承、密封装置、机壳、出水弯管等。

（1）吸入管。

为了汇集水流，使水流的流入损失最小，改善吸入口处的水力条件，轴流泵多采用流线型的喇叭管。

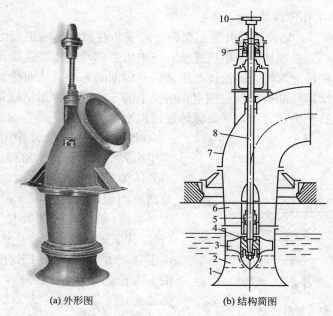

(a) 外形图　　　　　　(b) 结构简图

图 6.31　轴流泵

1—喇叭管；2—进口导叶；3—叶轮；4—轮毂；5—轴承；
6—进口导叶；7—出水弯管；8—轴；9—推力轴承；10—联轴器

（2）叶轮。

叶轮是轴流泵的主要做功部件，可以将原动机的机械能转变为流体的压力能和动能。叶轮一般由叶片、轮毂和动叶调节机构等组成。轴流泵的叶片呈回旋状，有螺旋形和机翼形，最常见的是机翼形，一般为 4～6 片。轮毂有圆锥形、圆柱形、球形等，用于安装叶片和叶片调节机构。

小型轴流泵的叶片和轮毂铸成一体，叶片的角度固定，不能调节，称为固定叶片式轴流泵；中型轴流泵一般采用半调节式叶轮结构，叶片用螺栓装配在轮毂上，根据不同的工况要求，将螺母松开，转动叶片，可改变叶片的安装角度，但叶片角度不能任意改变，故称为半调节式轴流泵；大型轴流泵一般采用球形轮毂，把动叶可调机构装于轮毂内，靠液压传动系统来调节叶片角度，称为动叶可调式轴流泵。

（3）导叶。

导叶固定在泵壳上，一般有 6～12 片，装在叶轮的出口侧。导叶的作用是将流出叶轮的水流的旋转运动转变为轴向运动，同时将部分动能转换为压力能。

（4）轴与轴承。

泵轴是用来传递扭矩的。对于大容量和叶片可调节的轴流泵，多用优质碳素钢做成空心轴，表面镀铬，既能减轻轴的质量，又便于在轴内部安装调节机构，以改变叶片的安装角。

轴流泵的轴承有两种：一种为导轴承，主要用于承受径向力，起径向定位作用；另一种为推力轴承，主要用于承受水流作用在叶片上方的压力及水泵转动部件的重量，维持转子的轴向位置，并将这些推力传递到水泵机组的基础上。

（5）密封装置。

轴流泵出水弯管的轴孔处需要设置密封装置，多使用压盖填料型的填料盒。

2) 轴流式泵的工作原理

如图 6.31(b)所示，轴流泵的叶轮和泵轴一起安装在圆筒形的机壳中，机壳浸没在流体中。泵轴的伸出端通过联轴器与电机连接。当电机带动叶轮作高速旋转时，由于叶片对流体的推力作用，使得进入机壳的流体产生回转及向前的运动，从而使流体的压力和速度都有所增加。升压增速后的流体经过固定在机壳上的导叶，旋转运动转化为轴向运动，同时旋转的部分动能转化为压力能，最后流体通过出水弯管流出。

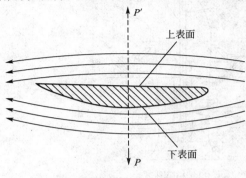

图 6.32 翼形绕流

叶片对流体的推力作用可以用空气动力学中机翼的升力理论来解释。如图 6.32 所示，当流体流经机翼形叶片时，在叶片的首端处分离成两股流体，这两股流体分别流经叶片的上表面（轴流式泵的叶片工作面）、下表面（轴流式泵的叶片背面），然后同时在叶片尾端汇合。由于流体沿叶片下表面的路程要比沿上表面的路程稍长一些，因此，叶片下表面流速比上表面流速大。相应地，叶片下表面的压力小于叶片上表面的压力。于是流体对叶片就有一个由上而下的压力 P。根据作用力与反作用力原理，叶片对流体也将产生一个反作用力 P'，且 $P'=P$。因此，当叶片旋转时，在压力 P' 的作用下，相对于叶片作绕流运动的流体就被压升到一定的高度。

特 别 提 示

轴流泵的叶轮按叶片安装角度的调节性不同，可以分为固定式、半调式及全调式三种。全调式轴流泵可以根据不同扬程与流量要求，在停机或不停机的情况下，通过一套油压调节机构来改变叶片的安装角度，从而改变泵的性能，以满足用户的使用要求。

3) 轴流式风机的基本构造

轴流式风机的常见外形及基本构造分别如图 6.33(a)、(b)所示。其主要组成部件有：叶轮、吸入口、导叶、扩压管、圆形风筒、轮毂罩、电机等。

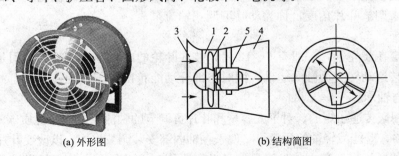

(a) 外形图   (b) 结构简图

图 6.33 轴流式风机的外形结构简图

1—圆形风筒；2—叶片及轮毂；3—钟罩形吸入口；4—扩压管；5—电动机及轮毂

（1）叶轮。

叶轮是轴流式风机的主要工作部件，由轮毂和铆在其上的叶片组成。叶片从根部到梢部呈扭曲状，大型风机的叶片安装角是可以调节的，通过角度调节即可改变风机的流量和压头，小型风机安装角度一般不可调。

（2）吸入口。

钟罩形吸入口和轮毂罩的作用是使气流成流线形，平稳而均匀地进入叶轮，以减小入口流动损失。

（3）导叶。

有些大型的轴流风机在叶轮下游设有固定的导叶以消除气流在增压后的旋转运动。

（4）扩压管。

扩压管有助于气流的扩散，并使气流中的一部分动压转化为静压，减少流动损失。

轴流式风机的种类很多，只有一个叶轮的风机称为单级轴流式风机；为了提高风机的压头，将两个叶轮串在同一根轴上的风机称为双级轴流式风机。如图6.33所示的风机为单级轴流式风机，其电机与叶轮同壳装置，结构简单、噪声小，但由于电机直接处于被输送的风流之中，若输送气体温度较高，就会降低电机效率，因此，可将电机置于机壳之外，每种风机称为长轴式轴流风机。

2. 混流式泵与风机

混流式泵按收集叶轮甩出液体的方式分为蜗壳式和导叶式两种类型，图6.34所示为蜗壳式混流泵。混流泵可用于城市给水排水、市政工程、农业灌溉等多个领域，应用十分广泛。

混流泵的叶轮形式如图6.35所示。叶轮在电机驱动下高速旋转，既能产生离心力（类似离心泵），又具有推升力（类似轴流泵），在这两种力的综合作用下，流体斜向流出叶轮，即流体的流动方向相对于叶轮而言既有径向速度，也有轴向速度。

图6.34　混流式泵

图6.35　混流泵叶轮

混流泵从外形、结构到使用性能都是介于离心泵与轴流泵之间。和离心泵相比，扬程低一些，而流量大一些；与轴流泵相比，扬程高一些，而流量小一些。对于高扬程混流泵，其流量与扬程、流量与功率之间的变化关系接近于离心泵，在使用时，可采用关闭阀门启动，此时电机功率最小；对于低扬程混流泵，各性能参数之间的变化规律接近于轴流泵，在使用时，可采用开启阀门启动，此时消耗功率较小，电机不易烧毁。

3. 旋涡泵

旋涡泵是一种特殊结构的离心泵，其外形如图 6.36 所示。旋涡泵的运行操作及做功特性与离心泵相似，适用于流量小、扬程高且输送流体黏性较小的情况。

旋涡泵主要由叶轮、泵壳、盖板和泵轴等部件组成。叶轮由一金属圆盘四周铣出凹槽而成，余下未铣出的部分形成辐射状的叶片。泵壳内壁亦是圆形。

旋涡泵的叶轮有闭式和开式两种形式。开式叶轮的叶片较长，叶片左右两侧相通；闭式叶轮的叶片较短，叶片被中间隔板相隔左右两侧互不相通。如图 6.37 所示为闭式叶轮。

图 6.36　旋涡泵

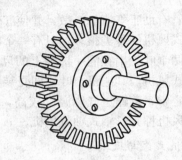

图 6.37　旋涡泵叶轮

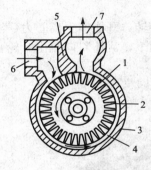

图 6.38　旋涡泵
工作原理图

1—叶轮；2—叶片；3—泵壳；

4—泵腔；5—间隔壁；

6—入口；7—排出口

旋涡泵的工作原理如图 6.38 所示，液体在叶轮的带动下高速旋转，在离心力的作用下，进入流道，与流道中的液体进行动量交换，并将部分动能变为压力能。液体从入口至出口，多次进入和流出叶片，多次获得能量和转换能量。

叶轮叶片间液体的离心力大于流道中液体的离心力，形成旋涡，其轴线沿流道纵长方向，称为纵向旋涡。在高速运动的叶轮叶片后面，因液体分离而形成旋涡，这种旋涡的轴线与叶片的进口边是平行的，称为径向旋涡。旋涡泵主要依靠纵向旋涡传递能量。

6.3.2　容积式泵与风机

容积式泵与风机是利用机械运转时，内部工作容积的不断变化来输送流体的。一般工作容积的改变有往复运动和旋转运动两种类型，相对应的泵与风机为往复式和回转式。

1. 活塞式往复泵

往复泵（活塞式）是利用活塞的往复运动来输送流体的泵，靠活塞的往复运动将能量直接以静压能的形式传递给液体，常见的往复泵外形如图 6.39(a) 所示。由于液体是不可压缩的，所以在活塞压送液体时，可以使液体承受很高的压强，从而获得很高的扬程。

如图 6.39(b) 所示，活塞式往复泵的工作原理如下：当活塞自最左端位置向右移动时，工作室的容积逐渐增大，工作室内压力相应降低，流体在压差作用下顶开吸水阀，进入工作室填补活塞右移让出的空间，直到活塞移至最右端，完成泵的吸水过程。当活塞从最右端位置开始向左移动时，工作室中的流体在活塞的挤压作用下，将吸水阀压紧，并顶开压水阀，流体经压水阀由压出管路输出，完成泵的压水过程。活塞不断往复运动，泵的吸水与压水过程不断交替进行，流体就源源不断地被输送出去。

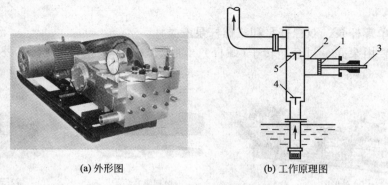

(a) 外形图　　　　　　　　(b) 工作原理图

图 6.39　往复泵(活塞式)

1—活塞；2—泵缸；3—活塞杆；4—吸水阀；5—压水阀

与离心式泵不同的是，容积式泵的流量与管路特性无关，主要取决于泵缸数、活塞面积、往复次数、冲程(活塞在两端点间移动的距离)等。而压头与流量无关，取决于管路需要。理论上往复泵的压头可按系统需要无限增大，但实际上受泵体强度及泵原动机的限制压头不可能无限增大。

2. 齿轮泵

齿轮泵具有一对互相啮合的齿轮，通常用作供油系统的动力泵，常见的齿轮泵外形如图 6.40(a)所示。

齿轮泵的工作原理如图 6.40(b)所示，主动轮 1 固定在主动轴上，由原动机驱动回转，齿顶和端面被泵体和前后端盖包围；从动轮 2 装在另一根轴上，由主动轮带动回转；由主动轮和从动轮的相互啮合齿分隔出吸入腔和排出腔。齿轮旋转时，前段轮齿首先退出啮合，其齿间体积增大，压力降低，液体在吸入液面压力作用下，经吸入口吸入，随齿轮回转，吸满液体的齿间转过吸入腔，沿壳壁转到排出腔，当重新进入啮合时，齿间的液体即被轮齿挤出。电机如果反转，其吸排方向相反。

(a) 外形图　　　　　　　　(b) 工作原理图

图 6.40　齿轮泵

1—主动轮；2—从动轮；3—吸油管；4—压油管

齿轮泵结构简单，工作可靠，价格低廉；具有自吸能力；理论流量是由工作部件的尺寸和转速决定的，与排出压力无关；而额定排出压力与工作部件尺寸、转速无关，主要取决于泵的密封性能和轴承承载能力；其摩擦面较多，适用于排送不含固体颗粒并具有润滑性的油类。

3. 螺杆泵

螺杆泵有单螺杆泵、双螺杆泵和三螺杆泵三类。

螺杆泵主要由泵壳、衬套、转子（螺杆）、轴承、轴封等部件组成，其外形如图 6.41(a)所示。

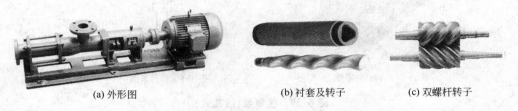

(a) 外形图　　　　　　　　(b) 衬套及转子　　　　(c) 双螺杆转子

图 6.41　螺杆泵

如图 6.41(b)、(c)所示，螺杆泵的转子是通过精加工、表面镀铬的高强度螺杆，螺杆的意断面都是半径为 R 的圆，整个螺杆的形状可以看成是由很多半径为 R 的薄圆盘组成，不过这些圆盘的中心分布在一条圆柱螺旋线上。衬套一般用橡胶材料制成。一般根据抽吸混合液的性质和泵的工作条件来选取。

将螺杆置于衬套内，则在每一个横截面上，螺杆断面与衬套断面都有相互接触的点。在不同的横截面上，接触点是不同的。沿螺杆泵的全长，在螺杆的外螺旋表面和衬套的内螺旋表面间形成一个一个的密封腔室。

当螺杆转动时，靠近吸入端的第一个腔室的容积增加，形成负压，在压差的作用下，液体被吸入第一个腔室。随着螺杆的继续转动，工作腔容积不断增至最大后，该腔室形成封闭，以螺旋方式向排出端移动，并最终在排出端消失。同时在吸入端又形成新的密封腔。由于密封腔室的不断形成、推移和消失，使混合液通过一个一个密封腔室，从吸入端推挤到排出端，压力不断升高。

螺杆泵的特点如下：螺杆泵的组成零部件较少，相对重量和体积小，磨损轻，维修工作少，使用寿命长；轴向吸入，不存在妨碍液体吸入的离心力的影响，吸入性能好；没有困油现象，流量和压力均匀，工作平稳，噪声和振动较少；具有自吸能力，其理论流量仅取决于运动部件的尺寸和转速；额定排出压力主要受密封性能、结构强度和原动机功率的限制；螺杆的轴向尺寸较长，刚性较差，加工和装配要求较高。需要注意的是，一般螺杆泵都有固定的转向，不应反转，否则推力平衡装置就会丧失作用，使泵损坏。

4. 罗茨鼓风机

罗茨鼓风机的结构主要是由一对腰形渐开线转子、同步齿轮、轴承、密封和机壳等部件组成。其排风量较大，效率较高。其外形如图 6.42(a)所示。

罗茨鼓风机的工作原理如图 6.42(b)所示，机壳内两叶转子的转动是靠各自的齿轮啮合同步传递转矩的，所以其齿轮也叫同步齿轮，同步齿轮既作传动，又有叶轮定位作用。同步齿轮结构较为复杂，由齿圈和齿轮毂组成，用圆锥销定位。同步齿轮又分为主动轮和从动轮，主动轮一端与联轴器连接。

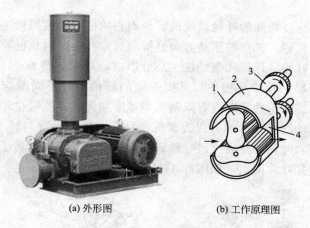

(a) 外形图   (b) 工作原理图

图 6.42 罗茨鼓风机
1—转子；2—机壳(气缸)；3—同步齿轮；4—端板

转子将气缸内的空间分隔成互不相连的吸入室和排出室，当电机带动主动转子旋转时，从动转子被牵制着作相反方向旋转。吸入室空间体积由小变大时，气体被吸入，随着转子的转动，气体被带到排出室，排出室空间体积由大变小时，再将气体强行排出。转子连续不断地运转，气体就不断地被输送出去。

6.3.3 喷射泵

喷射泵(射流泵)是利用高能量的工作流体抽送低能量的被引射流体，主要由喷嘴、吸入室、混合室和扩压室等部分组成。常见的喷射泵如图 6.43(a)所示。

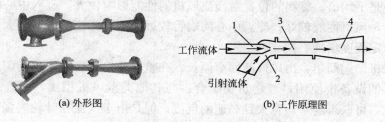

(a) 外形图   (b) 工作原理图

图 6.43 喷射泵
1—喷嘴；2—吸入室；3—混合室；4—扩压室

喷射泵的工作原理如图 6.43(b)所示，其输送流体的基本工作过程为：喷射、引射和扩压。高压工作流体从喷嘴高速喷出，使吸入室形成低压或真空，被输送流体在压差作用下进入吸入室。工作流体与输送流体在混合室内混合，两种不同速度的流体因相互碰撞而进行动量交换，工作流体速度下降，输送流体速度上升。混合流体经扩压室的扩压作用，部分动能转化为压力能，最后以一定的压力排出泵外。

喷射泵结构简单、工作可靠、无运动部件、寿命长、无须修理；自吸能力强、能形成较高的真空；其工作流体可以是高压蒸汽，也可以是高压水；用途比较广泛，可输送含有杂质的污浊流体，也可以用作水泵启动前的排气设备，还可与离心泵联合工作以增加离心泵的吸水高度。喷射泵的缺点是输送效率较低。

6.3.4　贯流式风机

贯流风机是一种比较特殊的叶轮式风机，与离心风机和轴流风机不同的是，其叶轮轴向宽度远远大于叶轮直径，气流的流动方向是横向对穿叶轮，因此也叫横流式风机。

贯流风机主要由叶轮、风道和电动机三部分组成，外形如图6.44(a)所示。转子式叶轮为多叶式、长圆筒形，叶片互相平行且按一定的倾角沿转子周围均匀排列，呈前向叶型。转子两端面封闭。叶轮的宽度没有限制，当宽度加大时，流量也增加。有些贯流式风机在叶轮内缘加设不动的导流叶片，以改善气流状态。气流沿着与转子轴线垂直的方向，从转子一侧的叶栅进入叶轮，然后穿过叶轮转子内部，第二次通过转子另一侧的叶栅，将气流排出，即气流横穿叶片两次，如图6.44(b)所示。

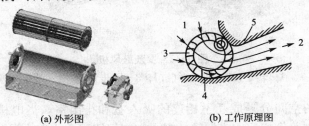

(a) 外形图　　　　　　　　(b) 工作原理图

图6.44　贯流式风机

1—进风口；2—出风口；3—叶轮；4—背板；5—蜗舌

贯流式风机叶轮内的流动情况比较复杂，气流速度场不稳定，在叶轮内还存在旋涡，中心位于蜗舌附近。旋涡的存在，使叶轮输出端产生循环流，在旋涡外，叶轮内的气流流线呈圆弧形。因此，在叶轮外圆周上各点的流速是不一致的，越靠近涡心，速度越大，越靠近蜗壳，则速度越小。在风机出风口处气流速度和压力不是均匀的，因而风机的流量系数及压力系数是平均值。旋涡的位置对横流风机的性能影响较大，旋涡中心接近叶轮内圆周且靠近蜗舌，风机性能较好；旋涡中心离蜗舌较远，则循环流的区域增大，风机效率降低，流量不稳定程度增加。

贯流式风机结构简单，出风口截面窄而长，在整个叶轮长度上出风均匀，适宜于安装在各种扁平形的设备中使用，与建筑物配合。与其他类型风机相比，贯流式风机动压较高，气流不乱，可获得扁平、宽大且高速的气流。但是由于气流在叶轮内强制折转，其压头损失较大，风机效率较低。

目前贯流式风机广泛应用于低压通风换气、空调工程、家用电器、机械设备的冷却散热。如家用挂壁式空调室内机以及大型商场和宾馆入口的空气幕等。

6.3.5　真空泵

真空式气力输送系统中，需要利用真空泵在管路中保持一定的真空度。在有吸入管段的大型泵装置中，启动时也常用真空泵抽气充水。常用的真空泵是水环式真空泵，其常见外形如图6.45(a)所示。

水环式真空泵的结构如图6.45(b)所示，主要由泵体、叶轮、吸气口、排气口等部分组成。叶轮偏心地安装在泵体内，启运前向泵体内注入一定量的水，叶轮旋转时，水受离心力作用，在泵体壁内形成一个旋转水环，叶轮轮毂与水环之间形成一个月牙空间。在前半转，两叶片与水环之间的密封空腔容积逐渐变大，产生真空，气体由吸入口吸入；在后半转，密封空腔容积逐渐缩小，气体被压缩，压力增大，最后由排气口排出。

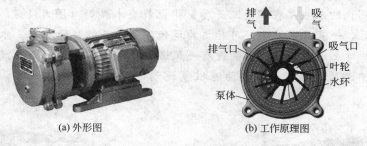

(a) 外形图　　　　　　　　(b) 工作原理图

图 6.45　水环式真空泵

真空泵在工作时应不断补充水，用来保证形成水环并带走摩擦引起的热量。工作过程中水温不断升高，可采用管式换热器冷却。

● 特 别 提 示 ●

随着现代科学技术的不断发展，泵与风机在设计方法上也有了很大进步，这就从根本上改善了泵与风机的动力特性、汽蚀性能和振动特性。泵与风机逐渐向大容量、高参数化、高转速、高效率、高可靠性、低噪声及自动化等方向发展。

● 知 识 链 接 ●

风机已有悠久的历史。中国在公元前就已制造出简单的木制砻谷风车（图 6.46），在南方沿用至今。它有一个像现代多叶离心通风机机壳那样的等宽的木板风箱，上面有可放进谷子的方形口，木轮子置于风箱中，轮子木轴伸出，装有摇把，靠摇把下侧设有斜口，轮子前后与风箱均有空隙可进空气。当手摇动轮子时，将谷子由上口倒进，由于轮子对由轮子与风箱之空隙进去的空气做功，提高了气体压力，将谷壳和稻草末由前方口吹送出去，谷子因为比重大，就由下侧斜口流到谷袋里。这种木质砻谷风车也就是现代离心通风机、鼓风机和压缩机的鼻祖。

图 6.46　木质砻谷

鼓风器最迟发明于商、西周时。早期是用牛皮或马皮制成的一种皮囊，古时称之为橐（图 6.47）。橐是最早的鼓风器，也是风箱的前身。

1634 年，明代的宋应星在《天工开物》中记载有木风箱（图 6.48），它是一种古老的活塞式鼓风器，一直沿用至今，可称之为现代往复式压缩机的鼻祖。木风箱两端各设有一个进风口，口上设有活瓣。箱侧设有一风道，风道侧端各设一个出风口，口上亦装有活瓣。通过伸出箱外的杆，驱动活塞往复运动，促使活瓣一启一闭，以达到鼓风的目的。

图 6.47　橐复原图

图 6.48　木风箱

木风箱的动力有人力和水力等。水力风箱，又称水排、水力鼓风机、鼓风水排。公元 31 年中国人发明了水力风箱。《后汉书》中曾记载，南阳太守杜诗发明了以水为动力，用于铸造铁制农具的水力风箱，并精辟评价说它"用力少而建功多，百姓便之"。后来，发明家杜预对这种风箱做了大量改进，鼓风水排便代代流传，越来越广泛地传遍了全中国。而欧洲直到公元 13 世纪，才开始使用鼓风水排，这比中国晚了约 1200 年。

新中国成立后，风机制造工业获得迅速发展。在第一个五年计划期间，先后建立了一些专业工厂，开始大量生产风机。1958 年后，在沈阳、上海、北京、天津、广州、重庆、武汉等地又陆续兴建了一批风机制造厂。20 世纪 50 年代我国风机行业基本上是采用苏联产品或按苏联图纸生产。60 年代到 70 年代开始独立设计和组织行业联合设计，先后自行设计制造了大型通风机、离心鼓风机、罗茨鼓风机及离心压缩机等。行业联合设计了 11 个系列 109 个规格的离心通风机，大部分已作为国家推广的高效节能产品，至今仍在大量生产制造。80 年代为引进、吸收和创新阶段，期间我国风机工业发生了深刻变化，引进的先进技术得到了消化，形成了一定的生产能力。进入 90 年代以后，我国风机行业得到更大的发展，风机行业完成的总产值迅速增长。以沈阳鼓风机有限公司、陕西鼓风机有限公司和上海鼓风机厂有限公司为代表的风机制造业不断发展壮大，担负着为石油、化工、空分、冶金、电力、煤炭、矿山、纺织、环保、地下铁道和隧道及科研等国家重点工程提供配套风机的任务。生产的产品品种规格达到 230 多个系列 4500 多个规格，有不少产品填补了国内空白，基本上可以满足我国重大装备配套的需求。

目前，我国风机行业工业产值持续平稳增长，"十一五"期间的产值是"十五"产值的两倍多。风机出口量不多，占整个行业的比重为 3‰～5‰，基本针对国内市场需求。

根据 2008 年风机应用行业分布情况（图 6.49），建筑、环保、地铁和隧道等行业中风机的应用量位居前三。而空调用风机属于离心通风机分类，该风机的产量巨大，导致离心通过风机的产量占据了整个行业的 90% 以上。按 2010 年产值各类型风机占比情况如图 6.50 所示。

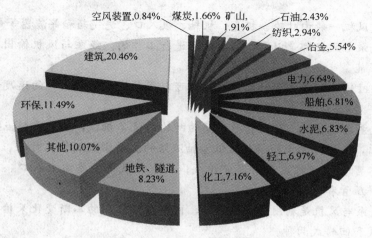

图 6.49 2008 年风机应用行业分布图

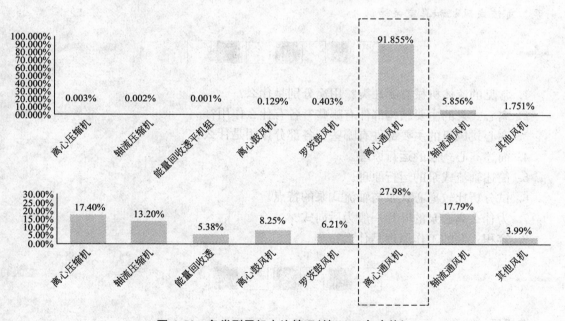

图 6.50 各类型风机占比情况(按 2010 年产值)

本 章 小 结

泵与风机属于通用机械的范畴，广泛应用于国民经济和国防工业的各个领域。本章主要以离心式泵与风机为例阐述了泵与风机的基本构造及工作原理，同时也介绍了其他常见类型的泵与风机。

（1）泵与风机按照工作原理可以分为叶片式、容积式及其他形式。叶片式也称为叶轮式或速度式。叶片式泵与风机通过高速旋转的叶轮使流体获得能量。根据流体流出叶轮的方向和叶轮叶片对流体做功的原理不同，叶片式泵与风机又分为离心式、轴流式和混流式等形式。

（2）离心式风机一般由叶轮、机壳、机轴、吸入口、进气箱和导流器等部件组成。

（3）离心式泵与风机都是以离心力为原理进行工作的。经泵与风机输出的流体可获得一定的动能和压能。

（4）流体在叶轮流道内的运动比较复杂，可以用叶轮入口和出口的速度三角形来进行分析。

（5）轴流式泵与风机是一种比转数较高的叶轮式流体机械，其主要特点是流体由轴向进入、轴向流出，输送流量大而扬程较低。轴流泵的主要由吸入管、叶轮、轴与轴承、导叶、机壳、出水弯管和密封装置等部分组成；轴流式风机主要由吸入口、圆形风筒、叶轮、轮毂罩、扩压管和电机等部分组成。

（6）容积式泵与风机是利用机械运转时，内部工作容积的不断变化来输送流体的，主要类型有往复式和回转式两种。

（7）除叶片式及容积式泵与风机之外的泵与风机都可归为其他形式的泵与风机，如喷射泵、贯流式风机和真空泵等。

1. 常见的流体机械有哪几类？用途分别是什么？
2. 离心式泵的主要结构部件有哪些？各有什么作用？
3. 离心式风机的主要部件有哪些？各部分作用是什么？
4. 简述离心式泵的运行原理。
5. 简述轴流式泵的运行原理。
6. 试分析比较离心式泵与轴流式泵的特点。
7. 为什么离心泵的叶片一般为后向式？
8. 容积式泵的工作原理是什么？

一、选择题

1. 用离心泵输送污水等含有较多杂质的介质时一般选用（　　）叶轮。

A. 闭式　　　　　　　　　　　　　　B. 半闭式

C. 半开式　　　　　　　　　　　　　D. 开式

2. （　　）吸入室的结构简单，制造方便，流速分布均匀，水力损失小，一般用于单级单吸式离心泵。

A. 环形　　　　　　　　　　　　　　B. 直锥形

C. 半螺旋形　　　　　　　　　　　　D. 弯管形

3. 多级离心泵产生的轴向不平衡力（　　）单级离心泵。

A. 大于　　　　　　　　　　　　　　B. 小于

C. 等于　　　　　　　　　　　　　　D. 不能确定

4.（　　）叶片的出口安装角 $\beta_2 < 90°$，叶轮出口方向与叶轮的旋转方向相反，在流体机械中应用较为广泛。

A. 前向　　　　　　　　　　　　　　B. 径向

C. 后向　　　　　　　　　　　　　　D. 斜向

5. 下列关于泵与风机的说法中正确的是（　　）。

A. 通过轴流式泵的流体是由轴向进入、径向流出的

B. 容积式泵与离心式泵的流量都与管路特性有关

C. 混流泵和离心泵相比，扬程和流量都较低

D. 风机的扩压管能使气流中的一部分动压转化为静压，减少流动损失

二、实训题

1. 试观察用于给水系统加压的管道离心泵，了解其内部结构，阐明工作原理。有条件的话可进行拆装实训。

2. 试观察家用分体式空调的室内机及室外机，说出室内机及室外机中的风机分别属于什么类型？工作原理是什么？有条件的话可进行拆装实训。

第 7 章

泵与风机的性能

学习引导

本章主要介绍了应用在不同场合下的表征泵与风机性能的方式，如反映做功能力、能耗和效率的铭牌参数，反映性能参数间关系的性能曲线，表征系列相似产品特性的相似定律和比转数等。掌握铭牌参数、性能参数、相似定理及比转数的含义及应用，是进行泵与风机选型设计和性能分析的基础。

学习目标

掌握扬程（全压）、流量等泵与风机的性能参数；掌握泵与风机的性能曲线、无量纲性能曲线以及通用性能曲线的绘制、分析及应用；掌握泵与风机的相似理论及应用；掌握泵与风机的比转数及应用。

学习要求

能力目标	知识要点	权重
掌握扬程（全压）、流量等泵与风机的性能参数，能根据铭牌说明泵与风机的基本性能，会根据已知条件计算泵与风机的性能参数	流量、扬程、全压、转速、功率和效率	20%
掌握泵与风机的性能曲线，能根据样本中的性能曲线对泵与风机的性能进行分析	泵与风机的理论性能曲线、实际性能曲线；离心式泵与风机的性能曲线分析；轴流式泵与风机的性能曲线分析	40%
掌握泵与风机的相似理论及比转数；能应用相似定律及比转数进行泵与风机的选型、设计及改造	相似条件；相似定律；相似定律的应用；比转数；比转数的应用	30%

（续）

能力目标	知识要点	权重
掌握泵与风机的无量纲性能曲线及通用性能曲线，能根据同系列泵与风机的无量纲性能曲线及通用性能曲线绘制并分析某具体型号的泵与风机的性能曲线	无量纲性能参数；无量纲性能曲线；通用性能曲线	10%

引 例

某工程为一单体高层建筑，建筑高度29m，泵房设在主楼地下室。设计选用进口开利离心式冷冻机一台，制冷量为1163 kW，配用2台循环水泵，1用1备。水泵铭牌参数见表7-1。

表7-1 水泵铭牌参数

水泵型号	性能参数			
IS150-125-400	H/MPa	q /(m³/h)	P/kW	I/A
	50	200	45	84

刚开始调试运动时，发现水泵电机电流过大，水泵出水管振动厉害，且有异常声音。水泵扬程仅为0.28MPa，电机电流$I=115$A。

分析原因：分集水器压差仅为0.13MPa，所选水泵扬程偏大。此时水泵工作点为低扬程大流量，电机严重超载；水泵气蚀严重，管路抖动厉害，声音异常；关小水泵和冷冻机蒸发器进、出口阀门，保证蒸发器进出口要求的压差$\Delta p=(92\pm5)$kPa，使水泵恢复正常工作，此时测试数据如表7-2中所示的原泵。

表7-2 水泵测试数据

测试项目	进口压力/MPa	出口压力/MPa	集水器压力/MPa	分水器压力/MPa	电机电流/A
原泵	0.3	0.78	0.3	0.41	82
新泵	0.3	0.53	0.31	0.41	40

由表7-2可知，水泵扬程为0.48MPa，分集水器压差为0.10MPa，蒸发器压差为0.1MPa，系统阻力并不大，而水泵大部分压头完全消耗在关小的阀门上。

解决办法：更换一台低扬程水泵，测试数据如表7-2中所示的新泵。对比表中数据，电机电流由82A降为40A，其运行经济性明显提高。

本例中，因工程设计人员对中央空调系统工程的循环水泵扬程选择不当，导致工程失败，强调合理选择循环水泵扬程的重要性。水泵扬程不能选得太小，要满足工程流体输送的基本要求，但也不能认为扬程选得越大就越保险，要重视泵的运行经济性。

7.1 泵与风机的性能参数

每台泵或风机的机壳上都镶有一个铭牌，如图7.1和图7.2所示，铭牌上一般标有泵或风机的流量、扬程（全压）、转速、功率、效率、允许吸上真空度或气蚀余量等参数，这些参数是泵或风机在设计转速下运行，效率最高时的值，称为铭牌参数。铭牌参数可以表示泵或风机的性能，因此也称为性能参数。

图 7.1 泵铭牌

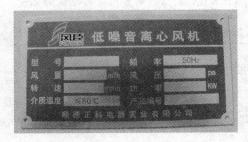

图 7.2 风机铭牌

某台离心泵的铭牌参数如图 7.3 所示，该泵的型号为 IS65 - 50 - 160，其中，"IS"表示国际标准离心泵，"65"表示泵的进口直径为 65mm，"50"表示泵的出口直径为 50mm，"160"表示叶轮的名义直径为 160mm。

离心式清水泵	
型号：IS65 - 50 - 160	转速：2900r/min
流量：25m³/h	效率：66%
扬程：20m	电机功率：4kW
允许吸上真空高度：7m	重量：40kg
出厂编号：	出厂日期：

图 7.3 某台离心泵铭牌参数

某台离心式风机的铭牌参数如图 7.4 所示，该风机型号为 4 - 72 No5，其中，"4"表示风机在最高效率点时全压系数乘 10 后的化整数，即风机的全压系数为 0.4，"72"表示比转数，"No5"代表风机的机号，以叶轮外径的分米数表示，即叶轮外径为 500mm。

离心式通风机	
型号：4 - 72 No5	
流量：11830m³/h	转速：2900r/min
全压：290m	电机功率：4kW
出厂编号：	出厂 年 月 日

图 7.4 某台离心风机铭牌参数

1. 流量

流量是指单位时间内泵或风机所输送的流体的量。

根据计量单位的不同，流量可以分为体积流量、质量流量和重量流量等。其中，最常用的是体积流量。各流量之间的关系如下：

$$q_v = vA \tag{7-1}$$

$$q_m = \rho q_v \tag{7-2}$$

$$q_G = g q_m = \rho g q_v \tag{7-3}$$

式中，ρ——流体密度，kg/m^3；

q_v——体积流量，m^3/s；

q_m——质量流量，kg/s；

q_G——重量流量，N/s。

泵与风机的铭牌上或产品样本上的流量是指泵与风机的额定流量。

2. 扬程（全压）

1）泵的扬程

单位质量的液体通过泵所获得的能量称为扬程（水头），符号为 H，单位为 mH_2O。

如图 7.5 所示为水泵的输水管路，液体从泵入口断面 1—1 到出口断面 2—2 所获得的能量增加值，即为水泵的扬程 H，其定义式：

$$H = \left(z_2 + \frac{p_2}{\rho g} + \frac{v_2^2}{2g}\right) - \left(z_1 + \frac{p_1}{\rho g} + \frac{v_1^2}{2g}\right)$$

$$(7-4)$$

或者

$$H = (z_2 - z_1) + \frac{p_2 - p_1}{\rho g} + \frac{v_2^2 - v_1^2}{2g}$$

$$(7-5)$$

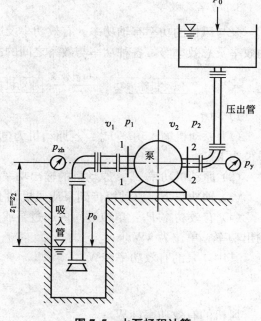

图 7.5　水泵扬程计算

根据伯努利方程：

$$z_1 + \frac{p_1}{\rho g} + \frac{v_1^2}{2g} + H_i = z_2 + \frac{p_2}{\rho g} + \frac{v_2^2}{2g} + h_{l1-2}$$

可知，两计算断面间的能量输入，即泵提供的能量：

$$H_i = H + h_{l1-2}$$

$$(7-6)$$

因此，实际在确定水泵扬程时，需要满足以下四个方面要求。

（1）增加位能。

（2）增加液体静压能。

（3）增加液体速度能。

（4）克服阻力。

如果只按扬程定义去确定水泵的扬程，订购来的水泵扬程显然会偏低，在实际使用过程中就可能降低水泵的效率，减小流量，严重时可能抽不出水来。

扬程是液体获得的能量，不仅仅是液体的排送高度。

2）风机的全压

单位体积的气体通过风机所获得的能量称为全压，符号 p，单位 N/m² （Pa），其定义式：

$$p = \left(\rho g z_2 + p_2 + \frac{\rho v_2^2}{2}\right) - \left(\rho g z_1 + p_1 + \frac{\rho v_1^2}{2}\right) \tag{7-7}$$

对于风机来说，输送的气体一般密度较小，可以忽略其位能差，因此：

$$p = \left(p_2 + \frac{\rho v_2^2}{2}\right) - \left(p_1 + \frac{\rho v_1^2}{2}\right) \tag{7-8}$$

3. 功率及效率

泵与风机的功率有轴功率、有效功率及原动机功率之分。常用的效率有电机效率、传动效率及总效率等。各种功率与效率之间的关系如下：

$$\boxed{\text{原动机输入功率}} \xrightarrow{\text{电机效率}} \boxed{\text{原动机功率}} \xrightarrow{\text{传动效率}} \boxed{\text{轴功率}} \xrightarrow{\text{效率}} \boxed{\text{有效功率}}$$

1）功率

（1）原动机输入功率 P_{in}：若原动机为电动机，则原动机的输入功率即消耗的电功率，单位为 kW。

（2）原动机功率 P_g：原动机的输出功率即为原动机功率，单位为 kW。

（3）轴功率 P：原动机传到泵或风机轴上的功率，又称为输入功率，单位为 kW。

（4）有效功率 P_e：单位时间内通过泵或风机的流体实际所获得的功率，即泵或风机的输出功率，单位为 kW。

其中，泵的有效功率（kW）：

$$P_e = \frac{\rho g q_v H}{1000} \tag{7-9}$$

风机的有效功率（kW）：

$$P_e = \frac{q_v p}{1000} \tag{7-10}$$

式中，q_v——体积流量，m³/s；

$\quad H$——泵的扬程，m；

$\quad p$——风机的全压，Pa。

2）效率

（1）电机效率 η_{in}。电能输入电机之内并不能全部转化为机械能，由于铜损、磁损而产生的效率就是电机效率。

$$\eta_{in} = \frac{P_g}{P_{in}} \tag{7-11}$$

（2）传动效率 η_{tm}。原动机轴与泵或风机的轴连接存在机械损失，可用传动效率来表示。

$$\eta_{tm} = \frac{P}{P_g} \tag{7-12}$$

传动效率与传动方式有关，若原动机与泵或风机直联传动，则 $\eta_{tm} = 1.0$；若采用联轴器传动，则 $\eta_{tm} = 0.98$；若采用三角皮带传动，则 $\eta_{tm} = 0.95$。

（3）效率 η。泵或风机的效率为有效功率和轴功率之比，表示输入泵或风机的轴功率被流体利用的程度，也称为全效率或总效率。轴功率和有效功率的差值为泵或风机内部的损失功率。

$$\eta = \frac{P_e}{P} \tag{7-13}$$

效率 η 是评价泵或风机性能好坏的重要指标。η 值越大，说明泵或风机的能量消耗越小，效率越高。

根据上述公式，可以推导出原动机的输入功率：

$$P_{in} = \frac{P_e}{\eta_{in}\eta_{tm}\eta} \tag{7-14}$$

实际在选择原动机的功率 P_M 时，还需考虑原动机过载的情况，即应该考虑一定的容量安全系数 K，即：

$$P_M = K \frac{P_e}{\eta_{in}\eta_{tm}\eta} \tag{7-15}$$

原动机为电动机的容量安全系数 K 见表 $7-3$，可以通过查相关工作手册得到。

表 7-3 电动机的容量安全系数

电动机功率/kW	K			
	离心式			轴流式
	一般用途	灰尘	高温	
<0.5	1.5	—	—	—
0.5~1.0	1.4	—	—	—
1.0~2.0	1.3	—	—	—
2.0~5.0	1.2	—	—	—
>5.0	1.15	1.2	1.3	1.05~1.11

3）影响效率的因素

泵与风机的能量损失按其产生的原因可分为三类：机械损失、容积损失和流动损失。泵与风机的效率与能量损失有关。

（1）机械损失。

机械损失主要包括轴端密封与轴承的摩擦损失，以及叶轮前后盖板外表面与流体之间的圆盘摩擦损失两部分。

轴端密封和轴承的摩擦损失与轴端密封和轴承的结构形式，以及输送流体的密度有关。大中型泵多采用机械密封、浮动密封等结构，轴端密封的摩擦损失要小一些。

圆盘摩擦损失是因为叶轮在壳体内的流体中旋转，叶轮两侧的流体，由于受离心力的作用，形成回流运动，此时流体和旋转的叶轮发生摩擦而产生能量损失。由于该项损失直接损失了泵或风机的轴功率，因此属于机械损失。叶轮圆盘摩擦损失与泵腔形状、表面粗糙度、雷诺数及叶轮的宽度等因素有关。

机械损失用机械效率 η_m 来衡量。

$$\eta_m = \frac{P - P_{机械损失}}{P} \tag{7-16}$$

离心泵机械效率一般为 0.90~0.97，离心式风机的机械效率一般为 0.92~0.98。

在机械损失中，叶轮圆盘损失占主要部分，尤其是对于低比转数的离心式泵与风机。可通过降低叶轮与壳体内侧表面的粗糙度或减小叶轮与壳体之间的间隙等措施降低叶轮圆盘的摩擦损失。

（2）容积损失。

泵与风机由于转动部件与静止部件之间存在间隙，当叶轮转动时，在间隙两侧产生压力差，因而使部分由叶轮获得能量的流体从高压侧通过间隙向低压侧泄漏，这种损失称为容积损失或泄漏损失。

容积损失主要发生在以下地方：叶轮入口与外壳密封环之间的间隙，平衡轴向力装置与外壳间的间隙和轴封处的间隙。对于多级泵的级间泄漏，只有从叶轮获得能量的流体在级间泄漏才属于容积损失，否则属于圆盘摩擦损失。

容积损失用容积效率 η_v 来衡量。

$$\eta_v = \frac{P - P_{机械损失} - P_{容积损失}}{P - P_{机械损失}} = \frac{q_v}{q_v + q} = \frac{q_v}{q_{vT}} \qquad (7-17)$$

式中，q——泵或风机的泄漏量或回流量，m^3/s；

$\quad q_v$——泵或风机的实际输送流量，m^3/s；

$\quad q_{vT}$——泵或风机的理论流量，m^3/s。

由式（7-17）可以看出，要提高容积效率，就必须减少泵或风机的泄漏量或回流量。可通过增加密封装置阻力及减少流通面积等方法来减少泄漏量或回流量。

（3）流动损失。

流动损失也称为水力损失，主要发生在吸入室、叶轮流道、导叶和壳体中。流体和各部分流道壁面摩擦会产生摩擦损失；流道断面变化、转弯等会使边界层分离，产生二次回流而引起扩散损失；由于工况改变，流量偏离设计流量时，入口流动角与叶片安装角不一致会引起冲击损失。

流动损失用流动效率 η_h 来衡量。

$$\eta_h = \frac{P - P_{机械损失} - P_{容积损失} - P_{流动损失}}{P - P_{机械损失} - P_{容积损失}} = \frac{H}{H_T} \qquad (7-18)$$

式中，H——泵或风机的实际扬程，m；

$\quad H_T$——泵或风机的理论扬程，m。

离心泵的流动效率一般为 0.80~0.95，离心式风机的流动效率一般为 0.70~0.85。

流动损失比机械损失和容积损失大，可通过合理设计叶片形状及流道，保证制造精度和提高检修质量等措施来提高泵与风机的流动效率。

特 别 提 示

影响泵与风机效率的最主要的因素是流动损失，即在所有损失中，流动损失最大。要提高泵与风机的效率，必须从提高其流动效率着手。可通过选用高效叶轮、合理设计流道、严格控制制造工艺及检验精度、减少叶轮及流道表面粗糙度、严格控制流量范围等措施来提高流动效率。

4）泵与风机的总效率

上述三个效率的乘积综合反映了泵与风机的经济性能，称为总效率，记为 η。

$$\eta = \eta_m \eta_v \eta_h \tag{7-19}$$

泵与风机的总效率随泵与风机的容量、形式和结构而异。离心式泵的总效率一般为 $0.62 \sim 0.92$，离心式风机的总效率一般为 $0.70 \sim 0.90$。

风机的总效率又称为全压效率。风机的经济性评价一般以全压效率衡量，但有时还需要分析其静压效率 η_{st}。

$$\eta_{st} = \frac{q_v p_{st}}{P} \tag{7-20}$$

式中，p_{st}——风机的静压，Pa。

4. 转速

转速是指泵或风机的叶轮每分钟的旋转次数，记为 n，单位 r/min。

5. 其他

铭牌参数的表达目前在国内并没有严格的规范标准，其他如比转数、允许吸上真空高度、汽蚀余量等表示泵与风机性能的铭牌参数，将在后续章节里面分析论述。

【例7-1】　有一输送冷水的离心泵，转速 $n = 1450$ r/min 时，流量 $q_v = 1.24$ m³/s，扬程 $H = 70$ m，所需的轴功率 $P = 1100$ kW，容积效率 $\eta_v = 0.93$，机械效率 $\eta_m = 0.94$，试求流动效率（已知水的密度 1000 kg/m³）。

【解】　泵的有效功率：

$$P_e = \frac{\rho g q_v H}{1000} = \frac{1000 \times 9.81 \times 1.27 \times 70}{1000} = 851.508 (\text{kW})$$

泵的效率：

$$\eta = \frac{P_e}{P} = \frac{851.508}{1100} = 77.4\%$$

泵的流动效率：

$$\eta_h = \frac{\eta}{\eta_m \eta_v} = \frac{77.4\%}{0.94 \times 0.93} = 88.5\%$$

7.2　泵与风机的性能曲线

泵与风机的流量、功率、扬程（全压）等性能参数是相互影响的，通常情况下采用三种函数关系式来表示这些性能参数之间的关系。

（1）流量和扬程（全压）之间的关系，$H = f(q_v)$。

（2）流量与外加轴功率之间的关系，$P = f(q_v)$。

（3）流量与效率之间的关系，$\eta = f(q_v)$。

将上述三种关系在一定转速条件下，绘制在以流量 q_v 为基本变量的坐标图上，得到 $q_v - H(p)$、$q_v - P$、$q_v - \eta$ 等曲线，这些曲线称为泵与风机的性能曲线。性能曲线直观地反映了泵与风机的总体性能。

泵与风机内部流动较为复杂，理论计算方法所确定的性能曲线与实际性能曲线还有一定的误差，因此，泵与风机的实际性能曲线一般是由制造厂通过试验得到的，通常载入泵与风机的样本，供用户使用。性能曲线是选用泵与风机及分析其运行工况的依据。

7.2.1　泵与风机的理论性能曲线

如果不计能量损失，可以根据欧拉方程得到理想条件下泵与风机的性能曲线，如图 7.6 绘出了三种不同叶型的泵与风机理论上的 q_v-H 曲线、q_v-P 曲线、q_v-η 曲线。

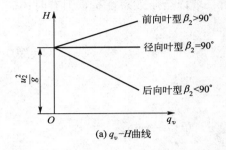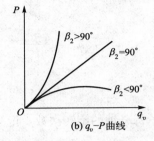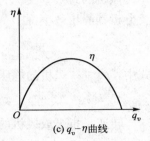

(a) q_v-H 曲线　　　　(b) q_v-P 曲线　　　　(c) q_v-η 曲线

图 7.6　泵与风机的理论性能曲线

从曲线图上可以看出扬程、功率随流量的变化趋势。前向叶型的泵或风机所需要的轴功率随着流量的增加而增长很快，因此，这种叶型的泵或风机在运行中增加流量时，原动机超载的可能性较大，而后向型的叶轮一般不会发生原动机超载现象。

7.2.2　泵与风机的实际性能曲线

利用泵与风机内部的各种能量损失，对理论性能曲线逐步进行修正，即可得到泵与风机的实际性能曲线。如图 7.7 所示为后弯式叶片（$\beta_2 < 90°$）离心泵的实际性能曲线；图 7.8 所示为前弯式叶片（$\beta_2 > 90°$）离心通风机的实际性能曲线；图 7.9 所示为离心式泵与风机的实际效率曲线。

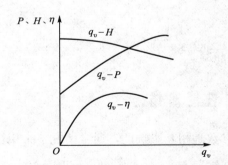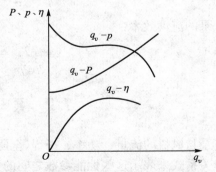

图 7.7　后弯式叶片离心泵的性能曲线　　　**图 7.8　前弯式叶片离心通风机的性能曲线**

7.2.3　离心式泵与风机的性能曲线分析

对泵与风机的性能曲线进行分析，可以得到以下结论。

（1）扬程随流量增加而减小，轴功率随流量增加而增大，效率随流量的增加先增大后减小，有一个最大值。

在给定的流量下，均有一个与之对应的扬程 H 或全压 p、功率 P 及效率 η 值，这一组参数称为一个工况点。最高效率所对应的工况点为最佳工况点或设计工况点。一般离心泵或风机的铭牌上标示的性能参数都是泵或风机在设计工况点工作时的参数，而泵与风机的实际运行工况并不一定在最高效率点。

在设计工况点左右的区域（一般不低于最高效率的 $0.85\sim0.9$）称为经济工作区或高效工作区，泵与风机在该区域运行最经济。为此，制造厂对某些泵与风机提供高效区域的性能曲线，以便用户使用时，使其在高效范围区内运行，提高泵与风机的运行经济性。

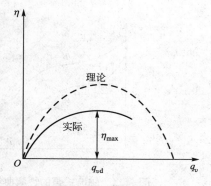

图 7.9　离心式泵与风机实际效率曲线

（2）当阀门全关时，$q_v=0$、$H=H_0$、$P=P_0$，该工况为空转状态。空载功率 P_0 主要消耗在机械损失上，如旋转的叶轮与流体的摩擦，使水温迅速上升，导致泵壳变形、轴弯曲以致汽化，特别是锅炉给水泵及凝结水泵，输送的介质是饱和液体，因此为防止汽化，一般不允许在空转状态下运行。如果在运行中负荷降低到所规定的最小流量时，应开启泵的旁通管路。

（3）离心式泵与风机，在空转状态时，轴功率 P 最小（空载功率），为避免启动电流过大，原动机过载，离心式泵与风机要在阀门全关的状态下启动，待运转正常之后，再开大出口管路上的调节阀门，使泵与风机投入正常的运行。

（4）前弯式叶轮的性能曲线与后弯式叶轮的性能曲线有较大差别，随着流量的增加，功率上升速度较快，原动机易超载，因此前弯式叶轮的风机在选用原动机时其富裕系数应取得大一些。前弯式叶轮效率远低于后弯式，为了提高风机效率，节约能耗，大中型风机一般采用效率较高的后弯式叶轮。

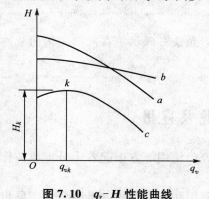

图 7.10　q_v-H 性能曲线三种基本形状

（5）后弯式叶轮的 q_v-H 曲线，H 总的变化趋势为随流量增加而下降，具体形状有三种类型，如图 7.10 所示。

曲线 a 为陡降型，这种性能曲线有 $25\%\sim30\%$ 的斜度，适用于扬程变化大而流量变化小的情况；曲线 b 为平坦型，这种性能曲线具有 $8\%\sim12\%$ 的斜度，适用于流量变化大而扬程变化小的情况；曲线 c 为驼峰型性能曲线，其扬程随流量增加先增加后减小，有一个最大值 H_k，在最大值左边是不稳定工作段，在该区域工作，会影响泵与风机的工作稳定性。因此，一般不推荐使用具有驼峰形曲线的泵与风机。即使使用也只允许在流量大于 q_k 时工作。

7.2.4　轴流式泵与风机的性能曲线分析

在一定转速下，对叶片安装角固定的轴流式泵与风机，通过试验测得的典型的性能曲线如图 7.11 和图 7.12 所示。

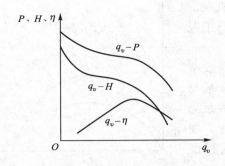

图 7.11　轴流式泵的性能曲线

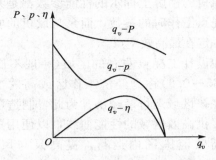

图 7.12　轴流式风机的性能曲线

轴流式泵与风机的性能曲线有如下特点。

(1) $q_v - H$ 曲线呈陡降型，曲线上有拐点。扬程随着流量的减小而剧烈增大，当流量为零时，其空转扬程达最大值。这是因为当流量较小时，在叶片的进出口处产生二次回流现象，部分从叶轮中流出的流体又重新回到叶轮中被二次加压，使压头增大。同时，由于二次回流的反向冲击造成的水力损失使效率急剧下降。因此，轴流式泵与风机在运行过程中适宜在较大的流量下工作。

(2) $q_v - P$ 曲线呈陡降型。轴功率随流量的减少而迅速增加。当流量为零时，功率达到最大值。因此，轴流式泵与风机与离心式泵与风机相反，应在管路畅通即阀门开启的情况下启动。但是在实际工作中，轴流式泵与风机的流量总是有一个递增的过程，所以低流量阶段在所难免，选配电机时要有足够的余量。

(3) $q_v - \eta$ 曲线呈驼峰型。轴流式泵与风机的高效范围区很窄。一般不设置调节阀门来调节流量，而采用调节叶片安装角度或改变叶轮转速的方法来调节流量。

● 特 别 提 示

根据泵与风机的性能曲线，为避免原动机过载，离心式泵与风机应在阀门关闭的状态下启动，而轴流式泵与风机应在阀门开启的状态下启动。

7.3　泵与风机的相似理论及应用

相似理论的应用非常广泛，在泵与风机的设计、研究、使用等方面起着十分重要的作用。相似理论应用于泵与风机主要解决以下问题。

(1) 在产品检验中，对新设计的产品，为减少制造费用和试验费用，将原型泵与风机缩小为模型，进行模化试验，验证其性能是否达到设计要求。

(2) 在产品系列设计中，根据现有的性能良好的机型，按相似关系进行新产品的开发设计。

(3) 在泵与风机的运行过程中，根据性能参数的相似关系，当改变转速、叶轮几何尺寸及流体密度时，进行性能参数及性能曲线的相似换算。

7.3.1　相似条件

为了保证流体流动相似，必须具备几何相似、运动相似和动力相似三个条件，即必须满足模型和原型中任一对应点的同一物理量之间保持比例关系。下标"m"表示模型的各参数，下标"p"表示原型的各参数。

1. 几何相似

几何相似是指模型和原型各对应点的几何尺寸成比例，比值相等，各对应角、叶片数相等，即：

$$\frac{b_{1p}}{b_{1m}} = \frac{b_{2p}}{b_{2m}} = \frac{D_{1p}}{D_{1m}} = \frac{D_{2p}}{D_{2m}} = \cdots = \frac{D_p}{D_m} = \lambda_l \tag{7-21}$$

$$\angle\beta_{2p} = \angle\beta_{2m}; \angle\beta_{1p} = \angle\beta_{1m}; Z_p = Z_m \tag{7-22}$$

式中，b_1——叶片进口宽度；

$\quad b_2$——叶片出口宽度；

$\quad D_1$——叶轮进口直径；

$\quad D_2$——叶轮出口直径；

D_p、D_m——原型与模型的任一线性尺寸；

$\quad \beta_1$——流动角；

$\quad \beta_2$——叶片出口安装角；

$\quad Z$——叶片数；

$\quad \lambda_l$——线性尺寸的比例常数，即长度比尺。

2. 运动相似

运动相似是指模型和原型各对应点的速度方向相同，大小成同一比值，对应角相等。即流体在各对应点的速度三角形（图 7.13）相似，即：

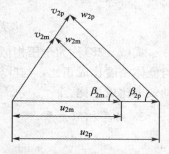

$$\frac{v_{1p}}{v_{1m}} = \frac{v_{2p}}{v_{2m}} = \frac{w_{1p}}{w_{1m}} = \frac{w_{2p}}{w_{2m}} = \cdots = \frac{u_{2p}}{u_{2m}} = \frac{D_p n_p}{D_m n_m} = \lambda_v \tag{7-23}$$

$$\angle\beta_{2p} = \angle\beta_{2m}; \angle\beta_{1p} = \angle\beta_{1m} \tag{7-24}$$

图 7.13 运动相似速度三角形

式中，λ_v——速度的比例常数，即速度比尺。

3. 动力相似

流体在泵与风机中流动时主要受到以下四种力的作用：惯性力 I、黏性力 T、重力 G、压力 P。动力相似是指原型和模型中相对应点上质点所受同名力的方向相同，大小成同一比值，即：

$$\frac{G_p}{G_m} = \frac{T_p}{T_m} = \frac{P_p}{P_m} = \frac{I_p}{I_m} = \lambda_F \tag{7-25}$$

式中，λ_F——同名力的比例常数。

要使四种力都满足相似条件非常困难。根据牛顿定律，只要保证起主导作用的两种力相似，其他力就会满足相似条件。在泵与风机中起主导作用的力是惯性力和黏性力。只要这两种力相似就满足了动力相似的条件。

而惯性力和黏性力的相似准则是雷诺数，因此只要模型和原型的雷诺数相等，就满足了动力相似。但是要保证雷诺数相等十分困难。实践证明，泵与风机中流体的流动一般处于阻力平方区内，黏性力不起作用，阻力系数不随雷诺数发生变化。此时，即使模型和原型的雷诺数不相等，也会自动满足动力相似的要求。因此，动力相似在泵与风机中可以忽略。也就是说，对于泵与风机而言，只要满足几何相似和运动相似的条件即可。

7.3.2 相似定律

泵与风机的相似定律反映了性能参数之间的相似关系。在相似工况下，原型与模型性能参数之间有如下相似关系。

1. 流量相似关系

$$\frac{q_{vp}}{q_{vm}} = \left(\frac{D_{2p}}{D_{2m}}\right)^3 \frac{n_p}{n_m} \cdot \frac{\eta_{vp}}{\eta_{vm}} \tag{7-26}$$

式(7-26)称为流量相似定律。几何相似的泵与风机，在相似工况下运行时，其流量之比与几何尺寸之比(一般用叶轮出口直径 D_2)的三次方成正比，与转速比成正比，与容积效率比成正比。

2. 扬程(全压)相似关系

$$\frac{H_p}{H_m} = \left(\frac{D_{2p}}{D_{2m}}\right)^2 \left(\frac{n_p}{n_m}\right)^2 \frac{\eta_{hp}}{\eta_{hm}} \tag{7-27}$$

式(7-27)称为扬程相似定律。几何相似的泵，在相似工况下运行时，其扬程之比与叶轮出口直径之比的平方成正比，与转速比的平方成正比，与流动效率比成正比。

$$\frac{p_p}{p_m} = \frac{\rho_p}{\rho_m}\left(\frac{D_{2p}}{D_{2m}}\right)^2 \left(\frac{n_p}{n_m}\right)^2 \frac{\eta_{hp}}{\eta_{hm}} \tag{7-28}$$

式(7-28)称为全压相似定律。几何相似的风机，在相似工况下运行时，其全压之比与流体密度比成正比，与叶轮出口直径之比的平方成正比，与转速比的平方成正比，与流动效率比成正比。

3. 功率相似关系

$$\frac{P_p}{P_m} = \frac{\rho_p}{\rho_m}\left(\frac{D_{2p}}{D_{2m}}\right)^5 \left(\frac{n_p}{n_m}\right)^3 \frac{\eta_{mm}}{\eta_{mp}} \tag{7-29}$$

式(7-29)称为功率相似定律。几何相似的泵与风机，在相似工况下运行时，其功率之比与流体密度比成正比，与叶轮出口直径之比的五次方成正比，与转速比的三次方成正比，与机械效率比成反比。

经验表明，如果模型和原型的转数和几何尺寸相差不大，可以认为在相似工况下运行时，各种效率相等，因此，上述相似定律就可以简化为：

$$\frac{q_{vp}}{q_{vm}} = \left(\frac{D_{2p}}{D_{2m}}\right)^3 \frac{n_p}{n_m} \tag{7-30}$$

$$\frac{H_p}{H_m} = \left(\frac{D_{2p}}{D_{2m}}\right)^2 \left(\frac{n_p}{n_m}\right)^2 \tag{7-31}$$

$$\frac{p_p}{p_m} = \frac{\rho_p}{\rho_m}\left(\frac{D_{2p}}{D_{2m}}\right)^2 \left(\frac{n_p}{n_m}\right)^2 \tag{7-32}$$

$$\frac{P_p}{P_m} = \frac{\rho_p}{\rho_m}\left(\frac{D_{2p}}{D_{2m}}\right)^5 \left(\frac{n_p}{n_m}\right)^3 \tag{7-33}$$

特 别 提 示

相似定律表明，相似的泵与风机，必然具备性能参数间的相似关系，即其性能参数间的变化规律是相同的，性能曲线的几何形状也是相同的。

7.3.3 相似定律的应用

1. 性能参数的换算

泵与风机实际工作时，其几何尺寸、转速及密度三个参数往往并不是同时改变的，而只是其中一个参数改变。如同一台泵与风机，当转速 n 或流体密度 ρ 发生变化时，或者同系列中不同机号（D 不同）输送同一流体时，都可以用相似定律求出新的性能参数。

【例 7-2】 某型号离心泵，其铭牌参数为：$n_0=2900\text{r/min}$，$q_{v0}=2\text{m}^3/\text{s}$，$H_0=32\text{m}$，$P_0=4\text{kW}$，$\eta_0=60\%$。当该泵的运行工况为 $n=1450\text{r/min}$ 时，其对应的流量 q_v、扬程 H、轴功率 P 分别为多少？

【解】 同一台泵，运行状态发生变化，其几何尺寸 D_2、密度 ρ 不变，根据流量相似定律：

$$\frac{q_v}{q_{v0}}=\left(\frac{D_2}{D_{20}}\right)^3\frac{n}{n_0}=\frac{n}{n_0}$$

因此，

$$q_v=\frac{n}{n_0}q_{v0}=\frac{1450}{2900}\times 2=1(\text{m}^3/\text{s})$$

根据扬程相似定律：

$$\frac{H}{H_0}=\left(\frac{D_2}{D_{20}}\right)^2\left(\frac{n}{n_0}\right)^2=\left(\frac{n}{n_0}\right)^2$$

因此，

$$H=\left(\frac{n}{n_0}\right)^2 H_0=\left(\frac{1450}{2900}\right)^2\times 32=8(\text{m})$$

根据功率相似定律：

$$\frac{P}{P_0}=\frac{\rho}{\rho_0}\left(\frac{D_2}{D_{20}}\right)^5\left(\frac{n}{n_0}\right)^3=\left(\frac{n}{n_0}\right)^3$$

因此，

$$P=\left(\frac{n}{n_0}\right)^3 P_0=\left(\frac{1450}{2900}\right)^3\times 4=0.5(\text{kW})$$

【例 7-3】 已知某型号的锅炉送风机用转速 $n_1=960\text{r/min}$ 的电机驱动时，流量 $q_{v1}=2.61\times 10^5\text{m}^3/\text{h}$，全压 $p_1=6000\text{Pa}$，需要的轴功率为 $P=500\text{kW}$。当流量减小到 $q_{v2}=1.58\times 10^5\text{m}^3/\text{h}$ 时，问此时风机的转速应为多少？相应的轴功率、全压为多少？假设空气密度不发生变化。

【解】 根据流量相似定律 $\dfrac{q_{v2}}{q_{v1}}=\left(\dfrac{D_{22}}{D_{21}}\right)^3\dfrac{n_2}{n_1}=\dfrac{n_2}{n_1}$

流量减小后的转速为：

$$n_2=\frac{q_{v2}}{q_{v1}}n_1=\frac{1.58\times 10^5}{2.61\times 10^5}\times 960=581(\text{r/min})$$

按照现有电机的功率档次，取 $n_2=580\text{r/min}$。

利用全压相似定律、功率相似定律：

$$p_2 = \left(\frac{n_2}{n_1}\right)^2 p_1 = \left(\frac{580}{960}\right)^2 \times 6000 = 2190(\text{Pa})$$

$$P_2 = \left(\frac{n_2}{n_1}\right)^3 P_1 = \left(\frac{580}{960}\right)^3 \times 500 = 110(\text{kW})$$

【例 7 - 4】 型号为 Y9 - 6.3(35) - 12No10D 的锅炉引风机，其铭牌参数为：$n_0 = 960\text{r/min}$，$p_0 = 1589\text{Pa}$，$q_{v0} = 20000\text{m}^3/\text{h}$，$\eta_0 = 60\%$，配用电机功率为 22kW。现用该风机输送温度为 20℃的清洁空气，转速不变，联轴器传动效率 $\eta_{tm} = 0.98$。求在新的工作条件下风机的性能参数，并核算电机是否能满足要求。

【解】 一般通风机的铭牌参数测定条件为一个标准大气压（101325Pa），温度 20℃。而锅炉引风机的铭牌参数是在大气压 $1.013 \times 10^5\text{Pa}$，介质温度 200℃的条件下测定的，此时空气的密度为 $\rho_0 = 0.745\text{kg/m}^3$。当用该引风机输送 20℃空气时，$\rho_{20} = 1.2\text{kg/m}^3$，输送介质的密度发生变化，根据相似定律：

$$\frac{q_v}{q_{v0}} = \left(\frac{D_2}{D_{20}}\right)^3 \frac{n_2}{n_0}$$

$$\frac{p}{p_0} = \frac{\rho_{20}}{\rho_0}\left(\frac{D_2}{D_{20}}\right)^2 \left(\frac{n_2}{n_0}\right)^2$$

$$\frac{P}{P_0} = \frac{\rho_{20}}{\rho_0}\left(\frac{D_2}{D_{20}}\right)^5 \left(\frac{n_2}{n_0}\right)^3$$

几何尺寸 D_2、转速 n 不发生变化，因此：

$$q_v = q_{v0} = 20000\text{m}^3/\text{h}$$

$$p = p_0 \frac{\rho_{20}}{\rho_0} = 1589 \times \frac{1.2}{0.745} = 2559.5(\text{Pa})$$

又：

$$P_e = \frac{q_v p}{1000}, \eta = \frac{P_e}{P}, \eta_{tm} = \frac{P}{P_g}$$

因此，电机的输出功率：

$$P_g = \frac{q_v p}{1000\eta_{tm}\eta} = \frac{(20000/3600) \times 2559.5}{1000 \times 0.98 \times 60\%} = 24.2(\text{kW})$$

选择电机时，要考虑一定的安全余量，因此，配用电机的功率为（安全系数取 $K = 1.15$）：

$$P_{电机} = 1.15 \times P_g = 1.15 \times 24.2 = 27.8(\text{kW})$$

因此，原配用的 22kW 的电机功率不能满足要求，需要更换新的、功率更大的电机。

2. 相似泵与风机性能曲线的换算

已知某种类型的泵或风机的性能曲线，可以应用相似定律换算出相似的泵或风机的性能曲线。

【例 7 - 5】 已知某泵的直径 $D_{20} = 160\text{mm}$，在转速 $n_0 = 2900\text{r/min}$ 时的 $q_v\text{-}H$ 性能曲线如图 7.14 所示。试按相似定律换算出同系列相似泵当其叶轮直径 $D_2 = 120\text{mm}$，转速 $n = 2600\text{r/min}$时的 $q_v\text{-}H$ 性能曲线。

【解】 首先在原始性能曲线上任取某一工况点 A，然后查出该工况点所对应的流量及扬程值。假设：

$$q_{v0A} = 12.5(\text{m}^3/\text{h}), H_{0A} = 34\text{m}$$

根据相似定律，可以求出相似泵的流量及扬程值：

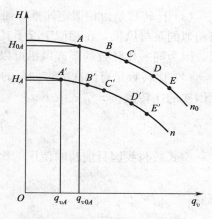

$$q_{vA} = \left(\frac{D_2}{D_{20}}\right)^3 \frac{n}{n_0} q_{v0A} = \left(\frac{120}{160}\right)^3 \times \frac{2600}{2900} \times 12.5$$
$$= 4.75(\text{m}^3/\text{h})$$

$$H_A = \left(\frac{D_2}{D_{20}}\right)^2 \left(\frac{n}{n_0}\right)^2 H_{0A} = \left(\frac{120}{160}\right)^2 \times \left(\frac{2600}{2900}\right)^2 \times 3$$
$$= 15.48(\text{m})$$

根据流量及扬程的值就可以确定与 A 点相对应的相似工况点 A'。

用同样的方法，在原始曲线上另取工况点 B、C、D、E…，确定其对应的相似工况点 B'、C'、D'、E'…。

图 7.14　相似泵的性能曲线换算

最后，用光滑曲线连接 A'、B'、C'、D'、E'…各点，即可得到相似泵(D_2、n)的性能曲线。

7.3.4　比转数

相似定律分别给出了在相似工况下泵与风机的流量 q、扬程 H(全压 p)、功率 P 之间的相似关系，但在泵与风机的具体设计、选型以及判别泵与风机是否相似时，应用相似定律非常麻烦。因此，在相似定律的基础上推导出一个包括流量 q、扬程 H(全压 p)及转速 n 在内的综合相似特征数。这个相似特征数就称为比转数，也称为比转速，记为 $n_s(n_y)$。

1. 泵的比转数

$$n_s = \frac{3.65n\sqrt{q_v}}{H^{3/4}} \tag{7-34}$$

式中，n——转速，r/min；

　　　q_v——体积流量，m³/s；

　　　H——扬程，m。

2. 风机的比转数

$$n_y = \frac{n\sqrt{q_v}}{p^{3/4}} \tag{7-35}$$

3. 比转数公式的分析

(1) 同一台泵或风机，在不同工况下有不同的比转数，一般用最高效率点的比转数作为相似准则的比转数。

(2) 比转数是以单级单吸式叶轮为标准来定义的，如果结构形式非单级单吸，则应按照下列公式来计算(以泵为例，风机的计算原则同泵)。

双吸单级泵：$n_s = \dfrac{3.65n\sqrt{q_v/2}}{H^{3/4}}$

单吸多级泵：$n_s = \dfrac{3.65n\sqrt{q_v}}{\left(\dfrac{H}{i}\right)^{3/4}}$ (i 为叶轮级数)

多级泵第一级为双吸叶轮：$n_s = \dfrac{3.65n\sqrt{q_v/2}}{\left(\dfrac{H}{i}\right)^{3/4}}$

(3) 比转数是由相似定律推导而得，因而它是一个相似准则数，不能与转速混淆。几何相似的泵与风机，在相似工况下其比转数相等。反之，比转数相等的泵与风机不一定相似，因为同一比转数的泵或风机可以设计成不同的形式。

(4) 比转数是有因次的，如泵的比转数 n_s 单位是 $m^{3/4}/s^{3/2}$。而国际标准中多使用一个无因次的比转数——型式数 K。

$$K = \frac{2\pi}{60} \cdot \frac{n\sqrt{q_v}}{(gH)^{3/4}} \tag{7-36}$$

型式数与我国目前暂时使用的比转数之间的换算关系如下：

$$K = 0.0051759n_s$$

或者

$$n_s = 193.2K$$

(5) 风机比转数 n_y 的计算公式中，p 指的是常态进气条件下，即 $t = 20℃$，$p_a = 101.3 \times 10^3$ Pa 时气体的全压值。如果实际工作情况不是常态进气状态，则需要考虑气体密度 ρ 的变化（常态下空气密度 $1.2 kg/m^3$）。

$$n_y = \frac{n\sqrt{q_v}}{\left(1.2\dfrac{p}{\rho}\right)^{3/4}} \tag{7-37}$$

7.3.5 比转数的应用

1. 对泵与风机进行分类

比转数反映了泵与风机性能及结构上的特点。由比转数的定义式可以看出，在给定转速下，扬程（全压）高、流量小的泵与风机，其比转数小；反之，扬程（全压）低、流量大的泵与风机，其比转数大。在比转数由小到大的变化过程中，流量逐渐增加，扬程（全压）逐渐减小，这就要求叶轮的外缘直径 D_2 及叶轮进出口直径的比值 D_2/D_0 随之减小，而叶轮出口宽度 b_2 随之增加。此时，叶轮形状将由扁而大变得厚而小，叶轮结构由离心式向轴流式变化。

由此可见，叶轮形式的改变引起性能参数的改变，从而导致比转数的改变。因此，可以用比转数对泵与风机进行分类。实际应用中，一般是用设计工况的比转数作为分类的依据。表 7-4、表 7-5 反映了泵与风机的叶轮形式及性能曲线随比转数而变化的关系。

表 7-4　水泵比转数与叶轮形状及性能曲线的关系

项目	水泵类型				
	离心泵			混流泵	轴流泵
	低比转数	中比转数	高比转数		
比转数	$30 < n_s < 80$	$80 < n_s < 150$	$150 < n_s < 300$	$300 < n_s < 500$	$500 < n_s < 1000$
叶轮简图					

（续）

项目	水泵类型				
	离心泵			混流泵	轴流泵
	低比转数	中比转数	高比转数		
尺寸比	$\dfrac{D_2}{D_0}\approx3$	$\dfrac{D_2}{D_0}\approx2$	$\dfrac{D_2}{D_0}\approx1.8\sim1.4$	$\dfrac{D_2}{D_0}\approx1.2\sim1.1$	$\dfrac{D_2}{D_0}\approx1.0$
叶片形状	圆柱形叶片	入口处扭曲 出口处圆柱形	扭曲形叶片	扭曲形叶片	轴流式翼型式
工作性能曲线	q_v-H q_v-P $q_v-\eta$	q_v-H q_v-P $q_v-\eta$	q_v-H q_v-P $q_v-\eta$	q_v-H q_v-P $q_v-\eta$	q_v-H q_v-P $q_v-\eta$

表 7-5 风机的类型与比转数的关系

风机比转数 n_y	2.0～16.2	16.2～19.8	19.8～90.2
风机类型	离心式	混流式	轴流式

比转数反映了泵与风机性能及结构上的特点，如当转速不变时，对于扬程（全压）小、流量大的泵与风机，其比转数大。

2. 对泵与风机进行相似设计

根据设计参数：流量 q_v、扬程 H（全压 p）、转速 n，计算出比转数 n_s，再根据该比转数，选择性能良好的模型进行相似设计。

【例 7-6】 设计一台双吸式泵，泵的性能要求：$q_v=684\text{m}^3/\text{h}$，$n_1=1450\text{r/min}$，$H=10\text{m}$。试根据比转数选择现有的良好模型进行相似设计。

【解】 计算比转数：

$$n_s=\frac{3.65n\sqrt{q_v/2}}{H^{3/4}}=\frac{3.65\times1450\times\sqrt{\dfrac{684/3600}{2}}}{10^{3/4}}=288$$

根据比转数查表，可以找到某制造厂型号为 12sh-28 的水泵为同系列相似产品，且性能良好，可以选择该模型为依据进行相似设计。

（特）（别）（提）（示）

离心泵与风机的功率随流量的增加而增大，轴流泵与风机的功率随流量的增加而减小。轴流式泵与风机的主要缺点是比转数较大时，功率变化急剧，高效范围区较窄，可采用可调叶片，使其在工况改变时，仍保持较高的效率。

7.4 无量纲性能参数及曲线

相似定律表明，相似的泵与风机，尽管大小尺寸不同，但其性能参数间的变化规律是相同的，性能曲线的几何形状也是相同的。由此，就引出了无量纲（无因次）性能曲线的概念。

无量纲性能曲线的优点在于，其与计量单位、几何尺寸、转速、流体密度等因素无关，对于每一种形式的泵与风机，只需要用一组曲线，就可以代替某一系列所有的泵与风机在各种转速下的性能曲线，从而大大简化了性能曲线图或性能表。

7.4.1 无量纲性能参数

泵与风机的性能参数经过变换可以得到无量纲的系数。

1. 流量系数

$$\bar{q}_v = \frac{q_v}{\frac{\pi}{4}D_2^2 u_2} \tag{7-38}$$

式中，u_2——叶轮的圆周速度，其方向与圆周切线方向一致，$u_2 = \dfrac{\pi D_2 n}{60}$，m/s。

相似的泵与风机，其流量系数相等，且为常数。流量系数大，一般表示泵与风机输送的流量大。

2. 压力系数

$$\bar{p} = \frac{p}{\rho u_2^2} \left(\bar{H} = \frac{H}{u_2^2} \right) \tag{7-39}$$

同样，相似的风机，其压力系数相等，且为常数。压力系数越大，表示风机输送的流体压力越高。压力系数往往被用来标明风机的形式。如 4-72 型风机，其中"4"表示该风机的压力系数为 0.4。

3. 功率系数

$$\bar{P} = \frac{1000P}{\frac{\pi}{4}D_2^2 \rho u_2^3} \tag{7-40}$$

4. 效率

泵与风机的效率也可用无量纲的性能参数来表示：

$$\eta = \frac{q_v p}{1000 P} = \frac{\bar{q}_v \bar{p}}{\bar{P}} \tag{7-41}$$

几何相似的泵与风机，在相似工况下运行时，其无量纲系数相同。用无量纲系数可以绘制出泵与风机的无量纲性能曲线。

7.4.2 无量纲性能曲线

用无量纲性能参数绘制无量纲性能曲线时，首先要通过试验求出某一几何形状叶轮在固定转速下，不同工况时的 q、$p(H)$、P、η，然后由换算公式计算出相应工况下的 $\bar{q}_v$、$\bar{p}$、$\bar{P}(\bar{H})$、η，最后以 $\bar{q}_v$ 为横坐标，以其他参数为纵坐标绘制出一组 $\bar{q}_v - \bar{p}(\bar{q}_v - \bar{H})$、$\bar{q}_v - \bar{P}$、$\bar{q}_v - \eta$ 无量纲性能曲线。图 7.15 为 4-72 型风机的无量纲性能曲线。

无量纲性能曲线反映了一系列相似泵或风机的性能。因此，如果把各类泵或风机的无量纲性能曲线绘制在同一张图上，在选型时可以进行性能比较。

无量纲性能参数除去了转速、几何尺寸、密度等性能参数，因此，无量纲的性能参数不能代表泵与风机的实际工作参数的大小。如果需要泵与风机的实际工作参数，则还需要按照实际转速和几何尺寸进行换算。其换算公式为：

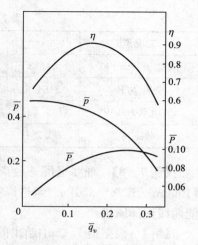

图 7.15 4-72 型离心通风机
无量纲性能曲线

$$q_{v1} = \frac{\pi}{4} D_2^2 u_2 \bar{q}_{v1} \qquad (7-42)$$

$$p_1 = \rho u_2^2 \bar{p}_1 \qquad (7-43)$$

$$P_1 = \frac{\frac{\pi}{4} D_2^2 \rho u_2^3 \bar{P}_1}{1000} \qquad (7-44)$$

【例 7-7】 表 7-6 为某系列离心通风机的无量纲性能参数，试计算同系列某风机（$D_2 = 1\text{m}$，$n = 1450\text{r/min}$）的性能参数。

表 7-6 某系列离心通风机的无量纲性能参数

工况点	1	2	3	4	5	6
流量系数 $\bar{q}_v$	0.1884	0.2051	0.2218	0.2385	0.2552	0.2719
压力系数 $\bar{p}$	0.458	0.452	0.434	0.413	0.390	0.363
效率 η	90.7%	93%	94.3%	93.7%	91%	88.2%

【解】 叶轮圆周速度：

$$u_2 = \frac{\pi D_2 n}{60} = \frac{3.14 \times 1 \times 1450}{60} = 75.88 (\text{m/s})$$

根据无量纲性能参数换算公式：

$$\bar{q}_v = \frac{q_v}{\frac{\pi}{4} D_2^2 u_2}, \bar{p} = \frac{p}{\rho u_2^2}, \eta = \frac{q_v p}{1000 P} = \frac{\bar{q}_v \bar{p}}{\bar{P}}$$

工况点 1 的实际参数：

$$q_{v1} = \frac{\pi}{4} D_2^2 u_2 \bar{q}_{v1} = \frac{3.14}{4} \times 1 \times 75.88 \times 0.1884 = 11.22 (\text{m}^3/\text{s})$$

$$p_1 = \rho u_2^2 \bar{p}_1 = 1.2 \times 75.88^2 \times 0.458 = 3164.5 (\text{Pa})$$

$$\bar{P}_1 = \frac{\bar{q}_{v1} \bar{p}_1}{\eta} = \frac{0.1884 \times 0.458}{0.907} = 0.095$$

$$P_1 = \frac{\frac{\pi}{4} D_2^2 \rho u_2^3 \bar{P}_1}{1000} = \frac{\frac{3.14}{4} \times 1 \times 1.2 \times 75.88^3 \times 0.095}{1000} = 39098 (\text{W})$$

同理可计算出工况点 2、3、4、5 的实际性能参数值，计算结果如表 7-7 所示。根据表中数值，可以直接绘制出该风机的性能曲线。

表 7-7 各工况点的实际性能参数值

工况点	1	2	3	4	5	6
流量 q_v/(m³/s)	11.22	12.22	13.21	14.21	15.20	16.20
全压 p/Pa	3164.5	3123.0	2998.6	2853.6	2694.6	2508.1
轴功率 P/kW	39.10	41.16	41.98	42.64	45.02	46.05
效率 η	90.7%	93%	94.3%	93.7%	91%	88.2%

【例 7-8】 现要选配一台离心式通风机，用于输送常温空气，参数要求如下：$q_v=$ 11500m³/h，$p=850$Pa。制造厂家提供了如图 7.15 所示的无量纲性能曲线，试根据该性能曲线选择风机。

【解】 根据图 7.15 中给出的无量纲性能曲线，可以查得该类型风机的最高效率点参数：$\eta=0.92$，$\overline{q}_v=0.21$，$\overline{p}=0.42$。

根据无量纲性能参数换算公式：$\overline{q}_v=\dfrac{q_v}{\dfrac{\pi}{4}D_2^2 u_2}$，$\overline{p}=\dfrac{p}{\rho u_2^2}$，可得：

$$u_2=\sqrt{\frac{p}{\overline{p}\rho}}=\sqrt{\frac{850}{0.42\times1.2}}=41.07(\text{m/s})$$

$$D_2=\sqrt{\frac{q_v}{\dfrac{\pi}{4}u_2\overline{q}_v}}=\sqrt{\frac{11500/3600}{\dfrac{3.14}{4}\times41.07\times0.21}}=0.687(\text{m})$$

根据叶轮出口直径 D_2 可以选择合适的风机。

●━━（特）（别）（提）（示）━━━━━━━━━━━━━━━━━━━━━━━━━━━━━━━━━━━

泵与风机的无量纲性能曲线反映了一系列相似泵或风机的性能，又称为无因次性能曲线。无量纲性能曲线不表示泵与风机在实际工况下流量与扬程（风压）、功率及效率间的数值关系，它所代表的是一系列相似的泵与风机的流量同扬程（风压）、功率及效率间的性能关系，展示的是一系列相似的泵与风机的性能曲线走向。

7.5 通用性能曲线

以上所讨论的都是转速 n 为定值的性能曲线。如果泵与风机的转速是可以改变的，则需绘制出不同转速时的性能曲线，并将等效率曲线也绘制在同一张图上，这种形式的曲线称为通用性能曲线，如图 7.16 所示。

通用性能曲线可以用相似定律求得，也可以用试验方法求得。泵与风机制造厂家所提供的是通过性能试验所得到的通用性能曲线。

用相似定律可以进行性能参数间的相互换算，如已知转速为 n_1 的性能曲线，可求转速为 n_2 的性能曲线。

在转速为 n_1 的 q_v-H 性能曲线上任取点 1、2、3…，读出各点的流量 q_v 及扬程 H 值，根据相似定律，

$$q_{v2} = \frac{n_2}{n_1}q_{v1}, H_2 = \left(\frac{n_2}{n_1}\right)^2 H_1$$

由此，可求得与点 1、2、3···相对应的工况点 1′、2′、3′···，将这些点连成一条光滑的曲线，即可得到转速为 n_2 时的 q_v-H 性能曲线。

同理，可推导出转速为 n_3、n_4、n_5···时的 q_v-H 性能曲线。

图 7.16 中点 1、1′、1″···为相似工况点，点 2、2′、2″···为相似工况点，以此类推。相似工况点的连线为一抛物线，称为相似抛物线。

相似抛物线方程：$H = Kq_v^2$，其中 K 为比例常数。凡是满足抛物线方程的工况点，都是相似工况点。相似工况点的效率可视为相等，因此相似抛物线也称为等效率曲线。

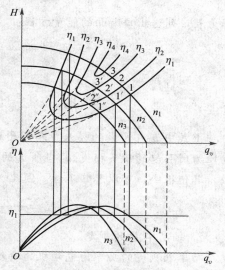

图 7.16　通用性能曲线

● 知 识 链 接 ●

离心泵性能曲线及管路特性曲线的测定

一、试验目的

(1) 熟悉离心泵的操作方法及试验中开闭阀门的顺序。

(2) 掌握离心泵性能曲线和管路特性曲线测定的试验原理。

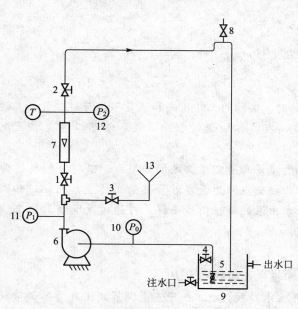

图 7.17　管路特性曲线试验装置示意图

1—流量调节阀；2—管路调节阀；3—注水口阀门；
4—放液阀；5—单向阀；6—离心泵；7—转子流量计；
8—放气口；9—水槽；10—真空表 P_0；
11—离心泵出口压力 P_1；12—管路压力 P_2；13—漏斗

(3) 掌握离心泵性能曲线和管路特性曲线的测定方法。

(4) 熟悉各种仪器、仪表的使用。

(5) 掌握如何处理试验数据。

二、试验装置

图 7.17 为可供参考的试验装置示意图，试验介质为自来水。

三、试验原理

1. 离心泵的性能曲线

离心泵是最常见的液体输送设备。在一定的型号和转速下，离心泵的扬程 H、轴功率 P 及效率 η 均随流量 q_v 而改变。一般情况下，可通过试验方法测定 q_v-H、q_v-P、q_v-η 等常用性能曲线。性能曲线直观地反映了泵的总体性能，是确定泵的适宜操作条件和选用泵的重要依据。

1) 扬程 H 的测定

在离心泵的进出口管装设真空表和

压力表,列进出口断面的能量方程:

$$z_i + \frac{P_i}{\rho g} + \frac{v_i^2}{2g} + H = z_o + \frac{P_o}{\rho g} + \frac{v_o^2}{2g} + h_{fi-o}$$

整理得:

$$H = z_o - z_i + \frac{P_o - P_i}{\rho g} + \frac{v_o^2 - v_i^2}{2g} + h_{fi-o}$$

上式中 h_{fi-o} 是泵的吸入口和压出口之间管路内的流体流动阻力(不包括泵体内部的流动阻力所引起的压头损失),当所选的两断面很接近泵体时,与伯努利方程中的其他项比较,其值很小,可以忽略不计。因此,该泵的扬程:

$$H = z_o - z_i + \frac{P_o - P_i}{\rho g} + \frac{v_o^2 - v_i^2}{2g}$$

2)轴功率 P 的测定

功率表测得的功率为电动机的输入功率。该试验装置中,泵由电动机直接驱动,传动效率可视为 1.0,所以电动机的输出功率等于泵的轴功率。即:

泵的轴功率 $N=$ 电动机的输出功率(kW)

电动机的输出功率 $=$ 电动机的输入功率 $\times$ 电动机的效率(kW)

泵的轴功率 $=$ 功率表的读数 $\times$ 电动机效率(kW)

3)效率 η 的测定

泵或风机的效率为有效功率和轴功率之比,表示输入泵或风机的轴功率被流体利用的程度,也称为全效率或总效率。

$$\eta = \frac{P_e}{P}$$

$$P_e = \frac{\rho g q_v H}{1000} (kW)$$

2. 管路特性曲线

当离心泵安装在特定的管路系统中工作时,实际的工作压头和流量不仅与离心泵本身的性能有关,还与管路特性有关,也就是说,在液体输送过程中,泵和管路二者是相互制约的。

管路特性曲线是指流体流经管路系统的流量与所需压头之间的关系。若将泵的特性曲线与管路特性曲线绘在同一坐标图上,两曲线交点即为泵在该管路的工作点。因此,如同通过改变阀门开度来改变管路特性曲线,求出泵的特性曲线一样,可通过改变泵转速来改变泵的特性曲线,从而得出管路特性曲线。

四、试验步骤

(1)首先熟悉试验设备的操作过程和掌握仪表的使用方法。

(2)关闭离心泵进水口放液阀 4,打开注水口阀门 3,打开流量调节阀 1 及管路调节阀 2,从漏斗 13 处向离心泵注水;待注水完毕后,关闭注水口阀门 3,同时关闭流量调节阀 1。

(3)接通总电源,打开面板上总电源开关。

(4)启动离心泵电源开关。

(5)测量离心泵特性曲线时,先设定变频器频率为某一固定值,启动变频器运转按钮,打开流量调节阀 1,注水口阀门 3 仍关闭,使流量从零至最大或从最大至零变化,测取 10 组数据，每组数据分别记录流量计读数（在转子流量计上读取）、泵进口真空度 P_0、泵出口压力 P_1、功率及两个水温读数（在面板上读取），共读取 6 个数据，其中在数据处理中物性温度为平均温度。

（6）测量管路特性曲线时，先置流量调节阀 1 和管路调节阀 2 为某一开度，使系统流量为某一合适值，通过改变变频器设置的频率来改变管路的特性，使频率由低到高或由高到低变化，测取 10 组数据，每组数据分别记录流量计读数（在转子流量计上读取）、泵进口真空度 P_0、泵出口压力 P_1、功率 P、频率 f 及两个水温读数，共读取 7 个数据，其中在数据处理中物性温度为平均温度。

（7）关闭流量调节阀 1，关闭变频器运转按钮，再关闭离心泵电源开关，最后关闭总电源开关。

（8）切断总电源。

五、试验数据记录与数据处理

1. 设备参数（根据具体试验装置确定，见表 7-8）

表 7-8 设 备 参 数

项目	数值
两取压口垂直高度差/mm	110
离心泵入口管径/mm	53
离心泵出口管径/mm	50
离心泵型号	32FS-8
电源	380V/50Hz
转速/(r/min)	2860
功率/W	750
电机效率	50%
扬程/m	8
流量/(m³/h)	7.2

2. 把试验数据记录及其处理结果填入下表

1）离心泵性能曲线试验（表 7-9）

表 7-9 离心泵性能曲线试验数据

序号 项目	q_v /(m³/h)	P /kW	P_0 /MPa	P_1 /MPa	T_1 /℃	T_2 /℃	v_1 /(m/s)	v_2 /(m/s)	ΔP /MPa	H /m	η /(%)
1											
2											
3											
4											
5											
6											
7											
8											
9											
10											

2）管路特性曲线试验（表 7 - 10）

表 7 - 10 管路特性曲线试验

项目\序号	f /Hz	q_v /(m³/h)	P /kW	P_0 /MPa	P_1 /MPa	T_1 /℃	T_2 /℃	v_1 /(m/s)	v_2 /(m/s)	ΔP /MPa	H /m
1											
2											
3											
4											
5											
6											
7											
8											
9											
10											

将所得试验数据进行处理，并绘制性能曲线图（用普通直角坐标纸）。

本 章 小 结

本章主要阐述了泵与风机的性能参数、性能曲线、相似定律及比转数等基本知识。利用泵与风机的性能曲线、相似定律及比转数，能进行泵与风机的选型、设计及改造。

（1）泵与风机的铭牌上一般标有流量、扬程（全压）、转速、功率和效率等性能参数，这些参数是泵或风机在设计转速下运行，效率最高时的值。

（2）扬程是指单位质量的液体通过泵所获得的能量；全压是指单位体积的气体通过风机所获得的能量。

（3）性能曲线能直观反映泵与风机的总体性能，常见泵与风机的性能曲线是以流量 q_v 为基本变量的 $q_v - H(p)$、$q_v - P$、$q_v - \eta$ 等曲线。

（4）泵与风机的总效率 $\eta = \dfrac{P_e}{P} = \eta_m \eta_v \eta_h$，它综合反映了泵与风机的经济性能，泵与风机在高效范围区内工作比较经济。

（5）泵与风机的相似定律反映了性能参数之间的相似关系，包括流量相似关系、扬程（全压）相似关系和功率相似关系。相似定律在泵与风机的设计、研究及使用等方面起着十分重要的作用。

（6）比转数是在相似定律的基础上推导出的包括流量 q、扬程 H（全压 p）及转速 n 在内的综合相似特征数。几何相似的泵与风机，在相似工况下其比转数相等；反之，比转数相等的泵与风机不一定相似。应用比转数可对泵与风机进行分类，也可对泵与风机进行相似设计。

（7）无量纲性能曲线反映了一系列相似泵与风机的性能。无量纲的性能参数不能代表泵与风机的实际工作参数的大小，如果需要泵与风机的实际工作参数，还需要按照实际转速和几何尺寸进行换算。

（8）把泵与风机不同转速条件下的性能曲线及等效率曲线绘制在同一张图上，称为通用性能曲线。通用性能曲线可以通过试验方法得到，也可以通过相似定律求得。

思 考 题

1. 泵与风机的能量损失有哪几种？试分析各种损失产生的原因以及如何减少这些损失。

2. 如何确定泵的扬程？

3. 离心式和轴流式泵在启动方式上有何不同？

4. 为什么前弯式叶片的风机容易超载？在为前弯式叶片风机选择原动机时应注意什么问题？

5. 当某台风机所输送的介质温度发生变化时，其全压、流量及功率将如何变化？

6. 当某台泵的转速发生变化时，其扬程、流量及功率如何变化？

7. 如何绘制风机的无量纲性能曲线？与有量纲的性能曲线相比有什么优点？

8. 什么是比转数？有何应用？

9. 通用性能曲线是如何绘制的？

练 习 题

一、选择题

1. 泵与风机的几何相似表示原型与模型的泵与风机（　　）。

A. 叶轮直径互成比例

B. 叶轮进、出口宽度互成比例

C. 结构形式一样

D. 各过流部件对应线性尺寸成同一比例，对应安装角相等，叶片数目相等

2. 若某泵的转速由 2900r/min 改为 1450r/min 时，则该泵的比转速（　　）。

A. 变小　　　　　　　　　　　　B. 变大

C. 不变　　　　　　　　　　　　D. 不确定

3. 某通风机由输送高温热烟气改为输送冷空气，当管路系统等装置均不变时，则其工作点的流量和全压的变化为（　　）。

A. 流量增大，全压增大　　　　　B. 流量减小，全压减小

C. 流量不变，全压增大　　　　　D. 流量增大，全压不变

4. 几何相似的一系列风机，其无因次性能曲线（　　）。

A. 相同　　　　　　　　　　　　B. 不同

C. 形状与转速有关　　　　　　　D. 工况相似时相同

5. 用同一台泵输送密度分别为 ρ_1 和 ρ_2 的液体，保持泵的转速不变且流动相似，其对应的扬程分别为 H_1 和 H_2，对应的轴功率分别为 P_1 和 P_2，若 $\rho_1 > \rho_2$，则下列关系式中正

确的是(　　)。

    A. $H_1 > H_2$，$P_1 = P_2$ B. $H_1 = H_2$，$P_1 > P_2$

    C. $H_1 > H_2$，$P_1 > P_2$ D. $H_1 = H_2$，$P_1 = P_2$

二、计算题

1. 某离心式水泵，输送常温水，转速为 480r/min，总扬程为 136m 时，流量为 5.7m³/s，轴功率为 9860kW，其容积效率与机械效率均为 92%，求流动效率。

2. 某离心式泵，输水量为 50m³/h，泵出口压力表读数为 255000Pa，泵入口真空表读数为 33340Pa，表位差为 0.6m，吸水管与压水管管径相同，离心泵的总效率为 0.62，试求该离心泵所需的轴功率。

3. 有一台水泵，当转速为 2900r/min 时，其流量为 9.5m³/min，扬程为 120m，另有一台和该泵相似制造的泵，流量为 38m³/min，扬程为 80m，问叶轮转速应为多少？

4. 某单吸单级离心泵的铭牌参数为：流量 $q_v = 36$m³/h，扬程 $H = 30$m，转速 $n = 2900$r/min。试求其比转数。如果该泵为双吸式，其比转数应为多少？当该泵设计成八级泵，其比转数应为多少？

5. 在转速为 2000r/min 的条件下实测某离心泵的参数：$q_v = 0.17$m³/s，扬程 $H = 100$m，轴功率 $P = 80$kW。现有一几何相似的水泵，其叶轮比上述泵的叶轮大一倍，在 1000r/min 的工况下运行，试求在效率相同的工况点的流量、扬程及功率各为多少？

6. 某台型号为 G4 - 73 - 11No18 的锅炉送风机，当其转速为 960r/min，送风量为 18000m³/h 时，风机全压为 3800Pa；另有一台同系列的 No8 型风机，当其转速为 1450r/min，送风量为 25000m³/h 时，风机全压为 1900Pa。问这两台风机的比转数是否相等？为什么？

7. 已知 4 - 72 - 11No6C 型风机在转速为 1250r/min 时的实测参数，如表 7 - 11 所示，已知叶轮出口直径为 0.6m，试求：(1)各测点的全效率；(2)绘制该风机的性能曲线；(3)确定该风机的铭牌参数；(4)绘制无量纲性能曲线。

表 7 - 11　4 - 72 - 11No6C 型风机实测参数

测点编号	1	2	3	4	5	6	7	8
$H/\text{mmH}_2\text{O}$	86	84	83	81	77	71	65	59
$p/(\text{N/m}^2)$	843.4	823.8	814.0	794.3	755.1	696.3	637.4	578.6
$q_v/(\text{m}^3/\text{h})$	5920	6640	7360	8100	8800	9500	10250	11000
P/kW	1.69	1.77	1.86	1.96	2.03	2.08	2.12	2.15

第 8 章

泵的汽蚀

📖 学习引导

　　本章主要介绍离心泵在运行过程中容易出现的汽蚀问题，并结合汽蚀原理分析确定泵的允许安装高度，分析防止汽蚀的措施。汽蚀现象的分析对于泵的正确安装和安全操作有重要的指导意义。

📖 学习目标

　　了解汽蚀现象、汽蚀的危害及产生原因；掌握泵的几何安装高度的确定方法；掌握表示泵汽蚀性能的重要参数——汽蚀余量；了解汽蚀相似定律及汽蚀比转数；掌握提高泵抗蚀性能的措施。

📖 学习要求

能力目标	知识要点	权重
了解汽蚀现象，能够根据工程实际情况分析汽蚀产生的原因	汽蚀现象及原理；汽蚀的危害；汽蚀产生的原因	15%
掌握泵的几何安装高度的确定方法，能够根据泵的样本和具体使用条件正确的安装泵	泵的几何安装高度；泵的允许吸上真空高度；灌注式安装	35%
掌握表示泵汽蚀性能的重要参数——汽蚀余量及汽蚀比转数，熟悉有效汽蚀余量与必需汽蚀余量之间的关系，能够根据允许的汽蚀余量确定泵的允许安装高度	有效汽蚀余量；必需汽蚀余量；允许汽蚀余量；汽蚀相似定律；汽蚀比转数	35%
掌握提高泵抗蚀性能的原则及具体措施，针对工程实际中出现的汽蚀问题，能够提出解决方案和预防措施	吸入装置系统的合理确定；泵本身的汽蚀性能分析；运行中防止汽蚀措施	15%

引 例

山东某公司动力厂供水部为满足工艺生产需求设有两个循环水场。离心泵是循环水场中的主要供水设备,为整个循环水的流动提供动力。其中,第一循环水场有一台离心式冷水泵,其输送的介质为工业冷水,输水温度在 26℃以下,排出水压力为 0.72MPa,额定流量为 3600m³/h,额定功率为 900kW,主轴转速为 1480r/min。

图 8.1 汽蚀严重的离心泵叶轮

2012 年 5 月 8 日,泵房巡检人员发现 1♯冷水泵振动严重,有杂音,停泵检查发现,该泵发生了严重的汽蚀现象,导致泵运行不稳定。如图 8.1 所示,离心泵叶轮有多处穿孔,叶轮损坏严重。

经调查发现,由于该厂生产工艺在一段时间之前做了改进,循环用水量有所增加,而原循环水泵没有根据循环水量进行校核更换,为了满足循环冷水的工艺要求,循环水量增加后,该泵的实际运行流量最高可以达到 4500m³/h,这远远超过了该泵的额定流量。根据汽蚀原理,流量增大,有效汽蚀余量减小,必需汽蚀余量增大,当有效汽蚀余量小于必需汽蚀余量时,水泵必然发生汽蚀。

8.1 汽 蚀 现 象

8.1.1 汽蚀现象及产生原理

水和汽可以相互转化,这是液体所固有的物理属性,而温度和压力是造成水汽转化的条件。

一般情况下,1 个标准大气压下的水在 100℃时开始汽化,但是在高海拔地区,水不到 100℃时就开始汽化。因此,如果保持水的温度不变,逐渐降低水面上的压力,当压力降低到一定程度时,水就会发生汽化现象,这个压力就是水在该温度下的汽化压力,用符号 p_v 表示。

表 8-1 为水的汽化压力表,从表中可以看出,当水温为 20℃时,其汽化压力为 0.24mH₂O,约为 2.4kPa。

表 8-1 水的汽化压力表

水温/℃	5	10	20	30	40	50	60	70	80	90	100
汽化压力 p_v/mH₂O	0.07	0.12	0.24	0.43	0.75	1.25	2.02	3.17	4.82	7.14	10.33

流体在泵内流动的过程中,如果流道内某一局部区域的压力小于等于与流体温度所对应的汽化压力时,流体就会在该处发生汽化,产生大量气泡。与此同时,由于压力降低,原来溶解于流体中的某些活性气体,如水中的氧也会逸出。

如图 8.2 所示，这些蒸汽与气体混合的气泡随流体从低压区流向高压区时，在压力作用下，气泡迅速凝结而破裂，在气泡破裂的瞬间，产生局部空穴，高压流体以极高的速度流向这些原气泡所占据的空间，形成一个冲击力。由于气泡中的气体和蒸汽来不及在瞬间全部溶解和凝结，因此在冲击力的作用下又分解成很多小气泡，再次被高压水压缩、凝结，如此反复冲击，就会在流道表面形成极微小的冲蚀。冲击力形成的压力可达几百甚至上千兆帕，冲击频率可达每秒几万次。流道表面在水击压力作用下，形成疲劳破坏，从开始的点蚀到严重的蜂窝状空洞，最后甚至把流道材料壁面蚀穿，这种现象称为机械剥蚀。另外，流体中逸出的氧气等活性气体，在气泡凝结热的作用下，还会对金属表面产生化学腐蚀。

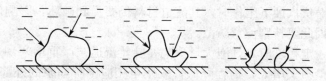

图 8.2　金属表面形成的气泡破裂过程

上述泵内所发生的气泡的形成及发展到破裂，从而导致流道表面材料受到机械剥蚀和化学腐蚀双重作用而破坏的全部过程，称为汽蚀现象。

⬤ 特 别 提 示

对于多级泵，汽蚀只影响首级叶轮。

8.1.2　汽蚀的危害

经试验观察发现，离心泵压力最低点（汽化点）发生在如图 8.3 所示的 k_1、k_2、k_3、k_4、k_5 等部位。随着工况的变化，汽化先后发生的部位也不同。一般在小于设计工况下运行时，压力最低点发生在靠近前盖板叶片进口处的工作面上。

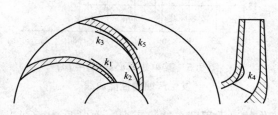

图 8.3　叶轮内汽蚀发生部位

汽蚀的危害主要表现在以下几方面。

1. 材料破坏

汽蚀发生时，由于机械剥蚀和化学腐蚀的共同作用，流道表面材料受到破坏，如图 8.4 所示。

2. 噪声和振动

泵发生汽蚀时，因为气泡的破裂和高速冲击作用会引起噪声和振动现象。如果汽蚀过程中气泡反复凝结、冲击过程中产生的脉动力频率与设备的自然频率相等，就会引起强烈的共振。

3. 性能下降

汽化现象刚开始时，只产生少量气泡，叶轮流道堵塞不严重，对泵的正常工作没有明

(a) 离心泵叶轮

(b) 轴流泵叶轮

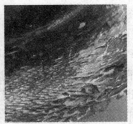
(c) 轴流泵叶轮蜂窝状汽蚀大样图

图 8.4　受到汽蚀破坏的叶轮

显的影响，泵的外部性能也没有明显的变化。这种尚未影响到泵的外部性能的汽蚀称为潜伏汽蚀。泵长期在潜伏汽蚀下工作时，其流道材料仍要受到破坏，影响使用寿命。潜伏汽蚀很容易被忽略，因此要特别注意防范。

　　当汽化发展到一定程度时，气泡大量聚集，叶轮流道被严重堵塞，过流断面减小以致流量减小，水泵能量损失增大，扬程降低，效率也相应下降，泵的外部性能有明显变化。严重时，气泡充满流道，水泵停止出水，出现空转现象，水泵不能正常工作。

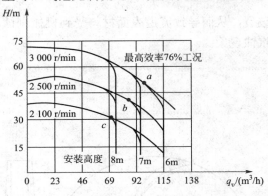

**图 8.5　某单级离心泵(n_s＝70)
发生汽蚀的性能曲线**

　　对于不同比转数的泵，其外部性能变化情况有所不同，如图 8.5 所示为一比转数为 70 的单级离心泵在不同几何安装高度下发生汽蚀后的性能曲线。图中表示出了三种不同转速时的 q_v-H 性能曲线。以转速为 3000r/min 时的性能曲线为例说明发生汽蚀后，泵的性能变化情况。

　　由图 8.5 可知，当几何安装高度为 6m 时，出水管阀门的开度只能开到曲线上点 a 所对应的流量。如果继续开大阀门，流量进一步增加时，扬程曲线急剧下降，水泵扬程很小，表明汽蚀已经达到致使水泵不能正常

工作的严重程度。这一工况，通常称为断裂工况。当把泵的几何安装高度从 6m 增加到 7m 时，断裂工况向流量小的方向偏移，q_v-H 性能曲线上可以使用的运行范围就会变窄。同样，当几何安装高度增加到 8m 时，断裂工况偏向更小的流量，泵的使用范围就更窄了。

　　由试验可知，当泵的比转数较高时，其断裂工况比较缓和，没有明显的断裂点，其扬程和效率是逐渐下降的。比转数更高时，在性能曲线上甚至没有明显的汽蚀断裂点。其原因是：在低比转数的离心泵中，由于叶片宽度小，流道窄且长，在发生汽蚀后，大量气泡很快就布满流量，影响流体的正常流动，造成断流，致使扬程、效率急剧下降；在比转数较大的离心泵中，叶片宽度大，流道宽且短，因此气泡发生后，并不立即布满流道，因而对性能曲线上断裂工况点的影响就比较缓和；在高比转数的轴流泵中，由于叶片数少，具有相当宽的流道，气泡发生后，不可能布满流道，从而不会造成断流，所以在性能曲线上，当流量增加时，就不会出现断裂工况点。

　　综上所述，汽蚀现象产生的危害很大，在泵的运行过程中应采取措施严格防止汽蚀现象发生。

8.1.3 汽蚀产生的原因分析

根据对汽蚀现象的分析，产生汽蚀的具体原因一般包括以下几方面。

（1）泵的安装位置高出吸液面太大，即泵的几何安装高度过大。

（2）泵安装地点的大气压较低，例如安装在高原地区。

（3）泵所输送的流体温度过高。

（4）吸入管路的阻力或压头损失太高。

特 别 提 示

一台原先能正常工作的泵也可能因操作条件的变化而产生汽蚀，如被输送介质的温度升高，或吸入管路部分堵塞等。

8.2 泵的几何安装高度

在选择某型号泵时，要求其性能参数满足使用要求。但若泵在安装时，其几何安装高度不合适，有可能会产生汽蚀现象，限制流量的增加，从而导致其性能达不到设计要求。因此，合理地确定泵的几何安装高度是保证泵在设计工况下工作时不发生汽蚀的重要条件。

中小型泵的几何安装高度如图 8.6 和图 8.7 所示。卧式离心泵的几何安装高度是指泵轴线至吸液池液面的垂直距离；立式离心泵的几何安装高度是指首级工作叶轮进口边的中心线至吸液池液面的垂直距离。对于大型泵，则应如图 8.8(a)、(b)所示，按照叶轮入口边最高点来确定几何安装高度。

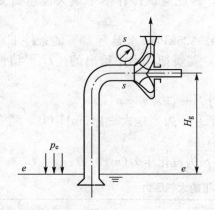

图 8.6 卧式离心泵的几何安装高度

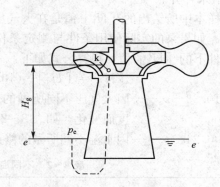

图 8.7 立式离心泵的几何安装高度

如图 8.6 所示的卧式离心泵，在吸液池液面 e—e 和泵入口断面 s—s 之间列能量方程：

$$z_e + \frac{p_e}{\rho g} + \frac{v_e^2}{2g} = z_s + \frac{p_s}{\rho g} + \frac{v_s^2}{2g} + h_l$$

吸液池足够大，可以认为 $v_s \approx 0$，因此

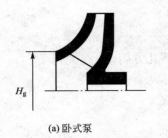

(a) 卧式泵

(b) 立式泵

图8.8 大型泵的几何安装高度

$$\frac{p_e - p_s}{\rho g} = z_s - z_e + \frac{v_s^2}{2g} + h_l$$

令 $H_g = z_s - z_e$，H_g 为泵的几何安装高度，当吸液池液面高于水泵轴线时，H_g 称为倒灌高度或灌注头，单位 m。

$$H_s = \frac{p_e - p_s}{\rho g}$$，H_s 为泵吸入口处的真空高度，单位为 m。

因此：

$$H_s = H_g + \frac{v_s^2}{2g} + h_l \tag{8-1}$$

泵通常是在一定流量下运行的，因此流速水头 $\frac{v_s^2}{2g}$、管路水头损失 h_l 均为定值，泵吸入口处的真空高度 H_s 将随泵的几何安装高度 H_g 的增加而增加。但是 H_g 不能无限制的增加，即当 H_s 增加到某一最大值 H_{smax} 时，泵吸入口处的压力接近流体的汽化压力，泵内就会发生汽蚀现象。

为了保证泵不发生汽蚀，应使泵吸入口处的 $H_s < H_{smax}$，保守起见，又在 H_{smax} 的基础上规定了一个"允许"的吸入口真空高度，用 $[H_s]$ 表示。

$$H_s \leqslant [H_s] = H_{smax} - e \tag{8-2}$$

式中，e——安全余量，对于清水泵 e 为 0.3m。

泵的允许几何安装高度 $[H_g]$ 可以根据制造厂商提供的泵样本中所给出的允许吸上真空高度 $[H_s]$ 换算得出：

$$[H_g] = [H_s] - \frac{v_s^2}{2g} - h_l \tag{8-3}$$

一般情况下，$[H_s]$ 随流量的增加而降低，因此应该按样本中最大流量所对应的 $[H_s]$ 值来计算。

泵样本中所给出的 $[H_s]$ 值是在大气压为 101.325kPa，水温为 20℃的条件下经试验测定的。如果泵的实际使用条件与测定条件不符，需要把样本中给出的 $[H_s]$ 值换算为使用条件下的 $[H_s']$ 值，换算公式如下：

$$[H_s'] = [H_s] - (10.33 - p_a) + (0.24 - p_v) \tag{8-4}$$

式中，$10.33 - p_a$——因大气压不同所做的修正值 $[p_a$ 为当地大气压（mH₂O），随海拔高度而变化，如表8-2所示]；

$0.24 - p_v$——因水温不同所做的修正值，p_v 为汽化压力（mH₂O）。

表8-2 不同海拔高度下的大气压力

海拔/m	−600	0	100	200	300	400	500	600	700
大气压力/mH₂O	11.3	10.3	10.2	10.1	10	9.8	9.7	9.6	9.5
海拔/m	800	900	1000	1500	2000	3000	4000	5000	—
大气压力/mH₂O	9.4	9.3	9.2	8.6	8.1	7.2	6.3	5.5	—

● **特 别 提 示** ....

工程实际中最常见的泵的安装位置是在吸液面之上，但还可能遇到泵安装在吸液面下方的情况，如采暖系统的循环泵、锅炉冷凝水泵等，泵的这种安装方式称为"灌注式"安装。

....

【例 8 - 1】 在海拔 500m 的某地区安装一台离心式水泵，其输水量 $q_v = 135$L/s，输送水温 $t = 30$℃，该泵样本上提供的允许吸上真空高度 $[H_s] = 5.5$m，吸水管内径 $d = 250$mm，吸入管路总损失为 0.8m。试求该泵的几何安装高度 H_g。

【解】 查表 8 - 2 知，海拔 500m 时，大气压为 9.7mH$_2$O；查表 8 - 1 知，水温 30℃时，汽化压力 $p_v = 0.43$mH$_2$O。

$$[H_s'] = [H_s] - (10.33 - p_a) + (0.24 - p_v)$$

代入已知数据，得：

$$[H_s'] = 5.5 - (10.33 - 9.7) + (0.24 - 0.43) = 4.68(\text{m})$$

又 $v = \dfrac{q_v}{\dfrac{\pi}{4}d^2} = \dfrac{135 \times 10^{-3}}{\dfrac{3.14}{4} \times 0.25^2} = 2.75(\text{m/s})$

因此，泵的几何安装高度：

$$H_g \leqslant [H_g] = [H_s'] - \frac{v_s^2}{2g} - h_l = 4.68 - \frac{2.75^2}{2 \times 9.807} - 0.8 = 3.5(\text{m})$$

8.3 汽 蚀 余 量

汽蚀余量是表示泵汽蚀性能的一个重要参数，用符号 Δh 或者 NPSH（Net Positive Suction Head）表示。

在实际工作中，会遇到这种情况，即对同一台泵，在某种吸入装置条件下运行时不会发生汽蚀，但是当改变其吸入条件后，就可能会发生汽蚀，这说明泵在运行过程中是否发生汽蚀跟泵的吸入装置条件有关。我们把按照吸入装置条件所确定的汽蚀余量称为有效汽蚀余量，也称为装置汽蚀余量，用符号 Δh_a 或 NPSH$_a$ 表示，单位为 m。

还有一种情况，在完全相同的使用条件下，选用某台泵运行正常，不发生汽蚀，而更换另一台泵之后可能会发生汽蚀。这说明泵在运行过程中是否发生汽蚀和泵本身的汽蚀性能有关。我们把由泵本身性能所确定的汽蚀余量称为必需汽蚀余量，用符号 Δh_r 或 NPSH$_r$ 表示，单位为 m。

8.3.1 有效汽蚀余量

有效汽蚀余量是指泵在吸入口处，单位质量的流体所具有的超过汽化压力的富裕能量，即流体所具有的避免泵发生汽化的能量。有效汽蚀余量由吸入系统的装置条件确定，与泵本身无关。

根据有效汽蚀余量的定义：

$$\Delta h_a = \frac{p_s}{\rho g} + \frac{v_s^2}{2g} - \frac{p_v}{\rho g} \tag{8-5}$$

根据吸液池液面与泵吸入口断面间的能量方程，有：

$$\frac{p_s}{\rho g} + \frac{v_s^2}{2g} = \frac{p_e}{\rho g} - H_g - h_l$$

代入有效汽蚀余量的定义式，可得：

$$\Delta h_a = \frac{p_e}{\rho g} - \frac{p_v}{\rho g} - H_g - h_l \qquad (8-6)$$

由式(8-6)可知，有效汽蚀余量就是吸液池液面上的压力水头$\frac{p_e}{\rho g}$在克服吸水管路装置中的流动损失h_l，并把水提高到H_g的安装高度后，所剩余的超过汽化压头$\frac{p_v}{\rho g}$的能量。

8.3.2 必需汽蚀余量

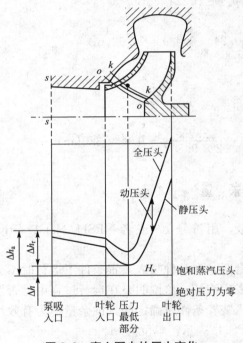

图8.9 离心泵内的压力变化

必需汽蚀余量与吸入系统的装置情况无关，而是由泵本身的汽蚀性能所确定的。泵吸入口处的压力并非泵内流体的最低压力。泵内最低压力点通常在叶片进口边稍后的k点。从泵吸入口至泵出口的压力变化如图8.9中曲线所示。必需汽蚀余量是指流体从泵吸入口至泵内压力最低点k的压力降。

根据必需汽蚀余量的定义：

$$\Delta h_r = \frac{p_s}{\rho g} + \frac{v^2}{2g} - \frac{p_k}{\rho g} \qquad (8-7)$$

根据能量方程可以推导出：

$$\Delta h_r = \lambda_1 \frac{v_0^2}{2g} + \lambda_2 \frac{w_0^2}{2g} \propto q_v^2 \qquad (8-8)$$

式中，v_0——叶轮入口流体的绝对速度；

w_0——叶轮入口流体的相对速度；

λ_1——流动不均匀及流动阻力引起的压降系数，一般为1.0～1.2；

λ_2——流体绕流叶片头部的压降系数，无冲击时为0.3～0.4。

8.3.3 有效汽蚀余量与必需汽蚀余量的关系

有效汽蚀余量 Δh_a 是吸入系统所提供的在泵吸入口大于饱和蒸汽压力的富裕能量。Δh_a 越大，泵的抗蚀性能越好。而必需汽蚀余量 Δh_r 是流体从泵吸入口至最低压力点的压力降，Δh_r 越小，泵的抗蚀性能越好。

Δh_a 和 Δh_r 随流量的变化趋势如图8.10所示，Δh_a 随流量的增加是一条下降的曲线，Δh_r 随流量的增加是一条上升的曲线，这两条曲线交于一点C，C点为汽蚀临界点，亦即临界汽蚀状态点，该点的流量为临界流量q_{vC}。

当$q_v > q_{vC}$时，$\Delta h_r > \Delta h_a$，有效汽蚀余量所提供的超过汽化压力的富裕能量，不足以克服泵入口部分的压力降，泵发生汽蚀，因此临界点右侧为汽蚀区。

当 $q_v < q_{vC}$ 时，$\Delta h_a > \Delta h_r$，有效汽蚀余量所提供的能量能够克服泵入口部分的压力降，泵不发生汽蚀，因此临界点左侧为安全区。

综上所述，泵不发生汽蚀的条件为：

$$\Delta h_a > \Delta h_r \qquad (8-9)$$

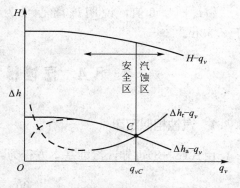

图 8.10　Δh_a 和 Δh_r 与流量的变化关系

8.3.4　允许汽蚀余量

在临界汽蚀状态点，$\Delta h_a = \Delta h_r = \Delta h_c = \Delta h_{min}$。其中，$\Delta h_c(\Delta h_{min})$ 称为临界汽蚀余量，通常由试验得出。

实际工程中，为了保证运行安全，规定了泵的允许汽蚀余量，用 $[\Delta h]$ 表示：

$$[\Delta h] = \Delta h_c + e \quad 或 \quad [\Delta h] = \Delta h_{min} + e$$

式中，e——安全余量，一般清水泵取 0.3m 水头。

显然，要使流体在流动过程中不发生汽蚀现象，要求叶片入口处的实际汽蚀余量 $\Delta h \geqslant [\Delta h]$。

● 特 别 提 示

和允许吸上真空高度 $[H_s]$ 类似，允许汽蚀余量 $[\Delta h]$ 随着流量的增加急剧上升，因此，泵在运行过程中要注意防范因流量增加所引起的汽蚀隐患。

8.3.5　汽蚀余量与吸上真空高度的关系

汽蚀余量 Δh 与允许吸上真空高度 H_s 均为表示泵汽蚀性能的参数，二者之间的关系如下：

$$H_{smax} = \frac{p_e}{\rho g} - \frac{p_v}{\rho g} + \frac{v_s^2}{2g} - \Delta h_c$$

$$[H_s] = \frac{p_e}{\rho g} - \frac{p_v}{\rho g} + \frac{v_s^2}{2g} - [\Delta h]$$

根据 H_s 与 H_g 之间的关系式，可知：

$$[H_g] = \frac{p_e}{\rho g} - \frac{p_v}{\rho g} - [\Delta h] - h_l \qquad (8-10)$$

【例 8-2】　某单级单吸离心泵，流量 $q_v = 68\text{m}^3/\text{h}$，$\Delta h_c = 2.2\text{m}$，从封闭容器中抽送温度为 $40℃(\rho = 992\text{kg/m}^3)$ 的清水，容器中液面压强为 8kPa，吸入管路阻力为 0.5m，试求该泵的允许几何安装高度是多少？

【解】　查表 8-1，40℃水的汽化压力 $p_v = 0.75\text{mH}_2\text{O}$，则

$$[\Delta h] = \Delta h_c + e = 2.2 + 0.3 = 2.5(\text{m})$$

因此，

$$[H_g] = \frac{p_e}{\rho g} - \frac{p_v}{\rho g} - [\Delta h] - h_l$$

$$= \frac{8 \times 10^3}{992 \times 9.807} - 0.75 - 2.5 - 0.5 = -2.93(\text{m})$$

$[H_g]$ 为负值，说明该离心泵为倒灌安装，其叶轮进口中心应在容器液面以下 2.93m。

8.4 汽蚀相似定律与汽蚀比转数

8.4.1 汽蚀相似定律

由式(8-8)可知，汽蚀基本方程为：

$$\Delta h_r = \lambda_1 \frac{v_0^2}{2g} + \lambda_2 \frac{w_0^2}{2g}$$

上式反映了泵的汽蚀性能，如果原型和模型泵进口部分相似，工况又相似时，其压降系数相等，即：

$$\lambda_{1p} = \lambda_{1m} ; \lambda_{2p} = \lambda_{2m} ; 且 \lambda_{1p} = \lambda_{2p} ; \lambda_{1m} = \lambda_{2m}$$

由运动相似条件得汽蚀相似定律：

$$\frac{\Delta h_{rp}}{\Delta h_{rm}} = \frac{(v_0^2 - w_0^2)_p}{(v_0^2 - w_0^2)_m} = \frac{u_{1p}^2}{u_{1m}^2} = \left(\frac{D_{1p} n_p}{D_{2m} n_m}\right)^2 \qquad (8-11)$$

汽蚀相似定律指出：进口几何尺寸相似的泵，在相似工况下运行时，原型和模型泵必需汽蚀余量之比与叶轮进口几何尺寸的平方成正比，与转速的平方成正比。

对同一台泵来说，$D_{1p} = D_{1m}$，因此：

$$\frac{\Delta h_{rp}}{\Delta h_{rm}} = \left(\frac{n_p}{n_m}\right)^2 \qquad (8-12)$$

对同一台泵来说，汽蚀余量与转速的平方成正比。当泵的转速提高后，必需汽蚀余量成平方增加，泵的抗蚀性能大为恶化。

8.4.2 汽蚀比转数

汽蚀余量只能反映泵汽蚀性能的好坏，而对不同泵进行汽蚀性能的比较需要用一个综合相似特征数——汽蚀比转数。汽蚀比转数是包含泵的性能参数和汽蚀性能参数的综合相似特征数，用符号 c 表示。

由流量相似定律和汽蚀相似定律可以推导出汽蚀比转数：

$$c = \frac{5.62n\sqrt{q_v}}{\Delta h_r^{3/4}} \qquad (8-13)$$

由式(8-13)可以看出，必需汽蚀余量 Δh_r 越小，汽蚀比转数 c 的值越大，泵的抗蚀性能就越好。因此，汽蚀比转数的大小可以反映泵抗蚀性能的好坏。但需要注意的是，为了提高汽蚀比转数的值往往会使泵的效率有所下降，因此汽蚀比转数的值有一定的合理范围。目前，一般清水泵的汽蚀比转数为 800~1000r/min，对抗蚀性能要求较高的泵，其汽蚀比转数为 1000~1600r/min。

国外常用吸入比转数 s，其公式为：

$$s = \frac{n\sqrt{q_v}}{\Delta h_r^{3/4}} \qquad (8-14)$$

吸入比转数 s 和我国习惯上应用的汽蚀比转数 c 都是有量纲的，国际上一般使用无量

纲的汽蚀比转数 K_s，即：

$$K_s = \frac{2\pi}{60} \cdot \frac{n\sqrt{q_v}}{(g\Delta h_r)^{3/4}} \qquad (8-15)$$

汽蚀比转数 c 与无量纲的汽蚀比转数 K_s 之间的关系为：

$$c = 298K_s$$

汽蚀比转数公式的说明。

（1）汽蚀比转数和比转数一样，都是用最高效率点的 n、q_v、Δh_r 值计算的。因此，一般情况下 c 都是指最高效率点的汽蚀比转数。

（2）只要是入口几何相似的泵，在相似工况下运行时，汽蚀比转数一定相等。因此可以作为汽蚀相似准则数。与比转数不同的是，只要求进口部分几何形状和流动相似。即使出口部分不相似，在相似工况下运行时，其汽蚀比转数仍相等。

（3）汽蚀比转数中公式中的流量是以单吸为标准的，对双吸叶轮流量应以 $q_v/2$ 代入。

（4）汽蚀比转数 c、吸入比转数 s、无量纲汽蚀比转数 K_s 三者并无本质区别，物理意义相同。对于有量纲的汽蚀比转数，由于各国使用单位不同，需要进行换算。

● 特 别 提 示 ....

除了汽蚀比转数外，国外也常用托马汽蚀系数（$\sigma = \Delta h_r/H$）作为汽蚀相似特征数。汽蚀比转数 c 越大，托马汽蚀系数 σ 越小，泵的抗蚀性能越好。

....

8.5 提高泵汽蚀性能的措施

泵是否发生汽蚀，是由泵本身的汽蚀性能和吸入系统的装置条件来确定的。根据泵不发生汽蚀的条件：$\Delta h_a > \Delta h_r$，可以看出，要提高泵的抗蚀性能，一方面需要合理地确定吸入系统装置，以提高有效汽蚀余量 Δh_a；另一方面需要提高泵本身的抗汽蚀性能，尽可能地减小必需汽蚀余量 Δh_r。

8.5.1 合理确定吸入系统装置

（1）减小吸入管路的流动损失。

适当加大吸入管管径，尽量减少管路附件，如弯头、阀门等，并使吸入管长最短。

（2）合理确定泵的几何安装高度。

（3）采用诱导轮。

诱导轮是与主叶轮同轴安装的一个类似轴流式的叶轮，其叶片是螺旋形的，叶片安装角较小，叶片数较少，仅 2～3 片，且轮毂直径小，流道宽而长，如图 8.11 所示。

主叶轮前装诱导轮，使流体通过诱导轮升压后流入主叶轮（多级泵为首叶轮），可以提高主叶轮的有效汽蚀余量，改善泵的汽蚀性能。

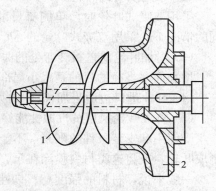

图 8.11 带有诱导轮的离心泵
1—诱导轮；2—离心叶轮

（4）采用双重翼叶轮。

双重翼叶轮由前置叶轮和后置离心叶轮组成，如图 8.12 所示。前置叶轮有 2～3 个叶片，呈斜流形，与诱导轮相比，其主要优点是轴向尺寸小，结构简单，且不存在诱导轮与主叶轮配合不好，而导致效率下降的问题。因此，双重翼叶轮能够改善泵的抗汽蚀性能，且不会降低泵的性能。

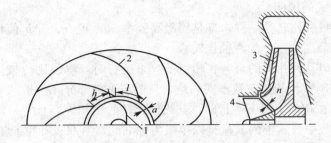

图 8.12 双重翼叶轮

1—前置叶片；2—主叶片；3—主叶轮；4—前置叶轮

（5）采用超汽蚀泵。

在主叶轮之前装一个类似轴流式的超汽蚀叶轮，能诱发一种固定型的气泡，覆盖整个翼型叶片背面，保护叶片，避免汽蚀并在叶片后部溃灭，不损坏叶片。

（6）设置前置泵。

如大容量的锅炉给水泵，可在其给水泵前装置低速前置泵，使给水经前置泵升压后再进入给水泵，从而提高泵的有效汽蚀余量，改善给水泵的汽蚀性能。

8.5.2 提高泵本身的抗蚀性能

（1）降低叶轮入口部分流速。

降低叶轮入口部分流速，可使 Δh_r 减小。而叶轮入口流速与入口几何尺寸有关，因而改进入口几何尺寸，可以提高泵的抗蚀性能。一般可采取增大叶轮入口直径或增大叶片入口边宽度两种方法，但需要注意的是，这些结构参数的改变是有一定限度的，否则会影响泵的效率。

（2）采用双吸式叶轮。

采用双吸式叶轮时，单侧流量减少一半，从而使叶轮入口流速减小。在 c、n、q_v 相同的情况下，采用双吸式叶轮的 Δh_r 是单吸式叶轮的 63%。

（3）增加叶轮前盖板转弯处的曲率半径。

增加曲率半径的目的是减小局部损失，从而减小泵的必需汽蚀余量。

（4）叶片进口边适当加长（即向吸入方向延伸）并做成扭曲状。

（5）首级叶轮采用抗汽蚀性能好的材料。

受使用和安装条件的限制，不能完全避免发生汽蚀的泵，应采用抗汽蚀性能好的材料制成叶轮，或将这类材料喷涂在泵壳、叶轮的流道表面上，以便延长叶轮的使用寿命。

一般来说，材料的强度高、韧性好、硬度高、化学稳定性好，则它抗汽蚀性能也好。如高压给水泵广泛采用各种等级的镍铬不锈钢。

8.5.3 运行中防止汽蚀的措施

（1）为了避免因汽蚀而发生泵的重大损坏事故，可以规定首级叶轮的汽蚀寿命，到期予以更换。

（2）泵应在规定转速下运行，不得超速。因为当 n 增大时，泵的 Δh_r 增大，泵的抗汽蚀性能将显著降低。

（3）不允许用泵的吸入系统上的阀门来调节流量，否则将使吸入管路的流动阻力增加，从而导致 Δh_a 下降。

（4）泵在运行时如果发生汽蚀，可以设法减小流量，或降低转速。

●知 识 链 接 ⋯⋯⋯⋯⋯⋯⋯⋯⋯⋯⋯⋯⋯⋯⋯⋯⋯⋯⋯⋯⋯⋯⋯⋯

离心泵属于通用机械，在社会生活和工业生产中都有着极为广泛的应用。根据国家"十一五"期间的不完全统计，在航空、航天、交通运输以及石油化工等部门，每年因为泵消耗的电量约占总发电量的 20%，而离心泵在泵类产品中占 70% 以上。而每年因为汽蚀破坏造成的部件维修、更换等费用高达几十亿元。目前，随着科学技术的进一步发展，离心泵正逐步向高速和大功率方向发展，这些都对离心泵的汽蚀性能及工作稳定性等提出了更高的要求，因此研究如何提高离心泵的汽蚀性能具有重要的现实意义。

汽蚀是当流道（泵、水轮机、河流、阀门、螺旋桨甚至动物的血管）中的液体局部压力下降至临界压力（汽化压力）时，水中气核成长为气泡，气泡的聚积、流动、分裂、溃灭过程的总称。

泵在运转中，若其过流部分的局部区域（通常是叶轮叶片进口稍后的某处），因为某种原因，抽送液体的绝对压力下降到当时温度下的汽化压力时，液体便在该处开始汽化，形成气泡。这些气泡随液体向前流动，至某高压处时，气泡周围的高压液体致使气泡急剧地缩小以至破裂（图8.13）。在气泡破裂、凝结的同时，液体质点将以高速填充空穴，发生互相撞击而形成水击，使过流部件固壁受到腐蚀破坏。

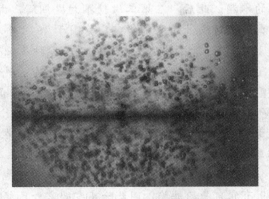

图 8.13 汽蚀产生的气泡和爆破过程

由于泵汽蚀时，在高压区发生连续破灭产生强烈水击，而产生噪声和振动，可以听到像爆豆似的劈劈啪啪的声音。根据噪声可以检测汽蚀的发生。

泵汽蚀时叶轮内的能量交换受到干扰和破坏，在外特性上的表现是如图8.14所示的泵的性能曲线下降，严重时会使泵中的液流中断，不能工作。

泵发生汽蚀的初始阶段，特性曲线并无明显的变化，发生明显变化时，汽蚀已发展到一定程度。对于低比转速，由于叶片间流道窄而长，故一旦发生汽蚀，气泡易于充满整个流道，性能曲线有突降。对于中高比转速，流道短而宽，因而气泡从发生发展到充满整个流道需要一个过渡过程，相应的泵的性能曲线开始是缓慢下降，之后增加到某一流量时才表现为急剧下降（图 8.14）。

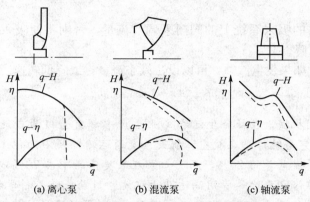

（a）离心泵　　　　　（b）混流泵　　　　　（c）轴流泵

图 8.14　汽蚀引起的性能曲线下降示意图

实际上，早在 1873 年，雷诺就从理论上预言了发生汽蚀的可能性，他阐明了水流通过缩放管道时在低压区内出现的汽蚀现象。但首次观察到汽蚀现象却是在 1893 年，当时有一艘名为"勇敢号"的英国皇家海军舰艇，在行驶过程中发现该舰艇实际能达到的速度远比设计预期的速度低，分析发现，舰艇速度达不到设计要求的原因是其螺旋桨叶片上形成了气泡，使得该螺旋桨性能恶化。几年之后，又出现了几次类似事件，汽蚀问题的严重性才引起人们的注意。

在 20 世纪初期，对汽蚀的研究局限在材料的破坏和汽蚀现象的基本物理特征上。同时，在工程方面也主要集中在螺旋桨和水轮机等机械方面。早在 1940 年以前，美国就已经有了三座研究螺旋桨的水洞。此后，在第二次世界大战期间，由于战争的需要，鱼雷、潜艇、火箭等的发展，加速了对汽蚀的基础研究。美国于 1942 年在加州理工学院建造了第一座高速水洞，并于 1947 年进行了改建。与此同时，各种基础研究也加速发展，其中包括汽蚀核子的理论、气泡的形成和溃灭过程、溶解在液体中的气体的作用以及气泡的溃灭对机械的影响等。

对于离心泵的汽蚀研究，欧洲直到 1925 年，而美国则在 1934 年才建造了封闭回路的汽蚀试验台，用以研究泵内的汽蚀现象。早期的理论研究集中在汽蚀的相似准则方面，1924 年，托马斯针对水轮机提出了托马斯汽蚀系数，之后，该系数又广泛地应用于离心泵中。托马斯系数直到今天在某些国家还在使用，但由于该系数把汽蚀余量与泵的扬程联系起来了，在物理概念上有它自身的缺陷，因此除某些国家外已经很少使用。目前广泛使用的汽蚀相似准则是 1935 年由鲁德涅夫提出的汽蚀比转速。

进入 20 世纪 40 年代以后，在火箭发动机上开始使用诱导轮与离心叶轮相匹配，增大泵的转速。与此同时，诱导轮也开始用于电厂的锅炉给水泵，并逐渐发展为定型产品。

20 世纪 50 年代在美国出现了第一台超汽蚀螺旋桨，这是一种让汽蚀充分发展使之覆盖到整个桨叶的螺旋桨。这样，汽蚀的溃灭过程就发生在桨叶之后，而不至于使桨叶的材料受到破坏。60 年代，在英国的化工流程泵中首次使用了超汽蚀泵。

汽蚀的研究已经近一个世纪，无论在基础理论方面还是在工程实践方面都已经取得了很大的成就，但直到今天，汽蚀问题仍在困扰着我们，对汽蚀的研究也仍将继续。

本 章 小 结

汽蚀现象是泵在运行过程中可能出现的质量问题，本章主要介绍了泵的汽蚀现象、危害及原理，通过对汽蚀问题的分析，提出了避免泵发生汽蚀的相关措施。

（1）汽蚀的危害主要表现在叶轮材料破坏、振动和噪声、性能下降等方面。

（2）离心泵可以安装在吸液面以上，也可安装在吸液面以下，几何安装高度应该小于泵允许的几何安装高度，即 $H_g \leqslant [H_g] = [H_s] - \dfrac{v_s^2}{2g} - h_l = \dfrac{p_e}{\rho g} - \dfrac{p_v}{\rho g} - [\Delta h] - h_l$。

（3）汽蚀余量是表示泵汽蚀性能的参数，分为有效汽蚀余量和必需汽蚀余量。有效汽蚀余量是指泵在吸入口处，单位质量的流体所具有的超过汽化压力的富裕能量，由吸入系统的装置条件确定；必需汽蚀余量是指流体从泵吸入口至泵内压力最低点的压力降，由泵本身的汽蚀性能决定。

（4）泵不发生汽蚀的条件为 $\Delta h_a > \Delta h_r$。

（5）汽蚀比转数是包含泵的性能参数和汽蚀性能参数的综合相似特征数，可对不同泵进行汽蚀性能的比较。

（6）泵是否发生汽蚀，由泵本身的汽蚀性能和吸入系统的装置条件来确定。提高泵的抗蚀性能，可采取提高有效汽蚀余量或减小必需汽蚀余量的具体措施。

思 考 题

1. 什么是汽蚀现象？它对泵的运行有哪些危害？
2. 如何确定泵的几何安装高度？
3. 什么是倒灌高度？
4. 什么是有效汽蚀余量和必需汽蚀余量？两者有何关系？
5. 泵的转速提高后，对其汽蚀性能有何影响？
6. 提高泵的抗蚀性能的措施有哪些？

练 习 题

一、选择题

1. 泵在运行过程中发生汽蚀的原因可能是叶轮入口处液体的（　　　）。

A. 温度偏低或压强偏低　　　　　　　　B. 温度偏低或压强偏高

C. 温度偏高或压强偏高　　　　　　　　D. 温度偏高或压强偏低

2. 下列哪个参数与泵的有效汽蚀余量无关？（　　　）

A. 泵的转速 　　　　　　　　　B. 泵的几何安装高度

C. 流体温度 　　　　　　　　　D. 流体压力

3. 为了提高泵的有效汽蚀余量，下列说法中正确的是（　　）。

A. 增加泵的几何安装高度 　　　B. 增加首级叶轮入口直径

C. 装置诱导轮 　　　　　　　　D. 降低泵的转速

4. 下列防止泵汽蚀的措施中描述正确的是（　　）。

A. 提高水温 　　　　　　　　　B. 降低水泵的安装高度

C. 降低压力 　　　　　　　　　D. 关小进口阀门

5. 提高泵的转速后，其必需汽蚀余量（　　）。

A. 不变 　　　　　　　　　　　B. 升高

C. 降低 　　　　　　　　　　　D. 可能升高，也可能降低

二、计算题

1. 某台吸入口径为 600mm 的离心泵，其输水流量为 1000L/s，在该泵的产品样本中查得 $[H_s]$ 为 5m，则其允许的汽蚀余量为多少？

2. 已知某台离心泵的允许汽蚀余量为 3.6m，欲在海拔 500m 高度的地方工作，该地区夏天最高水温为 40℃，吸水管路水头损失约为 1m，吸水管路的速度水头为 0.2m，求该泵的几何安装高度。

3. 有一台单级离心泵，转速为 1450r/min 时，流量为 3m³/min，汽蚀比转数为 800，用该泵从吸液池抽取常温水，吸水管路的流动损失为 2m，吸液池液面压力为一个标准大气压，问泵的几何安装高度为多少时泵将发生汽蚀。

4. 离心泵从某吸液池液面抽水，泵的最大吸上真空高度为 $H_{s,max}$，泵的进口处装有一只真空表。已知泵在几何安装高度为 H_g 时能正常运转，不会发生汽蚀，此时真空表的读数为 pPa。问吸液池液面下降多少时泵将会发生汽蚀现象？（假设液面压强为一个标准大气压，吸液池内为常温水，忽略吸液池水位下降对流量及管路流动损失的影响。）

5. 某容器内液体压力为 120kPa，水温为该压力下的饱和温度，用一台离心泵从容器内抽水，该泵的允许汽蚀余量为 3.0m，吸水管路的阻力损失为 2.0m，求该泵的几何安装高度。

6. 有一台单吸单级离心泵，流量 $q_v = 68m^3/h$，$\Delta h_{min} = 2m$，从封闭容器中抽送常温清水，容器中液面压强为 10kPa，吸入管段阻力为 0.5m，试求该泵允许的几何安装高度为多少。（常温水密度取 1000kg/m³。）

7. 有一台吸入口径为 600mm 的双吸单级泵，输送常温清水，流量为 880L/s，允许吸上真空高度为 3.0m，吸入管段的阻力为 0.5m，试求：（1）当几何安装高度为 2.6m 时，该泵能否正常工作？（2）如该泵安装在海拔为 1000m 的地区，抽送 40℃的清水，允许的几何安装高度为多少？

第9章

泵与风机的运行及调节

学习引导

本章主要介绍泵与风机的联合运行、工况调节、运行操作及故障分析等。泵与风机的运行管理实践需要正确的理论指导，而相关理论知识则需要在工程实践中得到进一步的验证和完善。要掌握本章内容必须注重理论与实践的结合。

学习目标

掌握在管路系统中工作的泵与风机的工作点的确定方法；掌握泵与风机的联合运行方式及选择；掌握泵与风机的工况调节方法；掌握泵与风机的选型方法；熟悉泵与风机的常见故障及解决方法。

学习要求

能力目标	知识要点	权重
掌握在管路系统中工作的泵与风机的工作点的确定方法，能根据工作管路特性及泵与风机的性能确定实际工作点	泵与风机的工作点的确定；工作点的稳定性分析	10%
掌握泵与风机的联合运行方式，能根据工程实际选择经济合理的联合运行方式	泵与风机的串联工作；泵与风机的并联工作；联合工作方式的选择	30%
掌握泵与风机的工况调节方法，能根据泵与风机的负荷变化提出工况调节的经济合理方法	出口端阀门调节；入口端阀门调节；变速调节；进口导流器调节；叶轮直径调节	25%

（续）

能力目标	知识要点	权重
熟悉泵与风机的常见型号,掌握泵与风机的选型方法,能根据用户要求选择合适的泵与风机	泵与风机的型号表示方法;泵与风机的选用原则、选用程序及方法;泵与风机的选型实例	20%
熟悉泵与风机的安装运行程序,熟悉泵与风机的常见故障,能针对工程实际中发生的故障进行原因分析,并提出解决方法	离心式泵的安装、运行及故障分析;离心式风机的安装、运行及故障分析	15%

引 例

某热电公司锅炉送风机安全事故经过:

2007年1月5日,夜班丁值接班前,运行人员对分管设备进行检查,未发现异常;1:00左右进行巡检,未发现异常现象;1:40左右,锅炉放渣时对1#～3#炉各风机及零米层其他设备进行巡检,未发现有异常现象;2:16发现2#炉风室风压降低,炉膛负压增大,2#送风机电流指示为0,判断风机跳闸,迅速重新启动2#送风机,2#炉风室风压、炉膛负压及2#炉2#送风机电流没有变化,判断为未成功启动,迅速组织压火,同时丁值班长汇报值长2#炉压火。

值班人员与值长到现场检查风机情况,发现2#送风机电机有异味,电机对轮侧轴承冒烟。2:40检修人员到达现场,发现对轮侧轴承端盖温度高,电机对轮卡死无法盘车。400V配电室检查2#炉2#送风机空气开关跳闸,过流继电器显示2#炉2#送风机过流保护动作。500V兆欧表测试电机绝缘一相绕组对地为0,电机绝缘烧毁。电机烧毁后于1月6日上午进行拆检,打开轴承室后发现轴承滚柱架破碎、滚柱部分脱落,电机轴被轴承内套磨损,轴承自原固定位置整体外移并与电机轴承外端盖接触,轴承室内润滑脂受高温后融化,轴承滚柱磨损严重,有明显的磨损沟痕,滚柱与轴承内套脱离一半。

事故原因分析:

(1) 轴承与电机轴安装应力不够,导致轴承内套与电机轴形成滑动摩擦,使轴承与轴形成螺丝效应向端盖侧移动,最后由端盖定位止住,轴承滚柱磨损导致电机轴下沉转子扫膛发热,造成定子绝缘破坏,是导致电机烧毁的直接原因。

(2) 运行和检修人员在巡检过程中,未及时察觉2#风机电机轴承异常是造成本次电机烧毁事故的主要原因。

(3) 发电一车间对设备管理不到位,对员工教育培训不到位,对巡回检查制度监督不到位,是造成此次事故的间接原因。

防范措施:

(1) 加强运行岗位及检修人员日常巡检,发现设备异常及时汇报。

(2) 进一步加强安全隐患和不安全因素的排查治理,对现场进行超前分析,对事故进行超前预防,从而加强管理,将事故消灭在萌芽状态。

(3) 加强检修工作监督管理,提高检修质量,确保设备运行安全,消除设备隐患。

(4) 车间加强日常运行管理,在主要巡检路线增设巡检点到箱,杜绝巡检不到位现象的发生。

（5）加强检修材料质量检查力度，如发现质量问题及时与供应部门联系。

9.1　泵与风机的工作点

9.1.1　泵与风机工作点的确定

泵与风机是在一定的管路系统中工作的，其运行工况不仅与泵本身的性能有关，同时也取决于所连接的管路性能。

通过泵与风机管路系统中的流量就是泵与风机本身的流量，因此，可以将泵本身的性能曲线与管路特性曲线按照同一比例绘制在同一张图上，如图9.1所示。两条曲线相交于一点 D，D 点即为泵在管路系统中的工作点。该点的流量为 q_{vD}、扬程为 H_D，此时泵所提供的能量正好能够克服管路的阻力，因此泵在 D 点工作时达到能量平衡，工作性能稳定。

工作点的确定对泵与风机的选用、调节及日常维护具有指导性的意义。

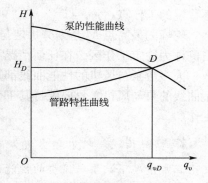

图9.1　离心泵的工作点

（1）选配泵或风机时，除了必须满足按工程需要所确定的参数外，其工程工况必须和工作点相近，即必须在高效区内工作，以保证运行的经济性。

（2）实际工作中，泵或风机的运行需求是变化的。如中央空调的冷风输送系统，在高温天气要求高风压、大流量，而在非高温天气则要求低风压、小流量。这就常常需要改变泵或风机的工作点，即进行工况调节。

（3）泵或风机在运行中出现故障时，也常常利用工作点（特性曲线）的变化情况指导维修工作。

9.1.2　工作点的稳定性分析

泵与风机的 q_v-H 性能曲线有三种类型：平坦型、陡降型和驼峰型。平坦型和陡降型的性能曲线与管路特性曲线一般只有一个交点 D，且 D 点为稳定的工作点，如图9.1所示。泵与风机在该工况点运行时，其输出的流量恰好等于管道系统所需要的流量，提供的能头也恰好满足管道在该流量下所需要的扬程。当工作点 D 受机械振动或电压波动引起流速干扰而发生偏离时，干扰过后会立即恢复到原工作点运行。

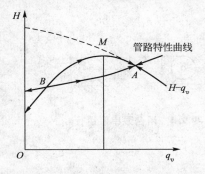

图9.2　离心泵工作点的稳定性

有些比转数较低的泵与风机的性能曲线呈驼峰型，如图9.2所示。性能曲线与管路特性曲线可能会有两个交点 A 和 B，M 点为性能曲线的最高点。如果泵与风机在性能曲线的下降区段工作，如 A 点，其运行是稳定的。

但是，如果工作点处于性能曲线的上升区段，如 B 点，则泵与风机看似也能稳定工作，但实际上是不稳定的，稍有干扰，比如电路中电压波动、频率变化造成转速变化、水位波动，以及设备振动等，A 点就会移动。

当工作点 B 受到扰动向右偏移时，泵与风机产生的能量大于管路装置所需要的能量，从而流速增大，流量增加，工作点会继续向右移动，直到稳定的工作点 A 点为止。反之，当工作点 B 受扰动向左偏移时，泵与风机产生的能量小于管路系统装置所需要的能量，流速相应减小、流量下降，工作点继续向左移动，直到流量等于零无输出为止。此时，如果泵吸水管上没有装设底阀或止回阀，流体会发生倒流，导致喘振现象。因此，工作点 B 是不稳定的工作点。

驼峰的最高点 M 是划分稳定与不稳定的临界点，M 点左侧称为不稳定工作区，M 点右侧称为稳定工作区。在任何情况下，都应该使泵与风机保持在稳定工作区内工作。

大多数泵与风机的性能曲线都是下降型的，不会出现工作的不稳定性。少数具有驼峰型曲线的泵与风机，只要保持其工作范围始终在性能曲线的下降段，就可以避免不稳定的工作。

特 别 提 示

正常情况下，泵与风机的性能曲线与管路特性曲线应该有一个或两个交点，但也存在一种特殊情况，即泵与风机的性能曲线与管路特性曲线没有交点，这说明该泵与风机的性能过高或过低，不能适应管路系统装置的要求，应该重新进行选择。

9.2　泵与风机的联合运行

当某管路系统中采用一台泵或风机不能满足流量或扬程(全压)的要求时，往往需要用两台或两台以上的泵与风机联合工作。泵与风机的联合工作分为并联(图 9.3)和串联(图 9.4)两种运行方式。

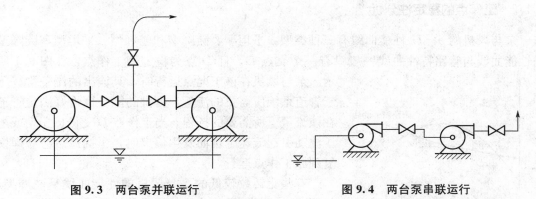

图 9.3　两台泵并联运行　　　　　　图 9.4　两台泵串联运行

9.2.1　泵与风机的并联运行

并联是指多台泵或风机向同一管路系统输送流体的工作方式，并联运行的主要目的是在保证扬程（全压）相同时增加流量。

多台泵或风机的并联运行一般在以下情况下采用。

（1）管路系统要求的流量很大，用一台泵或风机不能满足流量输送要求。

（2）机组扩建，相应的系统流量增大，而原有的泵或风机仍然可以继续使用。

（3）外界负荷变化范围大，流量变化幅度较大，为了保证泵与风机在高效范围区内工作，提高运行经济性，可采用多台并联运行，通过增减运行台数来适应负荷变动。

（4）为避免单台泵或风机运行发生故障或正常检修时，中断流体的输送，可采用多台泵或风机并联运行，其中一台或几台作为备用。

1. 同性能（同型号）的泵并联运行

两台相同性能的泵并联运行时的性能曲线如图 9.5 所示。图中曲线Ⅰ、Ⅱ为两台相同性能的泵单独运行时的性能曲线，Ⅲ为管路特性曲线。在扬程相等的条件下，将单台泵性能曲线Ⅰ、Ⅱ的流量叠加即可得到两台泵并联运行的性能曲线Ⅰ＋Ⅱ。

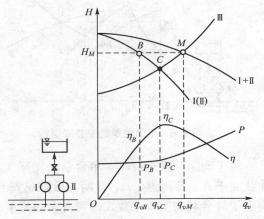

图 9.5 同性能泵并联运行

单台泵运行的工作点为 C，两台泵并联运行后，工作点为 M，两台泵并联运行的总流量为 q_{vM}，扬程为 H_M。

为了确定并联运行时，单台泵的实际工况，由 M 点作等扬程线与单台泵的性能曲线交于一点 B，B 点即为每台泵在并联工作时的实际工况点。B 点决定了每台泵的工作参数，即流量为 q_{vB}，扬程为 H_B。

并联工作的特点是：扬程彼此相等，总流量为每台泵输送流量之和，即：

$$q_{vM} = 2q_{vB}, \quad H_M = H_B$$

并联前单台泵运行的参数与并联后每一台泵的运行参数比较：

$$q_{vB} < q_{vC} < q_{vM} < 2q_{vC}$$
$$H_B = H_M > H_C$$

两台泵并联运行，总流量小于单独运行时流量的两倍，而并联后的扬程却比单台泵独立工作时要高一些，这是因为输送流体的管道是原有的，直径也没有增大，而管道摩擦损失随流量的增加而增大了，从而阻力增大，这就需要每台泵都提高它的扬程来克服这增加的阻力水头。

泵与风机的工作点是由管路特性曲线和性能曲线共同确定的。一方面，管路特性曲线越平坦，并联后的流量就越接近于单独运行时的两倍，工作就越有利。如果管路特性曲线很陡，陡到一定程度时，采取并联工作来增加流量的效果并不明显。另一方面，泵的性能曲线越平坦，并联后的总流量反而越小于单独工作时流量的两倍，为达到增加流量的目的，泵的性能曲线应该陡一些为好。综上所述，当管路特性曲线较为平坦，而性能曲线较陡时采取并联运行较为经济。从并联数量上来看，台数越多，并联后所能增加的流量越少，即每台泵输送的流量减少，故并联台数过多并不经济。

在选择电动机时应注意，如果两台泵长期并联工作，应按并联时各台泵的最大输出流

量 q_{vB} 来选择电动机的功率，使其在并联工作时在最高效率点运行。但是，由于有时候并联台数是随扩建规模递增的，事先很难定出其多台泵并联工作下的分配流量，从而导致选择容量过大，在扩建后并联运行效率降低。若考虑到在低负荷只用一台泵运行，为使电动机不至于过载，电动机就要按单独工作时输出流量 q_{vC} 的需要功率来配套。

2. 不同性能的泵并联运行

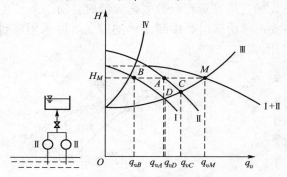

图 9.6　不同性能的泵并联运行

如图 9.6 所示为两台不同性能的泵并联工作时的性能曲线图。图中曲线 I、II 为两台不同性能的泵单独运行时的性能曲线，III 为管路特性曲线。在扬程相等的条件下，将单台泵性能曲线 I、II 的流量叠加即可得到两台泵并联运行的性能曲线 I ＋ II。

单台泵运行的工作点分别为 C、D，两台泵并联运行后，工作点为 M，两台泵并联运行的总流量为 q_{vM}，扬程 H_M。

为了确定并联运行时，单台泵的实际工况，由 M 点作等扬程线分别与每台泵的性能曲线交于 A、B 两点，A、B 两点分别是每台泵在并联工作时的实际工况点。A、B 两点决定了每台泵的工作参数，即两台泵的流量分别为 q_{vA}、q_{vB}，扬程为 H_A、H_B。

两台不同性能的泵并联工作的特点是：扬程彼此相等，总流量为每台泵输送流量之和，即：

$$H_M = H_A = H_B$$

$$q_{vM} = q_{vA} + q_{vB}$$

并联前单台泵运行的参数与并联后每一台泵的运行参数比较：

$$q_{vM} < q_{vC} + q_{vD}$$

$$H_M > H_C, \quad H_M > H_D$$

由上述内容可知，两台不同性能的泵并联运行，总流量等于并联后各泵输出流量之和，却小于并联前各泵单独工作的流量之和，并联台数越多、管路特性曲线越陡峭，并联后的总输出流量减少得就越多。

由图 9.6 可以看出，当两台不同性能的泵并联时，扬程较小的泵（泵 I）其输出流量减少得较多，当总流量减少时，泵 I 甚至可能没有输送流量。因此，若并联工作点 M 移至 C 点以左，即总流量 $q_{vM} < q_{vC}$ 时，应停用扬程较小的一台泵（泵 I）。实际上，不同性能的泵并联操作比较复杂，工程中很少采用。

●（特）（别）（提）（示）

不同性能的泵并联时会使得工作范围受到限制，其联合运行的总流量不能太小，否则会造成流量过低的泵效率严重下降并可能发生汽蚀。为避免并联时个别泵的工况恶化，在选择并联工作方式时，应尽量选择性能相同的泵。

9.2.2 泵与风机的串联运行

串联是指前一台泵或风机的出口向另一台泵或风机的入口输送流体的工作方式，如图9.4所示。串联的主要目的是在流量相同时增加压头。

多台泵或风机串联运行一般在以下情况下采用。

（1）采用单台泵与风机，其能头（扬程或全压）不能满足管路系统的设计要求。

（2）在改建或扩建的管路系统中，管道阻力增大，要求提高能头输出较大流量。

1. 同性能的泵串联运行

两台相同性能的泵并联运行时的性能曲线如图9.7所示。图中曲线Ⅰ、Ⅱ为两台相同性能的泵单独运行时的性能曲线，Ⅲ为管路特性曲线。在流量相等的条件下，将单台泵性能曲线Ⅰ、Ⅱ的扬程叠加即可得到两台泵串联运行的性能曲线Ⅰ＋Ⅱ。

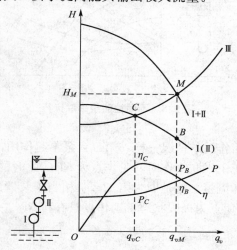

图 9.7 同性能泵串联运行

单台泵运行的工作点为 C，两台泵串联运行后，工作点为 M，两台泵串联运行的总流量为 q_{vM}，扬程为 H_M。

为了确定串联运行时，单台泵的实际工况，由 M 点作等流量线与单台泵的性能曲线交于一点 B，B 点即为每台泵在串联工作时的实际工况点。B 点决定了每台泵的工作参数，即流量为 q_{vB}，扬程为 H_B。

串联工作的特点是：流量彼此相等，总扬程为每台泵提供的扬程之和，即

$$q_{vM} = q_{vB}$$
$$H_M = 2H_B$$

串联工作前单台泵运行的参数与串联后每一台泵的运行参数比较：

$$q_{vM} = q_{vB} > q_{vC}$$
$$H_C < H_M < 2H_C$$

这说明，两台泵串联工作所产生的总扬程大于串联前单台泵运行的扬程，而小于单台泵运行时扬程的两倍。且串联之后每台泵的实际流量也比单台泵运行时的流量增大了，这是因为泵串联工作后，一方面扬程的增加大于管路阻力的增加，富裕的扬程促使流量增加；另一方面流量的增加又使阻力增大；抑制了总扬程的升高。

串联运行时应注意以下问题。

（1）对经常串联运行的泵，应使各泵最佳工况点的流量相等或接近。

（2）启动时，各串联泵的出口阀门都要关闭，先启动第一台泵，然后开启第一台泵的出口阀门，在第二台泵出口阀门关闭的情况下再启动第二台。

（3）由于后一台泵需要承受前一台泵的升压，故选择泵时，应考虑两台泵结构强度的不同。

（4）一般来说，多台泵与风机串联运行要比单机运行的效果差，运行调节复杂，因此，一般情况下泵仅限两台泵串联运行。而风机由于串联运行的操作可靠性差，不宜采用

串联运行方式。

2. 不同性能的泵串联运行

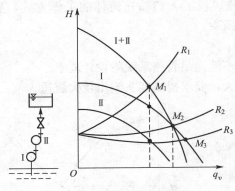

图 9.8 不同性能泵串联运行

两台不同性能的泵串联运行时的性能曲线如图 9.8 所示。图中曲线 Ⅰ、Ⅱ 分别为两台不同性能的泵单独运行时的性能曲线。R_1、R_2、R_3 为三种不同陡峭程度的管路特性曲线，代表三种不同的管路系统。在流量相等的条件下，将单台泵的性能曲线 Ⅰ、Ⅱ 的扬程叠加即可得到两台泵串联运行的性能曲线 Ⅰ＋Ⅱ。

当泵在第一种管路系统中串联工作时，工作点为 M_1，串联运行后总扬程和流量都是增加的；当泵在第二种管路系统中串联工作时，工作点为 M_2，这时的扬程及流量和只用一台泵（Ⅰ）单独工作时的情况一样，第二台泵不起作用，在串联工作中只消耗功率；当泵在第三种管路系统中串联工作时，工作点为 M_3，此时的总扬程和流量反而小于单台泵（Ⅰ）运行时的扬程和流量；这是因为第二台泵相当于装置的节流器，增加了阻力，减少了输出流量。因此，M_2 点为极限状态，工作点只有在 M_2 左侧时，串联工作才是有利的。

特 别 提 示

性能不同的泵串联运行的总流量超过一定限值时，个别泵的工作扬程可能为负值，即该泵不但不会给流体提供能量，反而会成为流动的阻力。因此，性能不同的泵串联工作时，应注意工作范围的限定。

9.2.3 相同性能泵联合工作方式的选择

如果用两台相同性能的泵联合运行来增加流量时，采用并联或者串联的方式都可满足此目的。但是，究竟采用哪种方式有利，还要取决于管路特性曲线，如图 9.9 所示。

图中 Ⅰ 是两台泵单独运行时的性能曲线，Ⅱ 是两台泵并联运行时的性能曲线，Ⅲ 是两台泵串联运行时的性能曲线。

同时，图中还标示了三种不同陡峭程度的管路特性曲线 R_1、R_2、R_3。其中管路特性曲线 R_3 是串并联两种运行方式优劣的界线。管路特性曲线 R_1 比较陡峭，与并联运行的性能曲线交于点 B_2，与串联运行的性能曲线交于点 B_2'。从图上可以看出，串联运行的工作点流量大于并联运行工作点的流量，即 $q_{vB_2} > q_{vB_2'}$。而管路特性曲线 R_2 比较平坦，与并联运行的性能曲线交于点 A_2，与串联运行的性能曲线交于点 A_2'。从图上可以看出，并联运行的工作点流量大于串联运行工作

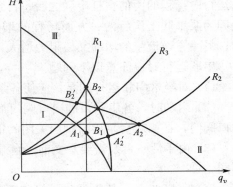

图 9.9 相同性能的泵串并联工作的选择

点的流量，即 $q_{vA2} > q'_{vA'_2}$。

因此，管路系统中采用多台泵联合运行来增加流量时，采用并联还是串联方式，应当取决于管路特性曲线的陡峭程度。管路系统的阻力大时，管路特性曲线较陡，选择串联方式较为适宜；管路系统的阻力小时，管路特性曲线较平坦，选择并联方式较为适宜。

9.3 泵与风机的工况调节

泵与风机在实际运行过程中，由于外界负荷的变化，经常要求改变其运行工况，即用人为的方法来改变工况点（工作点）。工况点的调节一般是指泵与风机流量的调节。

调节的方法通常有以下三种。

（1）改变泵与风机本身的性能曲线。

（2）改变管路特性曲线。

（3）同时改变性能曲线与管路特性曲线。

9.3.1 改变管路性能曲线

改变管路性能曲线最常用的方法是利用装设在管路中的节流部件，如各种阀门、挡板等，改变阀门的开启程度，使管路的局部阻力发生变化，从而改变管路特性曲线，达到调节流量的目的。

1. 出口端阀门调节

如图 9.10 所示，管路特性曲线 II 与泵的性能曲线交于点 M，即原工作点为 M。当阀门关小时，管路的局部阻力增大，管路特性曲线变陡，如图 9.10 中曲线 I 所示。工作点由 M 点移动到 A 点，流量由 q_{vM} 降到 q_{vA}。当阀门开大时，管路局部阻力减小，管路特性曲线变平坦，如图中曲线 III 所示。此时，工作点由 M 点移动到 B 点，流量由 q_{vM} 增大到 q_{vB}。

阀门关小时，额外增加的能量损失为 $H_A - H_C$，相应多消耗的功率（kW）为：

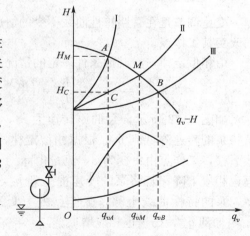

图 9.10 出口端阀门调节

$$\Delta P = \frac{\rho g q_{vA}(H_A - H_C)}{1000\eta_A} \qquad (9-1)$$

由此可见，调节过程中由于增加了阀门阻力，额外增加了压头损失，调节不经济，且调节具有单向性，即一般情况下只能在小于设计流量一方进行调节。但这种调节方式初始投资低、简单、可靠、方便，故仍然应用于离心式的小容量泵与风机，轴流式泵与风机不宜采用该方式。

2. 入口端阀门调节

改变安装在进口管路上的阀门开度来改变输出流量的方法称为入口端阀门（节流）调节。

这种调节方式不仅改变管路的特性曲线，同时也改变泵与风机本身的性能曲线。如

225

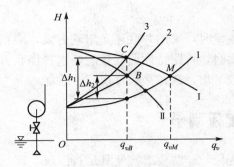

图 9.11 入口端阀门调节

图 9.11所示，原工作点为性能曲线Ⅰ与管路特性曲线 1 的交点 M，流量为 q_{vM}，当关小进口阀门时，泵与风机的性能曲线由Ⅰ变为Ⅱ，管路特性曲线由 1 变为 2，新的工作点为交点 B，此时流量为 q_{vB}，附加阻力损失为 Δh_2。

如果在满足同一流量 q_{vB} 下，将入口端调节改为出口调节，调节管路特性曲线 3 与性能曲线相交的工作点为 C，附加阻力损失为 Δh_1。从图中可以看出，$\Delta h_2 < \Delta h_1$，即入口端节流损失小于出口端节流损失，但是由于入口节流调节会使进口压力降低，对于泵来说，有引起泵汽蚀的危险，因此，入口端调节仅在风机上使用，泵一般不采用。

9.3.2 改变泵与风机的性能曲线

泵与风机性能曲线调节方式可分为变速调节和非变速调节两大类。常用的非变速调节方式主要有入口端节流调节、离心泵的汽蚀调节、分流调节、离心式和轴流式风机的入口导流器调节、混流式和轴流式风机的动叶调节等；变速调节的方式主要有电气调速、机械调速和机电联合调速等。

1. 变速调节

变速调节是在管路特性曲线不变的情况下，用变转速来改变泵与风机的性能曲线，从而改变其工作点。

由相似定律，在其他条件一定的情况下，流量、扬程（全压）、功率与转速的关系为：

$$\frac{q_{v1}}{q_{v2}} = \frac{n_1}{n_2}, \qquad \frac{H_1}{H_2} = \left(\frac{n_1}{n_2}\right)^2 \text{或} \frac{p_1}{p_2} = \left(\frac{n_1}{n_2}\right)^2, \qquad \frac{P_1}{P_2} = \left(\frac{n_1}{n_2}\right)^3$$

如图 9.12 所示，泵的原转速为 n_1，工作点为 1，若将泵的转速降低到 n_3，根据相似定律，泵的特性曲线下移，工作点由 1 变为 3，流量由 q_{v1} 下降到 q_{v3}，扬程也相应下降；若将泵的转速提高到 n_2，根据相似定律，泵的特性曲线上移，工作点由 1 变为 2，流量由 q_{v1} 增加到 q_{v2}，扬程也相应增加。

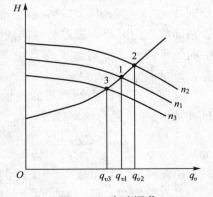

图 9.12 变速调节

变速调节的主要优点是大大减少了附加的节流损失，在很大的变工况范围内能够使泵与风机保持较高的运行效率。但由于变速传动装置或可变速原动机投资昂贵，故一般小型机组很少采用。而且实际的节能效果要小于理想情况下最大可能的节能效果，因为调节过程还要受到诸如转速效应、装置静能头不为零及变速调节设备本身的能量消耗等因素的制约。

还要注意的是，采用变速法调节工况时，应该校核泵与风机是否超速、电机是否过载。

改变泵与风机转数的方法有以下几种。

1) 改变电机转数

用电机拖动的泵与风机，可以通过在电机的转子电路中串接变阻器来改变电机的转数。优点是可是现实无级调速，调速操作简单，提高了水泵的运行效率和扬程利用率。缺点是必须增加附属设备，调速系统价格较贵、对运行和检修的技术要求高。

另一种常用的方法是变频调速，即通过均匀改变电机定子供电频率来达到平滑地改变电机的同步转速。只要在电机的供电线路上跨接变频调速器，即可按用户所需的某一控制参数(如流量、温度或压力等)的变化自动调整频率及定子供电电压。优点是能够实现无级调速，操作简单，效率高，且变频装置体积小、便于安装等。缺点是调速系统价格较高，检修和运行技术要求高，并且会对电网产生某种程度的高频干扰等。目前国内用于泵与风机调速的系列变频调速电气控制柜已经广泛推广。

2) 其他变速调节方法

其他变速调节方法有调换皮带轮变速、齿轮箱变速及液力耦合器变速等。

通过调换传动皮带轮的大小，可以在一定范围内调节泵与风机的转数。优点是不增加额外的能量损失。缺点是调速范围有限，并且要停机换轮。

液力耦合器是安装在电机和泵与风机之间的传动设备。和一般联轴器的不同之处在于通过液体(如油)来传递扭矩，从而在电机转速恒定的情况下，改变泵与风机的转数。优点是调速连续，很容易实现空载或轻载启动，调速操作简便。缺点是调节装置复杂，维修运行技术要求较高，耗费电能多。

● 特 别 提 示

理论上可以通过增加转数的方法来提高泵与风机的流量，但是转数增加后，叶轮圆周速度增大，可能增大振动与噪声，且可能发生机械强度和电机超载的问题。因此，一般情况下不采用增速的方法来调节工况。

2. 进口导流器调节

离心式通风机经常采用进口导流器进行调节。常用的导流器有轴向导流器和径向导流器两种形式。

导流器的作用是使气流在进入叶轮之前产生预旋。当导流器全开时，气流无旋进入叶轮，此时叶轮进口切向速度为零，所得风量最大。由旋转方向转动导流器叶片，气流产生预旋，使切向流速加大，从而风压降低。导流器叶片转动角度越大，产生的预旋越强烈，风压降低得越多。

如图 9.13 所示为采用进口导流器调节的工况分析。导流叶片角度为 0°、30°、60°时，风机的性能曲线分别为 I、II、III，与管路特性曲线交于点 A、B、C 三点，分别为三种角度下的工况点。

采用进口导流器，增加了进口的撞击损失，从节能角度来看，不如变速调节好，但比阀门调节消耗功率小，也是一种比较经济的调节方法。此外，导流器结构比较简单，可用装在风机外壳上的手柄进行调节，在不

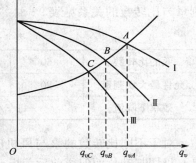

图 9.13 进口导流器调节

停机的情况下即可进行，操作方便灵活。

3. 切割或加长叶轮外径调节

泵与风机在设计工况及其附近运行时，具有较高的效率。但有些情况下，因为泵与风机的选型不当或无法适应实际需求，或由于装置发生改变等，使泵与风机的容量过大或过小。容量过大会引起调节时的节流损失增加，容量过小则不能满足需要。因此，可以对泵与风机进行改造，以适应其使用范围。方法之一就是切割或加长叶轮叶片。

叶轮叶片切割或加长后，与原叶轮在几何形状上已经不相似，但当该变量不大时，可近似认为切割后出口角仍保持不变，从而流动状态近乎相似，因而可以借用相似定律的关系，对切割后的性能参数进行计算。

切割或加长后，泵与风机的性能遵循切割定律。

对低比转数的泵与风机，叶轮外径稍有变化，其出口宽度变化不大，甚至可以认为没有变化，若转速保持不变，只是叶轮外径由 D_2 变为 D_2' 时，其流量、扬程（全压）、功率的变化关系如下：

$$\frac{q_v'}{q_v} = \left(\frac{D_2'}{D_2}\right)^2 \tag{9-2}$$

$$\frac{H'}{H} = \left(\frac{D_2'}{D_2}\right)^2 \text{ 或} \frac{p'}{p} = \left(\frac{D_2'}{D_2}\right)^2 \tag{9-3}$$

$$\frac{P'}{P} = \left(\frac{D_2'}{D_2}\right)^4 \tag{9-4}$$

对中、高比转数的泵与风机，叶轮切割或加长时，会使叶轮出口宽度增大或减小，且出口宽度与直径 D_2 成反比，其流量、扬程（全压）、功率的变化关系如下：

$$\frac{q_v'}{q_v} = \frac{D_2'}{D_2} \tag{9-5}$$

$$\frac{H'}{H} = \left(\frac{D_2'}{D_2}\right)^2 \text{ 或} \frac{p'}{p} = \left(\frac{D_2'}{D_2}\right)^2 \tag{9-6}$$

$$\frac{P'}{P} = \left(\frac{D_2'}{D_2}\right)^3 \tag{9-7}$$

式（9-2）～式（9-7）称为切割定律，切割定律与相似定律形式上类似，但其本质是完全不同的。

叶轮外径的改变可以改变泵与风机的性能。因此，常用切割的办法来改变泵与风机的使用范围，但是叶轮外径的切割应以效率不致大幅度下降为原则。叶轮外径允许的最大切割量与比转数的关系见表9-1。

表 9-1　最大切割量与比转数的关系

泵的比转数	60	120	200	300	350	350 以上
允许最大切割量	20	15	11	9	7	0
效率下降值	每车小 10% 下降 1%			每车小 4% 下降 1%		

对于不同比转数的泵与风机应采用不同的切割或加长方式。对低比转数的多级离心泵，只切割叶片而保留前后盖板，这样能保持叶轮外径与导叶之间的间隙不变，对液流有较好的引导作用，但因圆盘摩擦损失仍保持不变，会导致泵的效率下降。因此，是否同时

切割前后盖板要根据具体情况而定。对高比转数的离心泵，应当把前后盖板切成不同的直径，使流动更加平顺。

● 特 别 提 示 ··

因为切割定律是近似的，有时含有较大的误差，因此在切割时应留有余地，分 2～3 次切割，每次切割后应经现场测试核算，以防切割过量致使风机出力不够。

··

9.4 泵与风机的选型

泵与风机的选型主要是指根据用户的使用要求，在泵与风机的已有系列产品中选择一款适用的泵与风机。选型的主要内容是确定泵与风机的型号、规格、台数、转速以及配套电机的功率。

9.4.1 泵与风机的型号表示

实际工程中，泵与风机输送的流体性质、压力及流量要求差异很大，为了适应不同的输送要求，泵与风机的形式多种多样。在选择泵与风机时，首先应根据用户需求、所输送的流体的种类和性质，初步拟定泵与风机的类型。

1. 离心泵的类型及表示方法

离心泵的分类方法有很多，如按照输送流体的性质可分为清水泵、杂质泵、油泵、耐腐蚀泵等；按照安装方式可分为立式泵、卧式泵；按照叶轮数目可分为单级泵、多级泵；按照叶轮吸入方式可分为单吸泵、多吸泵。

目前离心泵产品型号很多，常见的有：SG 管道离心泵、ISG 立式管道离心泵、ISW 卧式管道离心泵、IRG 立式热水循环泵、PBG 屏蔽式管道离心泵、GC 锅炉给水离心泵、D 多级离心泵、DL 立式多级离心泵、IS 单级单吸清水离心泵、FB 耐腐蚀离心泵、S(Sh) 单级双吸离心泵、ZX 自吸式离心泵、ISGD 单级单吸低转速离心泵、QS 潜水泵、WL 立式排污泵等。

1) 单级单吸清水泵

清水泵(IS 型、D 型、Sh 型)是生产中最常用的泵型，适宜输送清水或者黏度与水相近、无腐蚀且无固体颗粒的液体，其中 IS 型清水泵结构可靠、震动小、噪声低，与早期 B 型或 BA 型产品相比，其机械效率提高 3%～6%，属于节能型泵。

泵的型号以字母加数字所组成的代号表示。以 IS 型泵为例，IS80 - 65 - 160 型泵，"IS"表示泵的形式为单级单吸清水离心泵；"80"代表吸入口径为 80mm；"65"代表排出口径为 65mm；"160"代表叶轮直径为 160mm。

2) 多级泵

如果所要求的扬程较高而流量并不太大时，可选用多级泵，多级泵的结构如图 9.14 所示。在一根轴上串联多个叶轮，从一个叶轮流出的液体通过泵壳内的导轮，引导液体改变流向，且将一部分动能转变为静压能，然后进入下一个叶轮的入口，因液体从几个叶轮中多次接受能量，故可达到较高的扬程。国产多级泵的系列代号为 D，称为 D 型离心泵。

叶轮级数一般为 2～9 级，最多为 12 级。

D 型离心泵的型号表示方法以 D12－50×2 型泵为例。其中，"D"代表多级离心泵；"12"表示公称流量为 12m³/h，即最高效率点时流量的整数值（该泵最高效率点时的流量为 12.5m³/h）；"50"表示该泵在最高效率点时的单级扬程为 50m，"2"表示级数为 2 级；因此，该泵在最高效率点的总扬程为 100m。

3）双吸泵

如果输送流体的流量较大而所需的扬程并不高时，可以选用双吸泵。双吸泵的叶轮有两个吸入口，如图 9.15 所示。由于双吸式叶轮的宽度与直径之比加大，且有两个吸入口，因此输送流体的量比较大。国产双吸泵的系列代号为 Sh。

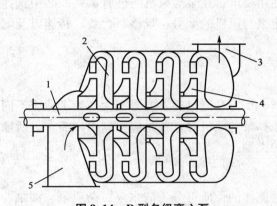

图 9.14　D 型多级离心泵

1—泵轴；2—导轮；3—排出口；4—叶轮；5—吸入口

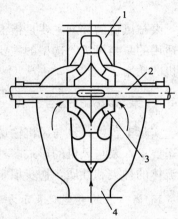

图 9.15　Sh 单级双吸离心泵

1—排出口；2—泵轴；
3—叶轮；4—吸入口

Sh 型泵的型号表示方法以 150S100 型泵为例。其中，"150"表示吸入口的直径为 100mm；"S"表示该泵的类型为双吸式；"100"表示最高效率点时的扬程为 100m。

2. 离心风机的类型及表示方法

离心式风机按照用途可以分为送风机、排风机、排烟风机和除尘风机等；按照安装形式可分为立式和卧式；按照压力高低可以分为通风机、鼓风机和压缩机；通风机按照压力高低又可以分为高压、中压和低压通风机。

离心式风机的型号包括名称、型号、机号、传动方式、旋转方向和出风口位置六部分。

1）名称

离心式风机的名称包括用途、作用原理和在管网中的作用三部分。很多产品仅在型号前冠以用途代号，如 G 表示送风机（鼓风机）、Y 表示引风机、B 表示防爆式风机等。一般用途的风机产品，可省略用途代号。

2）型号

离心式风机的型号由基本型号和补充型号组成。基本型号包括两组数字，第一组数字表示全压系数乘以 10 之后的化整数；第二组数字表示比转数。补充型号由两位数字组成，第一位数字表示风机进口吸入形式，"0"表示双吸式，"1"表示单吸式，"2"表示两级串联；第二位数字表示设计的顺序号，第一次设计的序号可以不用写出。

3）机号

离心式风机的机号一般用叶轮外径的分米数（dm）表示，前面冠以 No。

4）传动方式

离心式风机的传动方式有 6 种，分别以大写字母 A、B、C、D、E、F 表示，如表 9－2 及图 9.16 所示。

表 9－2　离心式风机的传动方式

传动方式	A	B	C	D	E	F
结构特点	单吸、单支架、无轴承、与电机直联	单吸、单支架、悬臂支撑、带轮在两轴承之间	单吸、单支架、悬臂支撑、带轮在两轴承外侧	单吸、单支架、悬臂支撑、联轴器传动	单吸、双支架、带轮在两轴承外侧	单吸、双支架、联轴器传动

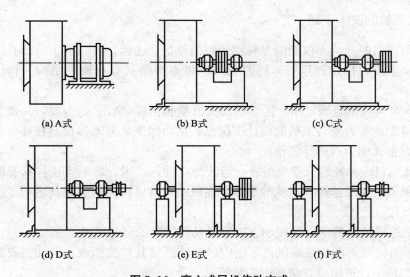

(a) A式　　　(b) B式　　　(c) C式

(d) D式　　　(e) E式　　　(f) F式

图 9.16　离心式风机传动方式

5）旋转方向

离心风机的旋转方向有左旋和右旋两种。从电机一端正视，叶轮作顺时针方向旋转称为右旋，反之为左旋。一般以右旋作为风机的基本旋转方向。

6）出风口位置

风机的出风口位置基本定位 8 个，以角度 0°、45°、90°、135°、180°、225°、270°、315°表示。对于右旋风机的出风口是以水平向左方规定为 0° 位置，左旋风机的出风口则以水平向右方规定为 0° 位置，如图 9.17 所示。

以 G4－72－11No10C 右 90°为例，说明风机的型号表示方法。其中，"G" 代表该风机的用途为送风机；"4" 表示风机在最高效率点的风压系数为 0.4 左右；"72" 表示风机的比转数为 72；前一个 "1" 代表单吸式风机；后一个 "1" 代表设计顺序号，即第一次设计；"No10" 代表机号为 10，即叶轮直径 10dm；"C" 代表传动方式为单支架悬臂支撑，皮带轮在轴承外侧；"右 90°" 代表右旋风机，出风口位置 90°。

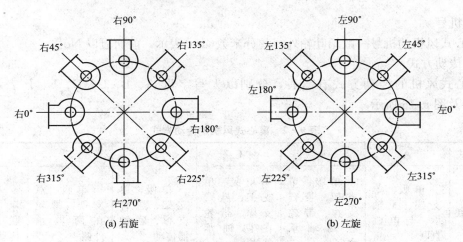

(a) 右旋   (b) 左旋

图 9.17　风机的出风口位置

9.4.2　泵与风机的选用原则

选择泵与风机时应该不仅能满足管路系统的流量、扬程(全压)要求，而且能保证泵与风机经常在高效段内稳定地运行，同时泵与风机本身应具有合理的结构。具体选用原则如下。

(1) 所选泵与风机应满足用户需要的最大流量和扬程(全压)的需要，并使其正常运行的工况点尽可能地靠近泵与风机的设计工况点，从而保证泵与风机长期在高效范围区内运行，以提高设备长期运行的经济性。

(2) 泵或风机应保证运行安全可靠，运转稳定性好。因此，不宜选择具有驼峰型性能曲线的泵与风机；如果选择具有驼峰型性能曲线的泵与风机，则应使其运行工况点处于驼峰型的下降区段。

(3) 力求选择结构简单、体积小、重量轻及高转速的泵与风机。

(4) 对于有特殊要求的泵或风机，还应尽可能满足其特殊要求。例如，安装地点受限时应考虑体积偏小，进出口管路便于安装等。

(5) 当所需流量较大时，应考虑多台设备并联运行。但并联台数不宜过多，应尽可能采用同型号的泵与风机并联，互为备用。选用风机时，应尽可能避免多台并联或串联运行，当不可避免地需要采用串联时，第一级通风机到第二级通风机间应该有一定的管长。

(6) 泵或风机样本上所提供的性能参数是在某特定标准状态下实测得到的。当泵或风机的实际使用条件与测定条件不相符时，应按照相关公式进行换算，根据换算后的参数选择泵或风机。

(7) 所选泵或风机应该满足输送介质的特性要求。比如对输送易燃、易爆有毒介质的泵，要求轴封可靠或采用无泄漏泵，如磁力驱动泵、隔膜泵、屏蔽泵等；对输送腐蚀性介质的泵，要求对过流部件采用耐腐蚀性材料，如 AFB 不锈钢耐腐蚀泵，CQF 工程塑料磁力驱动泵等；对输送含固体颗粒介质的泵，要求对过流部件采用耐磨材料，必要时轴封应采用清洁液体冲洗。

(8) 所选泵或风机在机械方面应可靠性高、噪声低、振动小。对有噪声要求的管路系统，应尽量选用效率高、叶轮圆周速度低的泵或风机，并根据管路系统中噪声和振动的传播方式，采取相应的消声和减振措施。

（9）选择水泵时，要避免发生汽蚀问题，可选择抗蚀性能好的泵，注意铭牌上的允许吸上真空高度或允许汽蚀余量，以便确定水泵的安装高度。

（10）选择风机时，应根据管路布置及连接要求确定风机叶轮的旋转方向及出风口位置。旋转方向，从电机位置看，叶轮顺时针旋转为"右"，逆时针旋转为"左"。基本出风口位置为 8 个，特殊用途可以补充。

（11）经济上要综合考虑设备购置费用、运行调节费用及维修管理费用，使总成本最低。

9.4.3 泵与风机的选用程序

泵与风机的一般选用程序如下。

（1）收集并充分了解泵或风机的用途、管路布置、地形条件、被输送流体状况、水位以及运输条件等原始资料。

（2）根据系统最不利工况的要求，通过水力计算，确定最大流量和最高扬程（风机的最高全压）。在此基础上，考虑一定的安全余量，即可作为选择泵或风机的依据。安全余量的大小，视泵或风机的用途而定，一般可选择最大参数值的 10%～15%。因此，计算流量及扬程（全压）分别为：

$$q_v = (1.1 \sim 1.15) q_{v\text{max}} (\text{m}^3/\text{h})$$

$$H = (1.1 \sim 1.15) H_{\text{max}} (\text{m}) \text{ 或 } p = (1.1 \sim 1.15) p_{\text{max}} (\text{Pa})$$

（3）根据已知条件选用适当的类型，制造厂商给出的泵或风机的样本中通常都列有该类型泵与风机的适用范围。应尽量选择系列化、标准化、通用化、性能优良的泵与风机。

（4）泵与风机类型确定以后，要根据计算所得的流量、扬程（全压）选定具体的泵或风机型号，并应使工作点处在高效范围区内。

（5）应当结合具体情况，考虑是否采用并联或串联工作方式，是否应有备用设备。

（6）确定泵与风机型号时，同时还要确定其转速、原动机型号和功率、传动方式、皮带轮大小等。性能参数表上若附有所配用的电机型号和配用件型号可以直接套用，若采用性能曲线图选择，图上只有轴功率曲线，还需另选电机型号及传动配件。泵与风机进出口方向应注意与管路系统相配合。对于泵，还应查明允许吸入口真空高度或必需汽蚀余量，并核算安装高度是否满足要求。

（7）应当注意，泵或风机样本提供的数据是在某特定标准状态下实测得到的。例如对于风机来说，一般是按空气温度为 20℃、大气压为 101.325kPa 下进行试验得出的资料，而锅炉引风机的样本数据是按气体温度为 200℃、大气压为 101.325kPa 得出的。当泵或风机的实际使用条件与测定条件不相符时，应按照相关公式进行换算，根据换算后的参数选择泵或风机。

（8）确定泵的台数和备用率。对正常运转的泵，一般只用一台，因为一台大泵与并联工作的两台小泵相当（扬程、流量相同），大泵效率高于小泵，故从节能角度讲可选一台大泵，而不用两台小泵，但遇有下列情况时，可考虑两台泵并联合作。

① 流量很大，一台泵达不到流量要求。

② 对于需要有 50% 的备用率的大型泵，可改用两台较小的泵工作，一台备用，共

三台。

③ 对某些大型泵，可选用 70％流量要求的泵并联操作，不用备用泵，在一台泵检修时，另一台泵仍然能承担生产上 70％的输送。

④ 对需 24 小时连续不停运转的泵，应有备用泵。

9.4.4　离心泵的具体选型方法

离心泵的选型方法有两种：利用水泵性能表或利用水泵综合性能曲线图。无论采用哪种方法，在选定泵之后，还要进行验算，计算该类型的泵在管路系统中运行时的工况是否符合设计要求，是否在高效范围区内工作。如果经检验不满足上述条件，说明所选择的泵不合适，应该重新进行选择。

1. 利用水泵性能表

这种方法适用于水泵结构形式已定的情况下单台泵的选择。部分常用离心式泵的型号规格及性能参数见附录 2。

在已定的泵系列中选择某一型号的泵时，要使计算得出的流量及扬程与系列泵性能表中列出的有代表性的流量及扬程一致或接近。如果有两种及以上型号的泵都满足流量和扬程的需要，可选择转速较高、效率较高、结构尺寸小、质量轻的泵。如果在某一系列的性能表中无法选到合适的型号，则可另行选择或者选定与计算值相近的泵，通过变径改造或者变速等措施来改变泵的性能参数，使之符合运行要求。

在选定了泵的型号之后，要校核泵在系统中运行时的工作情况。检查该泵在流量、扬程的变化范围内，是否在高效范围区内工作。如果运行工况点偏离高效范围区，说明该泵在系统中的运行经济性差，最好另外选型。

2. 利用水泵综合性能曲线图

离心泵的综合性能曲线图是指将某种类型的各种规格型号的泵的性能曲线的工作范围绘在一个图上所得到的综合性能图。附录 3 为 IS 系列离心泵综合性能曲线图。

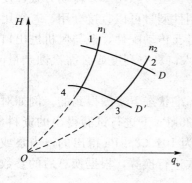

图 9.18　水泵的综合性能曲线

图 9.18 所示的四边形的工作范围是以叶轮切割与不切割的 q_v-H 曲线和与设计点效率相差不大于 7％的等效率曲线所组成。曲线 1-2 表示叶轮直径未切割时的 q_v-H 曲线，曲线 3-4 表示切割后的 q_v-H 曲线，曲线 1-4 和 2-3 均是等效率曲线。

具体的选泵步骤如下。

（1）根据要求，选定某种类型的离心泵。

（2）计算流量和扬程。

（3）根据选定的泵类型及计算得出的 q_v、H，在该类型的水泵综合性能图上选取合适的型号，确定转速、功率、效率和工作范围等。

（4）从水泵样本中查出该台泵的性能曲线，如果是多台泵联合运行，则应绘出联合运行的性能曲线。

（5）在该台泵的性能曲线图或多台泵联合运行的性能曲线图上绘出管路特性曲线，确定泵在管路中的工作点。如果效率变化的幅度不太大，则选择完毕。否则，应重复上述步骤，另选其他型号的泵，直到满足要求为止。在要求不太高的系统中，一般一次选定，不再重选。

9.4.5　离心式风机的具体选型方法

风机的选型方法一般有三种。

1. 按照风机的性能表选择风机

首先根据运行要求，计算流量和风压值，然后根据已经选定的风机类型，由计算出的流量和风压值，直接在该类型的风机性能表中查找符合要求的型号，同时确定风机的转速及配套电机功率。这种方法简单方便，但不能保证所选风机在系统中的最佳工况。部分常用离心式风机的型号规格及性能参数见附录2。

2. 利用风机的选择曲线图选择风机

风机的选择曲线图是以对数坐标表示的，是把具有不同叶轮直径 D_2 的相似风机（即同一产品系列内各个机号的风机）的风量、风压、转速及功率绘制在一张图上，如图9.19所示。风机的工作范围一般规定为最高效率值的90%以上的区段。

利用选择曲线图来选择风机时，可按下述步骤进行。

（1）确定计算流量 q_v 和计算风压 p。

（2）根据已确定的风量和风压，选择通风机的型号与机号。

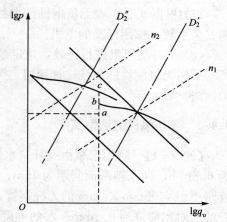

图 9.19　风机选择曲线图

具体做法是：根据已知 q_v、p 在风机的选择曲线图上（附录4），作相应坐标轴的垂线，由二者的交点即可知风机的机号、转速和功率。如果交点不是落在风机的性能曲线上，如图9.19中 a 点，则通常是在保持风量不变的条件下，垂直往上找，找到最接近交点的那条性能曲线上的一点，如图9.19中的 b 点或 c 点，由 b 点或 c 点所在的性能曲线查找出在最高效率点时所对应的风机的机号（叶轮直径 D_2，图中的 D_2' 或 D_2''）、转速 n（图中的 n_1 或 n_2），功率则应用插入法重新换算，求出在工作状况下的功率，然后再考虑一定的富余量作为选择电动机的依据。如果垂直往上找到两个点（如图中的 b 点和 c 点），即选得了两台风机，则应对它们进行比较，再决定取舍。一般选取转速较高、叶轮直径较小、运行经济的点所代表的风机。

3. 利用风机的无量纲特性曲线选择风机

风机的无量纲性能曲线可适应不同的叶轮外径和转速，代表几何相似和性能完全相似的同类型风机的性能曲线。

具体选择步骤如下。

（1）计算风量 q_v 及风压 p。

（2）根据要求，选择几种可用的风机类型，由所选类型的最高效率查出各类型的流量系数 $\bar{q}_v$ 及压力系数 $\bar{p}$。

(3)根据风量、风压与流量系数、压力系数之间的关系式，计算出叶轮外径 D_2，根据 D_2 初定各型式的机号，即从已知的机号选择一个与 D_2 相近的外径 D_2'。

$$\bar{q}_v = \frac{q_v}{\frac{\pi}{4} D_2^2 u_2}; \quad \bar{p} = \frac{p}{\rho u_2^2}$$

(4)计算所需转速 n，并据此选择电机转速 n'。

$$u_2 = \frac{\pi D_2' n}{60}$$

(5)根据 D_2' 和 n' 重新计算需要的 $\bar{q}_v'$、$\bar{p}'$。

(6)由 $\bar{q}_v'$、$\bar{p}'$ 查所选类型的无量纲性能曲线图，如果由 $\bar{q}_v'$ 和 $\bar{p}'$ 所确定的点落在 $\bar{q}_v - \bar{p}$ 曲线下面，且紧靠曲线，可认为选择合适。否则，应加大叶轮直径 D_2' 或转速 n'，重新进行计算选择，直到合适为止。

(7)根据 $\bar{q}_v'$、$\bar{p}'$ 查无量纲性能曲线，可得效率 η，然后计算出功率 P，考虑电机功率的安全系数，选用标准的电机。

(8)将各类风机进行比较，选定最符合要求且运行经济性高的风机。

采用无量纲性能曲线选择风机，需要进行反复计算，比较麻烦，因此一般情况下不采用该法。

9.4.6 泵与风机的选型实例

【例 9-1】 利用水泵由一开口水箱向高位水箱送水，通常流量为 $50m^3/h$，最大流量为 $60m^3/h$，两水箱液面间距为 15m，水泵安装在两水箱之间，距离低位水箱 2m，现已知管路使用 $\phi 108mm \times 4mm$ 的无缝钢管，管路总长为 120m，其中吸入管路总长为 30m，钢管的绝对粗糙度为 0.4mm，水的温度变化范围为 20～25℃，大气压力为 98kPa。试选择一台合适的离心泵并给出指导性的安装高度。

【解】 (1)计算流量及扬程。

考虑在最不利情况下也能保证泵的正常运行，选择输送水温 25℃，流量 $60m^3/h$。

取两水箱液面作为分析断面，水泵扬程为：

$$H = \left(z_2 + \frac{p_2}{\rho g} + \frac{v_2^2}{2g}\right) - \left(z_1 + \frac{p_1}{\rho g} + \frac{v_1^2}{2g}\right) + h_{l1-2}$$

$$= (z_2 - z_1) + \frac{p_2 - p_1}{\rho g} + \frac{v_2^2 - v_1^2}{2g} + h_{l1-2}$$

$$= 15 + 0 + 0 + h_{l1-2}$$

因为，$h_{l1-2} = \lambda \frac{l}{d} \cdot \frac{v^2}{2g}$，接下来求 λ 的值。

查表知，水温 25℃时，$\rho = 997 kg/m^3$，$\nu = 0.897 \times 10^{-6} m^2/s$。

又 $v = \frac{4q_v}{\pi d^2} = \frac{4 \times 60/3600}{3.14 \times 0.1^2} = 2.12(m/s)$，可得：

$$Re = \frac{vd}{\nu} = \frac{2.12 \times 0.1}{0.897 \times 10^{-6}} = 2.36 \times 10^5$$

管壁的相对粗糙度 $0.4mm/100mm = 0.004$。

根据所求得的雷诺数和相对粗糙度，查莫迪图可知 $\lambda = 0.028$，管路损失：

$$h_{l1-2} = \lambda \frac{l}{d} \cdot \frac{v^2}{2g} = 0.028 \times \frac{120}{0.1} \times \frac{2.12^2}{2 \times 9.81} = 7.7(\text{m})$$

因此，扬程 $H = 15 + h_{l1-2} = 15 + 7.7 = 22.7(\text{m})$

考虑一定的安全余量，$H = 22.7 \times (1 + 10\%) = 25(\text{m})$

（2）根据流量（60 m³/h）及扬程（25m）选择泵。

根据水泵用途，可以选择比较常用的 IS 型单级单吸离心式清水泵。

方法一：根据流量 $q_v = 60\text{m}^3/\text{h}$、扬程 $H = 25\text{m}$，查水泵的性能参数表（附录2），型号为 IS80-65-160 的泵能满足流量、扬程的要求，该类型泵能提供的流量为 60m³/h，扬程为 29m，允许汽蚀余量为 3.0m，配套电机功率为 7.5kW。

方法二：根据流量 $q_v = 60\text{m}^3/\text{h}$、扬程 $H = 25\text{m}$，查 IS 系列泵的综合性能曲线图（附录3），可选择型号为 IS80-65-160 的泵。选择结果与方法一相符。

（3）确定水泵的安装高度。

所选泵的允许安装高度：

$$[H_g] = \frac{p_e}{\rho g} - \frac{p_v}{\rho g} - [\Delta h] - h_{l\text{吸入管路}}$$

$$= \frac{98 \times 10^3 - 3.167 \times 10^3}{997 \times 9.81} - 3.0 - 0.028 \times \frac{30}{0.1} \times \frac{2.12^2}{2 \times 9.81}$$

$$= 4.8(\text{m}) > 2\text{m}$$

因此，该泵的安装高度为 2m。

【例9-2】 某地大气压为 98kPa，输送温度为 65℃的空气，风量为 5000m³/h，管道阻力为 150mmH₂O，试选用风机、应配用的电机及其他配件。

【解】 根据使用要求，可以选择 4-68 型离心式通风机。

根据要求的风量及风压，并考虑 10% 的安全余量：

$$q_v = 1.1 \times 5000 = 5500(\text{m}^3/\text{h})$$

$$p = 1.1 \times 150 = 165(\text{mmH}_2\text{O})$$

由于风机使用地点大气压、输送的空气温度与样本测定条件不符，风机全压应该进行换算：

$$p = 165 \times \frac{101.325}{98} \times \frac{273 + 65}{273 + 20} = 196.8(\text{mmH}_2\text{O}) = 1931\text{Pa}$$

根据换算后的风压及流量，查附录4，可选用一台 4-68No4A 型风机。其流量为 5633m³/h，风压为 1970Pa，风机转速为 2900r/min，效率为 90%，配套电机功率为 4kW。

9.5 泵与风机的常见故障分析

9.5.1 离心泵的启动、运行及故障分析

1. 启动前的准备

（1）外观检查。检查水泵和电机的固定是否良好，螺栓有无松动、脱离，转动部件周围是否有妨碍运转的杂物等。

（2）润滑检查。检查轴承用油的油质、油量、油温，轴承、电机用水冷时冷却水应

畅通。

(3) 填料检查。检查填料的松紧程度是否合适。

(4) 进水管检查。检查吸水井水位、滤网有无杂物堵塞。

(5) 盘车。盘车是用手或专用工具(盘车装置)转动联轴器,转动过程中应注意泵内是否有摩擦、撞击声及卡涩现象。若有,应查明原因,迅速进行处理。

(6) 阀门的原始状态。如离心泵启动前出水闸阀应是关闭的。

(7) 灌泵。非自灌式工作的水泵,启动前必须充水。过程中要注意泵体的放气。

2. 启动

(1) 按启动按钮。过程中应注意电流变化情况,倾听水泵机组转动声音。

(2) 待转速稳定后,打开仪表阀。观察出水压力、进口真空计是否正常。

(3) 打开出水管上的闸阀,逐渐加大出水量,直到出水阀门全开为止。过程中应注意配电屏上电流表逐渐增大,真空表读数逐渐增加,压力表读数逐渐下降。过程中还要注意到离心泵不允许无载长期运行。这个时间通常以 2～4min 为限。

大容量机组的给水泵与输送介质温度过高或过低时,启动前一般都需要进行暖泵。暖泵时间的长短和暖泵方式直接影响到运行的安全和经济性。如果启动前暖泵不充分,使主轴和部件胀缩不均,就会造成转子和泵壳的胀差改变量较大,尤其是上、下泵的温度不一样,会使转轴弯曲,从而导致动、静部件之间的接触摩擦,甚至发生振动。为此,启动前必须进行暖泵,使各部件的温差尽可能不致过大,胀差改变不大,以便安全启动。当然,暖泵时间过长,则会延长启动时间并使启动热耗增大。

● 特 别 提 示 ●

暖泵速度不宜过快,泵体温升速度一般为 2～3℃/min,以便使泵均匀加热。最好加设温度测点,以控制暖泵速度。为了缩短暖泵时间,可对泵体采取保暖措施。

3. 运行中的监督

(1) 监盘。检查与分析仪表盘上的各种参数,如温度、压力、流量、电流、功率等,发现异常情况时应做相应的处理。

(2) 巡检。定时巡回检查水泵、电机及工艺流程的运行状态。如轴封填料盒是否发热,滴水是否正常,泵与电动机的轴承和机壳温度,以及水泵的出水压力等。

(3) 抄表。包括定期抄录有关的运行参数,填写运行日志,为运行管理提供基本材料。

4. 停车

接到停车命令后,按如下程序停车。

(1) 缓闭出水闸阀。

(2) 按停止按钮。

(3) 关闭仪表阀。

(4) 停供轴封水和轴承冷却水、停供电机(对水冷电动机)冷却水。

(5) 视情况决定泵体是否排水。

（6）视情况是否断开机组电源。

5. 水泵及电机的定期检查

水泵、电机累计运行一定的时间后，应进行解体检查。各种用途的离心泵都有根据运行状况制订的定检周期及内容，应按计划进行。拆检时，应观察或测定各部件有无磨损、变形、腐蚀及部件主要尺寸，如有缺陷必须进行处理或更换。如口环磨损应更换、填料失效应更换、泵轴变形应校正等。

6. 离心泵的故障分析及处理

离心式泵运行中常见的故障分为机械故障和性能故障两大类。机械故障主要是指振动和噪声，产生振动的原因是轴承损坏、出现汽蚀或装配不良，如泵与原动机不同轴、基础刚度不够或基础下沉等；性能故障主要是指流量、扬程不足，泵汽蚀或原动机超载等。

具体故障现象、产生原因及排除故障的方法见表 9-3。

表 9-3 离心泵常见故障现象、产生原因及排除方法

故障现象	故障原因分析	排除方法
启动后水泵不出水或出水量不足	1. 泵壳内有空气，没有做好灌泵工作 2. 吸水管路或表计密封不严，轴封漏气 3. 水泵转向不对 4. 水泵转速太低 5. 叶轮进水口及流道堵塞 6. 底阀堵塞或漏水 7. 吸水井水位下降，水泵安装高度太大造成泵内汽蚀 8. 减漏环及叶轮磨损 9. 水面产生旋涡，空气带入泵内 10. 水封管堵塞	1. 重新灌水，排净泵内空气 2. 堵塞漏气，适当压紧填料 3. 对换电线接头，改变转向 4. 检查电路，是否电压过低 5. 揭开泵盖，清除杂物 6. 清除杂物或修理更换底阀 7. 核算吸水高度，必要时改造吸水管路，降低安装高度，避免汽蚀 8. 更换磨损零部件 9. 加大吸水口淹没深度或采取防止措施 10. 拆下清通
水泵不能启动或启动后轴功率过大	1. 填料压得太死，泵轴弯曲，轴承磨损 2. 多级泵中平衡孔堵塞或回水管堵塞 3. 靠背轮间隙太小，运行中两轴相顶 4. 电压太低 5. 输送液体比重过大 6. 流量超过使用范围太多	1. 松一点压盖，矫直泵轴，更换轴承 2. 清除杂物，疏通回水管 3. 调整靠背轮间隙 4. 检查电路，向电路部门反映情况 5. 更换电动机，提高功率 6. 关小出水闸阀
水泵机组振动和异响	1. 地脚螺栓松动或没填实 2. 安装不良，联轴器不同心或泵轴弯曲 3. 水泵产生汽蚀 4. 轴承损坏或磨损 5. 基础松软 6. 泵内有严重摩擦 7. 出水管存留空气	1. 拧紧并填塞地脚螺栓 2. 联轴器重新找正、矫直或换轴 3. 降低吸水高度，减少水头损失 4. 更换轴承 5. 加固基础 6. 检查咬住部位 7. 在留存空气处，加装排气阀
电动机过载	1. 转速高于额定转速 2. 水泵流量过大，扬程低 3. 水泵叶轮被杂物卡住 4. 电网中电压降太大 5. 电动机发生机械损坏	1. 检查电路及电动机 2. 关小出水阀门 3. 揭开泵盖，检查水泵 4. 检查电路 5. 检查电动机

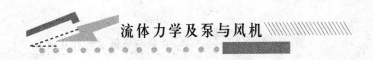

(续)

故障现象	故障原因分析	排除方法
运行中流量或扬程减小	1. 转速低于额定值 2. 水中含有空气 3. 压水管损坏 4. 叶轮损坏和密封磨损 5. 阀门或动叶开度不够 6. 吸水管阻力或吸水高度过大,造成泵内汽蚀	1. 检查原动机及电源故障 2. 检查吸水管路和填料箱的严密性,压紧或更换填料 3. 关小压力管阀门,并检查压水管路 4. 拆开修理,必要时更换 5. 开大阀门或动叶开度 6. 改造吸水管路,降低安装高度,避免汽蚀
轴承发热	1. 轴承磨损 2. 轴承缺油或油太多(使用黄油时) 3. 油质不良,不干净 4. 轴弯曲或联轴器没找正 5. 滑动轴承的甩油环不起作用 6. 叶轮平衡孔堵塞 7. 多级泵平衡轴向力装置失去作用	1. 更换轴承 2. 按规定油面加油,去掉多余黄油 3. 更换合格润滑油 4. 矫正或更换泵轴,联轴器重新找正 5. 放正油环位置或更换油环 6. 清除平衡孔上堵塞的杂物 7. 检查回水管是否堵塞,联轴器是否相碰,平衡盘是否损坏
电动机电流过小	1. 吸水底阀或出水闸阀打不开或开不足 2. 水泵汽蚀	1. 检查吸水底阀和出水闸阀开度 2. 降低吸水高度
填料处发热或冒烟	1. 填料压得过紧 2. 密封冷却水中断 3. 水封环位置偏移 4. 轴或轴套表面损伤	1. 调整松紧度,使滴水呈滴状连续渗出 2. 疏通密封水管路,检查阀门有无损坏 3. 调整填料环位置,使它正好对准水封管口 4. 修复轴颈表面,更换轴套
填料密封漏水过大	1. 填料磨损严重 2. 压盖紧力不足或紧力不均 3. 填料选择和安装不当 4. 冷却水水质不良导致轴颈磨损	1. 更换填料 2. 均匀拧紧压盖螺钉 3. 更换填料并正确安装 4. 修复轴颈,更换密封水源

9.5.2 离心式风机的安装、运行及故障分析

1. 风机的安装调整及试运行

1) 安装准备

安装前应对风机各部件进行全面检查。检查机件是否完整;叶轮与机壳的旋转方向是否一致;各机件联结是否紧密,转动部分是否灵活;叶轮、主轴和轴承等主要机件是否有损伤等。

如果发现问题应立即调整、修理好,然后在一些结合面上涂润滑脂或机械油,以防生锈造成拆卸困难。

2）安装时应注意的问题

（1）风机的基础要坚固。风机与基础、进风、出风管道连接时应调整，使之自然吻合，不得强行连接，更不允许将管道重量加在风机各部件上，并要注意保证风机的水平位置。风机与风管道的连接，要使空气在进出风机时尽可能均匀一致，不要有方向或速度上的突然变化。

（2）注意检查机壳，机壳内不应有掉入、遗留的工具和杂物。

（3）风机进风口与叶轮之间的间隙对风机出风量影响很大，安装时应严格按照图纸要求进行校正，确保其轴向与径向的间隙尺寸。

（4）对用皮带轮传动的风机，在安装时要注意两皮带轮外侧面必须成一直线。否则，应调整电动机的安装位置。

（5）对用联轴器直接传动的风机，安装时应特别注意主轴与电机轴的同心度，同心度允差为 0.05mm，联轴器两端面不平行度允差为 0.02mm。

（6）风机的布线工作要按电气设备技术标准或布线规定执行，错误的布线会引发触电或火灾等事故。接地要正确，同时配专用漏电保护器及断相保护器。

（7）风机安装完毕，拨动叶轮，检查是否有过紧或碰撞现象。待总检合格后，才能进行试运转。

3）风机的试运行

风机初次运行或大修后运行，应先进行试运行（跑合）。风机启动运行 1～2h 后，停车检查紧固件是否松动、轴承及其他部件是否正常，之后再运行 6～8h，如情况正常，即可交付运行。

2. 风机的操作与维护

1）风机的启动

（1）关闭进风调节门，稍微开启出风调节门。

（2）检查联轴器是否安装牢靠，间隙尺寸是否符合要求，所有紧固件是否紧固。

（3）盘车时，转动部件不允许有碰接、摩擦声及卡涩现象。

（4）检查轴承润滑油的油质、油量是否符合要求，冷却水供给是否正常。

（5）关电前检查电机绝缘电阻是否合格，关电后检查仪表是否正常。

完成上述工作后即可启动风机。

风机的启动和试运转必须在无载荷的情况下进行。待达到额定转速后，逐步将进风管道上的闸阀开启，直至达到额定工况为止，在此期间，应严格控制电流，不得超过电机的额定值。

2）风机的运行

风机的运行，也应该进行监盘、巡检及抄表工作。其中，巡回检查的主要内容如下。

（1）监督风机轴承是否缺油，冷却水是否畅通，轴承温度或温升是否正常，电机温升是否正常，风量和风压、电机电流等是否正常。

（2）密切注意风机在运行中的振动情况，及噪声、碰击、摩擦声。

（3）运行中应严格控制风机进口温度。如果所输送气体温度变化很大时，应按换算公式进行换算，以免电机过载。

风机运行过程中轴承温升一般不得大于 40℃ ，表温不得大于 70℃。如果发现风机剧烈振动、撞击、有摩擦声、轴温迅速上升等反常现象时，必须紧急停车，检查并消除存在的问题。

运行过程中如果发现流量过大，不符合使用要求，或短时间内需要较少的流量时，可利用节流装置进行调整，以达到使用要求。

特 别 提 示

在风机正常运转中，如遇到轴承温度超过 70℃（滚动轴承超过 80℃）或轴承冒烟，电动机冒烟，发生强烈振动或具有较大的碰擦声，应立即停机检查或修理。

3）停机

停机前关闭进风调节门，关小出风调节门，然后按操作规程停止电动机。

4）风机的维护保养

（1）定期清除风机内部积灰、污垢等杂质，并防止锈蚀。

（2）风机累计运行 3～6 个月，进行一次轴承检查，更换一次润滑脂，加注时以注满轴承空间的 2/3 为宜。

（3）对备用风机或停车时间过长的风机，应定期将转子旋转 180°，以免轴弯曲。长期不运转时，考虑安全需切断电源，以免由于灰尘引起发热、着火。

（4）为了确保人身安全，风机的检修维护必须在停车的情况下进行。

3. 风机的故障分析与处理

离心风机运行中常见的故障可分为性能故障和机械故障两大类。

性能故障主要表现为：风压偏高、风量减小；风压偏低、风量增大；风机系统调节失灵等。机械故障主要表现为：机械零部件损坏，轴承座剧烈振动，轴承温升过高，电动机电流过大和温升过高。离心风机常见故障现象和原因分析及排除方法见表 9-4。

表 9-4 离心风机泵常见故障现象、原因及排除方法

故障现象	故障原因分析	排除方法
风压偏高，风量减小	1. 气体温度过低或气体所含固体杂质增加使气体比重增大 2. 风道、风门和滤网等脏污或被杂物堵塞 3. 风道或法兰不严密 4. 叶轮入口间隙过大 5. 叶轮的叶片严重磨损	1. 测定气体比重，消除比重大的原因 2. 开大风门开度，或进行清扫 3. 焊接裂口，或更换管道法兰垫片 4. 加装密封圈，焊补或更换叶轮 5. 更换叶片或叶轮
风压偏低，风量增大	1. 气体成分变化、温度过高使气体比重减小 2. 进风管道破裂、风门处泄漏或管道法兰不严密	1. 测定气体比重，消除比重小的原因 2. 焊接裂口，更换法兰垫片
逆风系统调节失灵	1. 压力表或真空表失灵，调节门卡住或失灵 2. 由于流量减小太多，或管道堵塞引起流量急剧减小，使风机在不稳定区工作	1. 修理或更换测压表和真空表，修复调节门 2. 确系需要量减小时应打开旁路门或降低转速，如系管道堵塞，应进行清扫

（续）

故障现象	故障原因分析	排除方法
风机振动	1. 叶片不对称,或部分叶片腐蚀或磨损 2. 叶片上附有不均匀附着物如铁锈、积灰等 3. 风机在不稳定区运行,或负荷急剧变化 4. 双吸风机的两侧进风不等(由于管道堵塞或两侧进风口挡板调整不对称) 5. 联轴器安装未找正 6. 轴衬或轴颈磨损使间隙过大,轴衬和轴承箱之间的预紧力太小或有间隙而松动 7. 转子的叶轮、联轴器或皮带轮与轴松动 8. 联轴器的螺栓松动,滚动轴承的固定螺母松动 9. 基础浇灌不良,地脚螺母及垫片松动,基础或基座刚度不够 10. 风道未留膨胀余地,与风机相连处的管道未加支撑或安装和固定不良 11. 叶轮歪斜与机壳内壁相碰,或机壳刚度不够,左右晃动	1. 更换坏的叶片或叶轮,再找正 2. 清扫和擦净叶片上的附着物 3. 开大调节门或旁路门 4. 清扫进风管道灰尘,并调节挡板使两侧进风口负压相等 5. 调整或重新找正 6. 补焊轴衬合金,调整垫片,或刮研轴承箱中分面 7. 修理轴和叶轮,重新配键 8. 重新拧紧螺母 9. 适当修补和加固基础,增强基础刚度,拧紧螺母,填充间隙 10. 重新进行调整和修理,加装支撑装置 11. 更换或重新安装叶轮,提高机壳刚度
机壳过热	在调节门关闭情况下风机运转时间过长	停车冷却或打开调节门降温
叶轮损坏或变形	1. 叶片表面腐蚀或磨损 2. 叶轮变形后歪斜过大,使叶轮径向跳动或端面跳动过大	1. 如系个别损坏,应更换个别叶片,如系过半损坏,应换叶轮 2. 卸下叶轮,用铁锤矫正,或将叶轮平放,压轮盘某侧边缘
轴承过热	1. 轴瓦刮研不良或接触不良 2. 轴瓦表面出现裂纹、破损、擦伤、剥落、融化、磨纹及脱壳等缺陷 3. 轴承与轴的安装位置不正,使轴衬磨损 4. 轴承与轴承箱孔之间的过盈太小或有间隙而松动,或轴承箱螺栓过紧或过松 5. 滚动轴承损坏,轴承保护架与轴承碰撞 6. 润滑油脂质量不良、变质,或杂质过多 7. 润滑油含有过多的水分或抗乳化度较差	1. 重新刮研轴瓦或找正 2. 重新浇注轴瓦进行焊补 3. 重新找正 4. 调整轴承与轴承箱孔间的垫片,以及轴承箱与座之间的垫片 5. 修理或更换滚动轴承 6. 更换润滑油或润滑油脂 7. 更换润滑油,并消除冷却器漏水故障

知识链接

《风机、压缩机、泵安装工程施工及验收规范》（GB 50275—2010）（节选）

1　总则

1.0.1　为保证风机、压缩机、泵安装工程的质量和安全运行,促进风机、压缩机、泵安装技术的进步，制定本规范。

1.0.2　本规范适用于下列风机、压缩机、泵安装工程的施工及验收。

1. 离心通风机、离心鼓风机、轴流通风机、轴流鼓风机、罗茨和叶氏鼓风机、防爆通风机和消防排烟通风机。

2. 容积式的往复活塞式、螺杆式、滑片式、隔膜式压缩机，轴流压缩机和离心压缩机。

3. 离心泵、井用泵、隔膜泵、计量泵、混流泵、轴流泵、旋涡泵、螺杆泵、齿轮泵、转子式泵、潜水泵、水轮泵、水环泵、往复泵。

1.0.3　风机、压缩机、泵安装工程的施工及验收，除应符合本规范外，尚应符合国家现行有关标准的规定。

2　风机

2.1　基本规定

2.1.1　风机的开箱检查，应符合下列要求。

1. 应按设备装箱单清点风机的零件、部件、配套件和随机技术文件。

2. 应按设计图样核对叶轮、机壳和其他部位的主要安装尺寸。

3. 风机型号、输送介质、进出口方向（或角度）和压力，应与工程设计要求相符；叶轮旋转方向、定子导流叶片和整流叶片的角度及方向，应符合随机技术文件的规定。

4. 风机外露部分各加工面应无锈蚀；转子的叶轮和轴颈、齿轮的齿面和齿轮轴的轴颈等主要零件、部件应无碰伤和明显的变形。

5. 风机的防锈包装应完好无损；整体出厂的风机，进气口和排气口应有盖板遮盖，且不应有尘土和杂物进入。

6. 外漏测振部位表面检查后，应采取保护措施。

2.1.2　风机的搬运和吊装，应符合下列要求。

1. 整体出厂的风机搬运和吊装时，绳索不得捆绑在转子和机壳上盖及轴承上盖的吊耳上。

2. 解体出厂的风机搬运和吊装时，绳索的捆绑不得损伤机件表面；转子和齿轮的轴颈、测量振动部位，不得作为捆绑部位；转子和机壳的吊装应保持水平。

3. 输送特殊介质的风机转子和机壳内涂有的保护层应妥善保护，不得损伤。

4. 转子和齿轮不应直接放在地上滚动或移动。

2.1.3　风机组装前的清洗和检查除应符合现行国家标准《机械设备安装工程施工及验收通用规范》（GB 50231）和随机技术文件的有关规定外，尚应符合下列要求。

1. 设备外露加工面、组装配合面、滑动面、各种管道、油箱和容器等应清洗洁净；出厂已装配好的组合件超过防锈保质期应拆洗。

2. 输送介质为氢气、氧气等易燃易爆气体的压缩机，其与介质接触的零件、部件和管道及其附件应进行脱脂，油脂的残留量不应大于 $125mg/m^2$；脱脂后应采用干燥空气或氮气吹干，并应将零件、部件和管道及其附件做无油封闭。

3. 润滑系统、密封系统中的油泵、过滤器、油冷却器和安全阀等应拆卸清洗。

4. 油冷却器应以最大工作压力进行严密性试验，且应保压 10min 后无泄漏。

5. 现场组装时，机器各配合表面、机加工表面、转动部件表面、各机件的附属设备应清洗洁净；当有锈蚀时应清除，并应采取防止安装期间再发生锈蚀的措施。

6. 调节机构应清洗洁净，其转动应灵活。

2.1.4 风机机组轴系的找正，应符合下列要求。

1. 应选择位于轴系中间的或质量大、安装难度大的机器作为基准机器进行调平。

2. 非基准机器应以基准机器为基准找正、调平，并应使机组轴系在运行时成为两端扬度相当的连续平滑曲线。

3. 机组轴系的最终找正应以实际转子通过联轴器进行，并应符合本条1、2款的要求。

2.1.5 联轴器的径向位移、端面间隙和轴向倾斜应符合随机技术文件的规定；无规定时，应符合现行国家标准《机械设备安装工程施工及验收通用规范》（GB 50231）的有关规定。

2.1.6 风机的进气、排气管路和其他管路的安装，除应符合现行国家标准《工业金属管道工程施工及验收规范》（GB 50235）和《通风与空调工程施工质量验收规范》（GB 50243）的有关规定外，尚应符合下列要求。

1. 风机的进气、排气系统的管路、大型阀件、调节装置、冷却装置和润滑油系统等管路，应有单独的支承，并应与基础或其他建筑物连接牢固，与风机机壳相连时不得将外力施加在风机机壳上。连接后应复测机组的安装水平和主要间隙，并应符合随机技术文件的规定。

2. 与风机进气口和排气口法兰相连的直管段上，不得有阻碍热胀冷缩的固定支撑。

3. 各管路与风机连接时，法兰面应对中并平行。

4. 气路系统中补偿器的安装应符合随机技术文件的规定。

2.1.7 风机机壳剖分法兰结合面间应涂膜一层密封胶；螺栓的螺纹部分应涂防咬合剂，并应按规定的力矩和螺母转动角度将螺栓拧紧。

2.1.8 风机驱动机为转子穿心的电动机时，其滑动轴承的轴肩与轴瓦的间隙值和联轴器轴向位移值及轴向间隙值，应根据电动机的磁力中心位置确定。

2.1.9 风机的润滑、密封、液压控制系统应清洗洁净；组装后风机的润滑、密封、液压控制、冷却和气路系统的受压部分，应以其最大工作压力进行严密性试验，且应保压10min后无泄漏；其风机的冷却系统试验压力不应低于 0.4MPa。

2.1.10 风机上的检测、控制仪表等的电缆、管线的安装，不应妨碍轴承、密封和风机内部零部件的拆卸。

2.1.11 风机隔振器的安装位置应正确，且各组或各个隔振器的压缩量应均匀一致，其偏差应符合随机技术文件的规定。

2.1.12 风机试运转前，应符合下列要求。

1. 轴承箱和油箱应经清洗洁净、检查合格后，加注润滑油；加注润滑油的规格、数量应符合随机技术文件的规定。

2. 电动机、汽轮机和尾气透平机等驱动机器的转向应符合随机技术文件的要求。

3. 盘动风机转子，不得有摩擦和碰刮。

4. 润滑系统和液压控制系统工作应正常。

5. 冷却水系统供水应正常。

6. 风机的安全和连锁报警与停机控制系统应经模拟试验，并应符合下列要求。

(1) 冷却系统压力不应低于规定的最低值。

(2) 润滑油的油位和压力不应低于规定的最低值。

(3) 轴承的温度和温升不应高于规定的最高值。

(4) 轴承的振动速度有效值或峰—峰值不应超过规定值。

(5) 喘振报警和气体释放装置应灵敏、正确、可靠。

(6) 风机运转速度不应超过规定的最高速度。

7. 机组各辅助设备应按随机技术文件的规定进行单机试运转，且应合格。

8. 风机传动装置的外露部分、直接通大气的进口，其防护罩(网)应安装完毕。

9. 主机的进气管和与其连接的有关设备应清扫洁净。

4 泵

4.1 基本规定

4.1.1 泵的开箱检查，应符合下列要求。

1. 按装箱单清点泵的零件和部件、附件和专用工具，应无缺件；防锈包装应完好，无损坏和锈蚀；管口保护物和堵盖应完好。

2. 核对泵的主要安装尺寸，并应与工程设计相符。

3. 应核对输送特殊介质的泵的主要零件、密封件以及垫片的品种和规格。

4.1.2 泵的清洗和检查，应符合下列要求。

1. 整体出厂的泵在防锈保证期内，应只清洗外表；出厂时已装配、调整完善的部分不得拆卸；当超过防锈保证期或有明显缺陷需拆卸时，其拆卸、清洗和检查应符合随机技术文件的规定。

2. 解体出厂泵的主要零件、部件，附属设备、中分面和套装零件、部件，均不得有损伤和划痕；轴的表面不得有裂纹、损伤及其他缺陷；防锈包装应完好无损。清洗洁净后应去除水分，并应将零件、部件和设备表面涂上润滑油，同时应按装配的顺序分类放置。

3. 零部件防锈包装的清洗，应符合随机技术文件的规定；无规定时，应符合现行国家标准《机械设备安装工程施工及验收通用规范》(GB 50231)的有关规定。

4. 泵的清洁度的检测及其有限值应符合随机技术文件的规定；无规定时，应符合本规范附录 B 的规定。

5. 装配完成的旋转部件，其转动应均匀，无摩擦和卡滞。

4.1.3 整体安装的泵安装水平，应在泵的进、出口法兰面或其他水平面上进行检测，纵向安装水平偏差不应大于 0.10/1000，横向安装水平偏差不应大于 0.20/1000；阶梯安装的泵的安装水平，应在水平中分面、轴的外露部分、底座的水平加工面上纵、横向放置水平仪进行检测，其偏差均不应大于 0.05/1000。

4.1.4 大、中型泵机组找正、调平，应符合下列要求。

1. 应以泵轴或驱动机轴为基准，依次找正、调平变速器(中间轴)和泵体或驱动机；其纵、横向安装水平偏差不应大于 0.05/1000；机组轴系纵向安装水平的方向应相同且使轴系形成平滑的轴线，横向安装水平方向不宜相反。

2. 联轴器的径向位移、轴向倾斜和端面间隙，应符合随机技术文件的规定；无规定时，应符合现行国家标准《机械设备安装工程施工及验收通用规范》(GB 50231)的有关规定；联轴器应设置护罩，护罩应能罩住联轴器的所有旋转零件。

3. 汽轮机驱动，输出为高温或低温介质和常温泵轴系在静态下找正、调平时，应按设计规定预留其高温、低温下温度变化的补偿值和动态下温度变化的补偿值。

4.1.5　管道的安装除应符合现行国家标准《工业金属管道工程施工及验收规范》（GB 50235）的有关规定外，尚应符合下列要求。

1. 管子内部和管端应清洗洁净，并应清除杂物；密封面和螺纹不应损伤。

2. 泵的进、出管道应有各自的支架，泵不得直接承受管道等的质量。

3. 相互连接的法兰端面应平行；螺纹管接头轴线应对中，不应借法兰螺栓或管接头强行连接；泵体不得受外力而产生变形。

4. 密封的内部管路和外部管路，应按设计规定和标记进行组装；其进、出口和密封介质的流动方向，严禁发生错乱。

5. 管道与泵连接后，应复检泵的原找正精度；当发现管道连接引起偏差时，应调整管道。

6. 管道与泵连接后，不应在其上进行焊接和气割；当需焊接和气割时，应拆下管道或采取必要的措施，并应防止焊渣进入泵内。

7. 泵的吸入和排出管道的配置应符合设计规定；无规定时，应符合本规范附录 C 的规定。

8. 液压、润滑、冷却、加热的管路安装，应符合现行国家标准《机械设备安装工程施工及验收通用规范》（GB 50231）的有关规定。

4.1.6　解体出厂的泵组装后，其承压件和管路应进行严密性试验；泵体及其排出管路等试验压力宜为最大工作压力，并应保压 10min，系统应无渗漏和泄漏；加热、冷却及其夹套等的试验压力应为最大工作压力，并不应低于 0.6MPa，且应保压 10min，系统应无渗漏和泄漏。

4.1.7　安全阀、溢流阀或超压保护装置应调整至正常开启压力，其全流量压力和回座压力应符合随机技术文件的规定。

4.1.8　泵的隔振器安装位置应准确；各个隔振器的压缩量应均匀一致，其偏差应符合随机技术文件的规定。

4.1.9　泵试运转前的检查、应符合下列要求。

1. 润滑、密封、冷却和液压等系统应清洗洁净并保持畅通，其受压部分应进行严密性试验。

2. 润滑部位加注的润滑剂的规格和数量应符合随机技术文件的规定，有预润滑、预热和预冷要求的泵应按随机技术文件的规定进行。

3. 泵的各附属系统应单独试验调整合格，并应运行正常。

4. 泵体、泵盖、连杆和其他连接螺栓与螺母应按规定的力矩拧紧，并应无松动；联轴器及其他外露的旋转部分均应有保护罩，应并固定牢固。

5. 泵的安全报警和停机连锁装置经模拟试验，其动作应灵敏、正确和可靠。

6. 经控制系统联合试验各种仪表显示、声讯和光电信号等，应灵敏、正确、可靠，并应符合机组运行的要求。

7. 盘动转子，其转动应灵活、无摩擦和阻滞。

4.1.10　泵试运转应符合下列要求。

1. 试运转的介质宜采用清水；当泵输送介质不是清水时，应按介质的密度、比重折算为清水进行试运转，流量不应小于额定值的 20%；电流不得超过电动机的额定电流。

2. 润滑油不得有渗漏和雾状喷油；轴承、轴承箱和油池润滑油的温升不应超过环境温度 40℃，滑动轴承的温度不应大于 70℃；滚动轴承的温度不应大于 80℃。

3. 泵试运转时，各固定连接部位不应有松动；各运动部件运转应正常，无异常声响和摩擦；附属系统的运转应正常；管道连接应牢固、无渗漏。

4. 轴承的振动速度有效值应在额定转速、最高排除压力和无汽蚀条件下检测，检测及其限值应符合随机技术文件的规定；无规定时，应符合本规范附录 A 的规定。

5. 泵的静密封应无泄漏；填料函和轴密封的泄漏量不应超过随机技术文件的规定。

6. 润滑、液压、加热和冷却系统的工作应无异常现象。

7. 泵的安全保护和电控装置及各部分仪表应灵敏、正确、可靠。

8. 泵在额定工况下连续试运转时间不应少于表 9-5 规定的时间；高速泵及特殊要求的泵试运转时间应符合随机技术文件的规定。

表 9-5　泵在额定工况下连续试运转时间

泵的轴功率/kW	连续试运转时间/min
<50	60
50~100	60
100~400	90
>400	120

9. 系统在试运转中应检查以下各项，并应做好记录。

(1) 润滑油的压力、温度和各部分供油情况。

(2) 吸入和排出介质的温度、压力。

(3) 冷却水的供水情况。

(4) 各轴承的温度、振动。

(5) 电动机的电流、电压、温度。

本 章 小 结

本章主要介绍了泵与风机在管路中运行的工作点的确定，联合运行方式的选择，运行工况的调节，泵与风机的选型以及泵与风机的运行操作、故障分析等内容。

(1) 泵与风机的工作点可由管路特性曲线及泵与风机的性能曲线确定，位于性能曲线下降段的工作点是稳定工作点。

(2) 泵与风机的并联运行是指多台泵与风机向同一管路系统输送流体的工作方式。并联工作的特点是：扬程彼此相等，总流量为每台泵输送流量之和。

(3) 泵与风机的串联运行是指前一台泵与风机的出口向另一台泵与风机的入口输送流体的工作方式。串联工作的特点是：流量彼此相等，总扬程为每台泵提供的扬程之和。

（4）管路系统中采用多台泵联合运行来增加流量时，采用并联还是串联方式，主要取决于管路特性曲线。当管路系统的阻力较大时，管路特性曲线较陡，选择串联方式较为适宜；当管路系统的阻力较小时，管路特性曲线较平坦，选择并联方式较为适宜。

（5）当泵与风机的负荷发生变化时需要进行工况点的调节，工况点的调节一般是指泵与风机流量的调节。可通过改变泵与风机的性能曲线或改变管路特性曲线来实现工况点的调节。

（6）离心式泵与风机可以根据工作管路对泵与风机的扬程（全压）及流量的需求，利用泵与风机性能表或性能曲线进行选型。

（7）离心式泵与风机运行中常见的故障分为性能故障和机械故障两大类，针对工程实际中发生的具体故障，首先要分析其故障类型、故障原因，然后采取相应的排除措施。

思 考 题

1. 如何确定泵与风机的运行工况点？
2. 泵与风机串联工作的目的是什么？串联后为什么流量会有所增加？
3. 泵与风机并联工作的目的是什么？并联后为什么扬程会有所增加？
4. 一台离心式泵在管道系统中的工作流量为 $50\text{m}^3/\text{s}$，并联相同型号的另一台泵后，总流量是原来的两倍吗？
5. 泵与风机运行时有哪几种调节方式？各适用于哪些场合？
6. 两台泵并联运行时，启动第二台泵有时会不出水，为什么？
7. 泵与风机在运行中发生振动的原因是什么？如何减轻振动现象？
8. 简述泵与风机的选型原则。
9. 某给水系统中采用离心式泵供水，该泵启动后供水量不足，试分析其可能存在的原因，并确定检修方案。

练 习 题

一、选择题

1. 两台大小不同的泵串联运行，串联工作点的扬程为 H'。若去掉其中一台泵，由单台泵运行时，工作点扬程分别为 H_1 与 H_2，且 $H_1 > H_2$，则串联与单台运行的扬程关系为（　　）。

A. $H' = H_1 + H_2$
B. $H' > H_1 + H_2$
C. $H_1 < H' < H_1 + H_2$
D. $H_2 < H' < H_1 + H_2$

2. 轴流泵不宜采用（　　）。

A. 动叶调节
B. 出口端节流调节
C. 改变转速的传动机构调节
D. 交流电动机变速调节

3. 泵与风机的实际工作点落在（　　）点附近时，工作最经济。

A. 最大流量
B. 最大扬程（全压）
C. 最大功率
D. 最高效率

4. 离心式泵与风机在定转速下运行时，为了避免启动电流过大，通常在（　　）情况下启动。

A. 阀门稍稍开启　　　　　　　　　B. 阀门半开

C. 阀门全开　　　　　　　　　　　D. 阀门全关

5. 两台相同性能的风机在稳定区并联运行，并联工作点的流量为 q_v，现若其中一台因故障停机，由单台风机运行（设管路特性曲线不变），工作点流量为 q_{v1}，则 q_v 与 q_{v1} 的相互关系为（　　）。

A. $q_v = q_{v1}$　　　　　　　　　　B. $q_v = 2q_{v1}$

C. $q_{v1} < q_v < 2q_{v1}$　　　　　　　D. $q_v > 2q_{v1}$

二、计算题

1. 为提高管道系统内的风量，用两台同性能的风机串联在一起工作。单台风机的性能曲线如图 9.20 所示，管路特性曲线 R 如图所示，试求两台风机串联运行时，其中每台风机的流量、全压及效率。

2. 两台性能完全相同水泵并联运行，每台泵的性能曲线 I 如图 9.21 所示。管路性能曲线方程为 $H_C = 1400 + 13200q_v^2$。试分析当其中一台水泵停止工作后，管路流量占并联运行时流量的百分比。

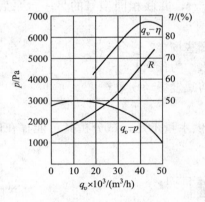

图 9.20　计算题 1 图

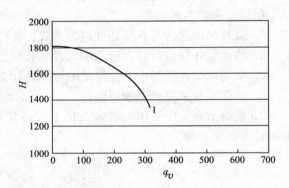

图 9.21　计算题 2 图

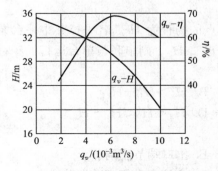

图 9.22　计算题 3 图

3. 已知某离心泵性能曲线如图 9.22 所示，管路阻抗为 $76000 \text{s}^2/\text{m}^5$，静扬程为 19m，泵的转速为 2900r/min，试求：（1）该泵的流量、扬程、轴功率及效率；（2）用阀门调节方法使流量减少 25%，泵的流量、扬程、轴功率及阀门消耗的功率是多少？（3）用变速调节方法使流量减少 25%，转速应调至多少？

附　　录

附录1　常见局部构件的局部损阻力系数

附表1　常见局部构件的局部阻力系数

构件类型	示意图	局部损失系数										
截面突然缩小		A_2/A_1	0.01	0.1	0.2	0.3	0.4	0.5	0.6	0.7	0.8	0.9	1.0
		ζ_1	0.618	0.632	0.644	0.659	0.676	0.696	0.717	0.744	0.784	0.890	1.0
		ζ_2	0.50	0.469	0.431	0.387	0.343	0.298	0.257	0.212	0.161	0.079	0
截面突然扩大		A_1/A_2	1	0.9	0.8	0.7	0.6	0.5	0.4	0.3	0.2	0.1	0
		ζ_1	0	0.01	0.04	0.09	0.16	0.25	0.36	0.49	0.64	0.81	1
		ζ_2	0	0.0123	0.0625	0.184	0.444	1	2.25	5.44	16	81	∞

| 渐缩管 | | $\zeta_2 = \dfrac{\lambda}{\sin(\theta/2)}\left[1-\left(\dfrac{A_2}{A_1}\right)^2\right]$ |

| 渐扩管 | | $\zeta_2 = \dfrac{\lambda}{8\sin(\theta/2)}\left[1-\left(\dfrac{A_1}{A_2}\right)^2\right] + K\left[1-\dfrac{A_1}{A_2}\right]$ 当 $A_1/A_2 = 1/4$ 时 |

$\theta/(°)$	2	4	6	8	10	12	14	16	20	25
K	0.022	0.048	0.072	0.103	0.138	0.177	0.221	0.270	0.386	0.645

折管　

$\zeta = 0.946\sin^2(\theta/2) + 2.047\sin^4(\theta/2)$

当 $d > 30\text{cm}$ 时，随着 d 的增大 ζ 相应减小

$\theta/(°)$	20	40	60	80	90	100	120	140
ζ	0.064	0.139	0.364	0.740	0.985	1.260	1.861	2.431

90°弯管　

$$\zeta_{90°} = 0.131 + 0.163(d/R)^{3.5}$$

弯管　

d/D	0.1	0.2	0.3	0.4	0.5	0.6	0.7	0.8	0.9	1.0	1.1
ζ	0.131	0.132	0.133	0.137	0.145	0.157	0.177	0.204	0.241	0.291	0.355

当 $\theta < 90°$ 时，$\zeta = \zeta_{90°}(\theta/90°)$

闸阀　

开度/(%)	10	20	30	40	50	60	70	80	90	100
ζ	60	16	6.5	3.2	1.8	1.1	0.60	0.30	0.18	0.10

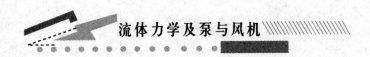
（续）

构件类型	示意图	局部损失系数									
球阀		开度/(%)	10	20	30	40	50	60	70	80	90	100
		ζ	85	24	12	7.5	5.7	4.8	4.4	4.1	4.0	3.9
蝶阀		开度/(%)	10	20	30	40	50	60	70	80	90	100
		ζ	200	65	26	16	8.3	4	1.8	0.85	0.48	0.3
分支管道		$\zeta_{13}=-0.92(1-q)^2-q^2[(1.2-n^{1/2})\cos\theta/(m-1)+0.8(1-1/m^2)-(1-m)\cos\theta/m]+(2-m)q(1-q)$ $\zeta_{23}=0.03(1-q)^2-q^2[1+(1.62-n^{1/2})\cos\theta/(m-1)-0.38(1-m)]+(2-m)q(1-q)$ $q=q_{v1}/q_{v3} \quad m=A_1/A_3 \quad n=d_1/d_3$										
		$\zeta_{31}=-0.95(1-q)^2-q^2[1.3\cot(180-\theta)/2-0.3+(0.4-0.1m)/m^2][1-0.9(n/m)^{1/2}]-0.4q(1-q)(1+1/m)\cot(180-\theta)/2$ $\zeta_{32}=-0.3(1-q)^2-0.35q^2+0.2q(1-q)$										

附录2　部分型号泵与风机的性能表

附表2　IS型单级单吸离心泵(摘录)

型号	流量 /(m³/h)	扬程 /m	转速 /(r/min)	汽蚀余量/m	泵效率 /(%)	功率/kW		泵口径/mm	
						轴功率	电机功率	吸入	排出
IS50-32-125	7.5 12.5 15	20	2900	2	60	1.13	2.2 2.2 2.2	50	32
IS50-32-160	7.5 12.5 15	32	2900	2	54	2.02	3 3 3	50	32
IS50-32-200	7.5 12.5 15	52.5 5. 48	2900	2 2 2.5	38 48 51	2.62 3.54 3.84	5.5 5.5 5.5	50	32
IS50-32-250	7.5 12.5 15	82 80 78.5	2900	2 2 2.5	28.5 38 41	5.67 7.16 7.83	11 11 11	50	32
IS65-50-125	7.5 12.5 15	20	2900	2	69	1.97	3 3 3	65	50
IS65-50-160	15 25 30	35 32 30	2900	2 2 2.5	54 65 66	2.65 3.35 3.71	5.5 5.5 5.5	65	50
IS65-40-200	15 25 30	53 50 47	2900	2 2 2.5	49 60 61	4.42 5.67 6.29	7.5 7.5 7.5	65	40
IS65-40-250	15 25 30	80	2900	2	53	10.3	15 15 15	64	40
IS80-65-125	30 50 60	22.5 20 18	2900	3 3 3.5	64 75 74	2.87 3.63 3.93	5.5 5.5 5.5	80	65
IS80-65-160	30 50 60	36 32 29	2900	2.5 2.5 3	61 73 72	4.82 5.97 6.59	7.5 7.5 7.5	80	65
IS80-50-200	30 50 60	53 50 47	2900	2.5 2.5 3	55 69 70	7.87 9.87 10.8	15 15 15	80	50

型号	流量 /(m³/h)	扬程 /m	转速 /(r/min)	汽蚀余量/m	泵效率 /(%)	功率/kW 轴功率	功率/kW 电机功率	泵口径/mm 吸入	泵口径/mm 排出
IS80-50-250	30	53		2.5	52	13.2	22		
	50	50	2900	2.5	63	17.3	22	80	50
	60	47		3	64	19.2	22		
IS100-80-125	60	24		4	67	5.86	11		
	100	20	2900	4.5	78	7	11	100	80
	120	16.5		5	74	7.28	11		
IS100-80-160	60	36		3.5	70	8.42	15		
	100	32	2900	4	78	11.2	15	100	80
	120	28		5	75	12.2	15		
IS100-65-200	60	54		3	65	13.6	22		
	100	50	2900	3.6	76	17.9	22	100	65
	120	47		4.8	77	19.9	22		

附表3　Sh型单级双吸离心泵（摘录）

型号	流量 /(m³/h)	扬程 /m	转速 /(r/min)	汽蚀余量/m	泵效率 /(%)	功率/kW 轴功率	功率/kW 电机功率	泵口径/mm 吸入	泵口径/mm 排出
100S90	60	95			61	23.9			
	80	90	2950	3.5	65	28	37	100	70
	95	82			63	31.2			
150S100	126	102			70	48.8			
	160	100	2950	3.5	73	55.9	75	150	100
	202	90			72	62.7			
150S78	126	84			72	40			
	160	78	2950	3.5	75.5	46	55	150	100
	198	70			72	52.4			
150S50	130	52			72	25.4			
	160	50	2950	3.9	80	27.6	37	150	100
	220	40			77	27.2			
200S95	216	103			62	86			
	280	95	2950	5.3	79.2	94.4	132	200	125
	324	85			72	96.6			

型号	流量 /(m³/h)	扬程 /m	转速 /(r/min)	汽蚀余量/m	泵效率 /(%)	功率/kW		泵口径/mm	
						轴功率	电机功率	吸入	排出
200S95A	198 270 310	94 87 80	2950	5.3	68 75 74	72.2 82.4 88.1	110	200	125
200S95B	245	72	2950	5	74	65.8	75	200	125
200S63	216 280 351	69 63 50	2950	5.8	74 82.7 72	55.1 59.4 67.8	75	200	150
200S63A	180 270 324	54.5 46 37.5	2950	5.8	70 75 70	41 48.3 51	55	200	150
200S42	219 280 342	48 42 35	2950	6	81 84.2 81	81 84.2 81	45	200	150
200S42A	198 270 310	43 36 31	2950	6	76 80 76	76 80 76	37	200	150
250S65	360 485 612	71 65 56	1450	3	75 78.6 72	75 78.6 72	160	250	200
250S65A	342 468 540	61 54 50	1450	3	74 77 65	74 77 65	132	250	200

附表 4　D 型节段式多级离心泵(摘录)

型号	流量 /(m³/h)	扬程 /m	转速 /(r/min)	汽蚀余量/m	泵效率 /(%)	功率/kW		泵口径/mm	
						轴功率	电机功率	吸入	排出
D6—25×3	3.75 6.3 7.5	76.5 75 73.5	2950	2 2 2.5	33 45 47	2.37 2.86 3.19	5.5	40	40
D6—25×4	3.75 6.3 7.5	102 100 98	2950	2 2 2.5	33 45 47	3.16 3.81 4.26	7.5	40	40

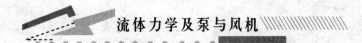

（续）

型号	流量/(m³/h)	扬程/m	转速/(r/min)	汽蚀余量/m	泵效率/(%)	功率/kW		泵口径/mm	
						轴功率	电机功率	吸入	排出
D6—25×5	3.75	127.5	2950	2	33	3.95	7.5	40	40
	6.3	125.5		2	45	4.77			
	7.5	122.5		2.5	47	5.32			
D12—25×2	12.5	50	2950	2	54	3.15	5.5	50	40
D12—25×3	7.5	84.6	2950	2	44	3.93	7.5	50	40
	12.5	75		2	54	4.73			
	15	69		2.5	53	5.32			
D12—25×4	7.5	112.8	2950	2	44	5.24	11	50	40
	12.5	100		2	54	6.30			
	15	92		2.5	53	7.09			
D12—25×5	7.5	141	2950	2	44	6.55	11	50	40
	12.5	125		2	54	7.88			
	15	115		2.5	53	8.86			
D12—50×2	12.5	100	2950	2.8	40	8.5	11	50	50
D12—50×3	12.5	150	2950	2.8	40	12.75	18.5	50	50
D12—50×4	12.5	200	2950	2.8	40	17	22	50	50
D12—50×5	12.5	250	2950	2.8	40	21.4	30	50	50
D12—50×6	12.5	300	2950	2.8	4	25.5	37	50	50
D16—60×3	10	186	2950	2.3	30	16.9	22	65	50
	16	183		2.8	40	19.9			
	20	177		3.4	44	21.9			
D16—60×4	10	248	2950	2.3	30	22.5	37	65	50
	16	244		2.8	40	26.6			
	20	236		3.4	44	29.2			
D16—60×5	10	310	2950	2.3	30	28.2	45	65	50
	16	305		2.8	40	33.3			
	20	295		3.4	44	36.5			
D16—60×6	10	372	2950	2.3	30	33.8	45	65	50
	16	366		2.8	40	39.9			
	20	354		3.4	44	43.8			
D16—60×7	10	434	2950	2.3	30	39.4	45	65	50
	16	427		2.8	40	46.6			
	20	413		3.4	44	51.1			

附表5 4-72-11型离心通风机(摘录)

型号	转速/(r/min)	全风压		流量/(m³/h)	效率/(%)	所需功率/kW
		mH₂O	Pa			
6C	2240	248	2432.1	15800	91	14.1
	2000	198	1941.8	12950	91	9.65
	1800	160	1569.1	12700	91	7.3
	1250	77	755.1	8800	91	2.53
	1000	49	480.5	7030	91	1.39
	800	30	294.2	5610	91	0.73
8C	1800	285	2795	29900	91	30.8
	1250	137	1343.6	20800	91	10.3
	1000	88	863.0	16600	91	5.52
	630	35	343.2	10480	91	1.5
10C	1250	227	2226.2	41300	94.3	32.7
	1000	145	1422.0	32700	94.3	16.5
	800	93	912.1	26130	94.3	8.5
	500	36	353.1	16390	94.3	2.34
6D	1450	104	1020	10200	91	4
	950	45	441.3	3720	91	1.32
8D	1450	200	1961.4	20130	89.5	14.2
	730	50	490.4	10150	89.5	2.06
16B	900	300	2942.1	121000	94.3	127
20B	710	290	2844.0	186300	94.3	190

附表6 4-68型离心通风机性能参数表(摘录)

型号	转速/(r/min)	序号	全压/Pa	流量/(m³/h)	内效率/(%)	电机功率/kW
2.8A	2900	1	990	1131	78.5	1.1
		2	990	1319	83.2	
		3	980	1508	86.5	
		4	940	1696	87.9	
		5	870	1885	86.1	
		6	780	2073	80.1	
		7	670	2262	73.5	

(续)

型号	转速/(r/min)	序号	全压/Pa	流量/(m³/h)	内效率/(%)	电机功率/kW
4A	2900	1	2110	3984	82.3	4
		2	2100	4534	86.2	
		3	2050	5083	88.9	
		4	1970	5633	90.0	
		5	1880	6182	88.6	
		6	1660	6732	83.6	
		7	1460	7281	78.2	
4.5A	2900	1	2710	5790	83.3	7.5
		2	2680	6573	87.0	
		3	2620	7355	89.5	
		4	2510	8137	90.5	
		5	2340	8920	89.2	
		6	2110	7902	84.5	
		7	1870	10485	79.4	
	1450	1	680	2895	83.3	1.1
		2	670	3286	87.0	
		3	650	3678	89.5	
		4	630	4069	90.5	
		5	580	4460	89.2	
		6	530	4851	84.5	
		7	470	5242	79.4	

附录3　IS 系列离心泵综合性能曲线图

附录4　4-73-11 型离心风机的性能曲线图

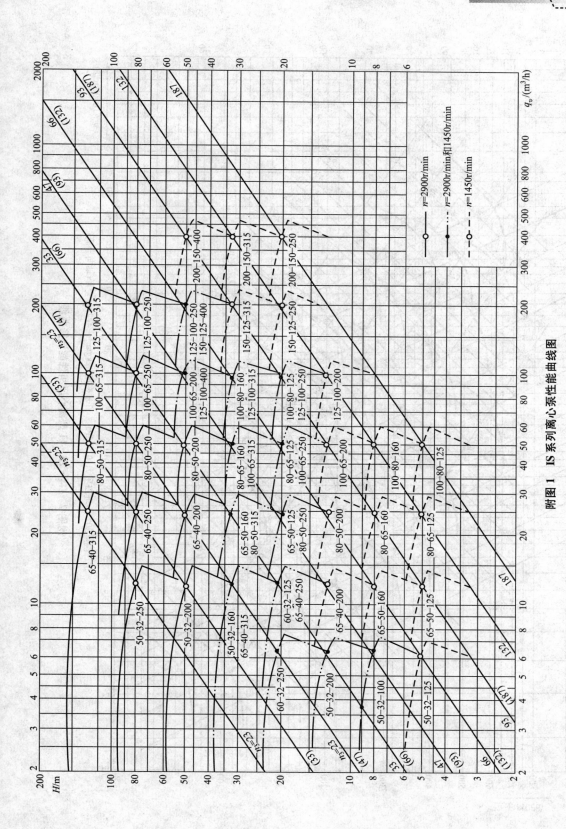

附图1　IS系列离心泵性能曲线图

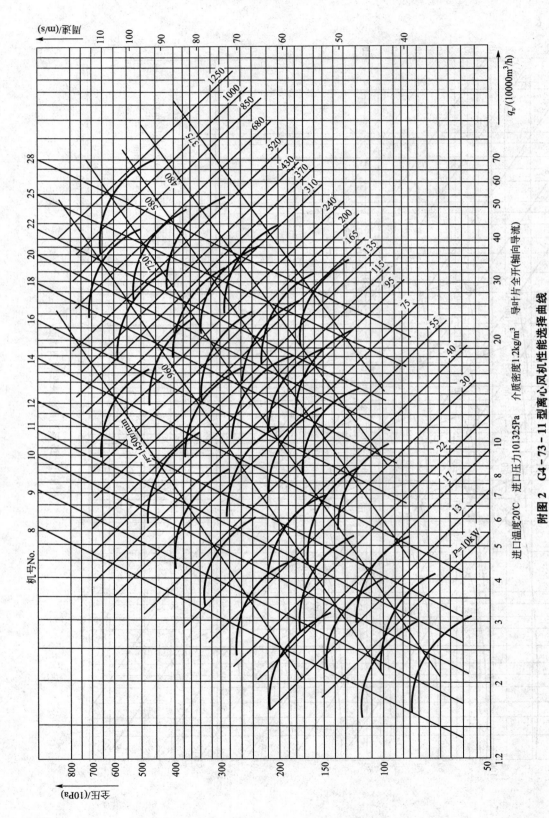

附图 2　G4－73－11 型离心风机性能选择曲线

进口温度20℃　进口压力101325Pa　介质密度1.2kg/m³　导叶片全开(轴向导流)

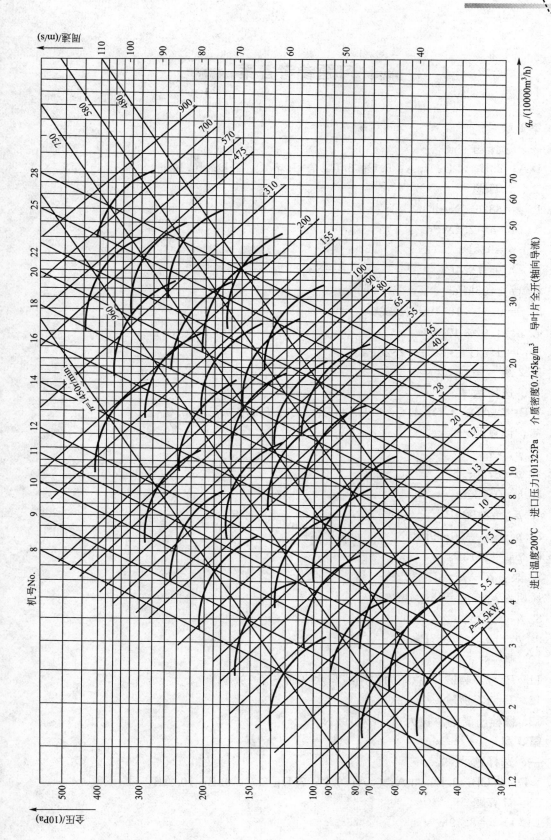

附图 3　Y4－73－11 型离心风机性能选择曲线

进口温度200°C　进口压力101325Pa　介质密度0.745kg/m³　导叶片全开(轴向导流)

习题参考答案

第 1 章

一、选择题

1. A；2. B；3. B；4. A；5. C；6. D；7. C；8. C；9. D；10. B

二、计算题

1. $\gamma = 8826.3\text{N/m}^3$

2. (1) $p = 2.1\text{MPa}$

(2) $p = 98\text{kPa}$

(3) $p_e = 1.9\text{MPa}$

(4) $p_v = 98\text{kPa}$

3. $\beta = 0.51 \times 10^{-9}\text{m}^2/\text{N}(\text{或 Pa}^{-1})$

4. $\mu = 1.92 \times 10^{-4}\text{Pa} \cdot \text{s}$

5. $\mu = 1.41\text{Pa} \cdot \text{s}$；$\tau = 2820\text{Pa}$

第 2 章

一、选择题

1. B；2. AD；3. D；4. C；5. B；6. B；7. A；8. D；9. C；10. C

二、计算题

1. $p_A > p_B$

2. $p = 87165.5\text{Pa}$

3. $h = 0.420\text{m}$

4. $p_{Av} = 3.92\text{kPa}$

5. $p_A - p_B = 20.79\text{kPa}$

6. $p_{Bv} = 3413\text{Pa}$

7. 泵：$p_2 - p_1 = 12.36\text{kPa}$

风机：$p_2 - p_1 = 13.34\text{kPa}$

8. $h = 0.3\text{m}$

9. $p_A - p_B = 67867\text{Pa}$

10. 略

11. $P = 23.44\text{kN}$，总压力作用线与水平面夹角 19.84°

12. $T = 17.97\text{kN}$

13. 螺栓所受的总拉力 $T = 87.19\text{kN}$

第 3 章

一、选择题

1. D；2. CB；3. D；4. A；5. A；6. C；7. D；8. C；9. B；10. AB

二、计算题

1. (1) $v = 8.49\text{m/s}$

(2) $v = 10.62$ m/s

2. $v_2 = 3.14$m/s；$q_v = 0.0162$m³/s

3. $h_C = 2.45$m

4. (1) A 点的相对压强 $p_{Ae} = 29437.35$Pa

(2) A 点的压力 $p_{Ae} = 49152$Pa

第一段中点 B 的压力 $p_B = 48483.74$Pa

第二段中点 C 的压力 $p_{Ce} = 13107.2$Pa

5. $\Delta h = 0.649$m

6. 管中心流速 $v_A = 3.85$m/s

7. $H_1 = 1.04$m

8. $h = 0.244$m

9. (1) $q_v = 0.0065$m³/s

(2) 管中通过的流量与文丘里管倾斜放置的角度 α 无关，因此文丘里管倾角发生改变时，流量不变

10. 烟气通过省煤器的压力损失 $p_{l1-2} = 29.34$Pa

11. $H = 84.03$m

12. 泵提供的机械能 $H_i = 25.17$m$= 246.84$J/kg

13. 0.221kN

14. 0.8kN

15. 0.868kN

第 4 章

一、选择题

1. D；2. C；3. C；4. B；5. A；6. C；7. D；8. A；9. A；10. A

二、计算题

1. d_2 断面的雷诺数大

2. $v = 0.708$m/s；$Re = 708 < 2000$，层流

3. $Re = 67988 > 2000$，紊流；$q_v < 0.0103$L/s

4. $d = 0.128$m

5. $\lambda = 0.027$

6. 查莫迪图得沿程阻力系数为 0.0168，$h_f = 2.06$m

7. $\lambda = 0.0283$，该管材的绝对粗糙度 K 为 0.165

8. $\zeta = 0.29$

9. (1) $\lambda = 0.027$；

(2) $\zeta = 0.771$

10. $v = 2.27$m/s；$q_v = 0.018$m³/s

11. $v = 23.22$m/s；$\lambda = 0.0065$

12. $\lambda = 0.056$

13. $\zeta = 1.01$

14. $\lambda = 0.021$；$h_f = 0.0035$

263

第 5 章

一、选择题

1. C；2. A；3. D；4. C；5. B；6. B；7. D；8. B；9. B；10. A

二、计算题

1. $q_v = 0.057 \mathrm{m}^3/\mathrm{s}$

2. $q_v = 0.04 \mathrm{m}^3/\mathrm{s}$

3. 初始条件下，两支管流量相等；在支管 1 上假设调节阀后，支管 1 阻抗增加，流量相应减小

4. 试算法得 $\lambda = 0.021$；$q_v = 0.023 \mathrm{m}^3/\mathrm{s}$

5. $\lambda = 0.021$；$d = 105 \mathrm{mm}$

6. $q_1 = q_2$

7. $q_1 = 1.732 q_2$

8. $H = 23.54 \mathrm{m}$

9. $q_1 + q_2 = 0.035 + 0.045 = 0.08 (\mathrm{m}^3/\mathrm{s})$；若要使两支路流量相等，可在支路 2 上增加调节阀以增大支路 2 的阻抗，减小流量。

10. $q_v = 14.14 \mathrm{L/s}$；$\dfrac{p_a - p_C}{\rho g} = 3.1 \mathrm{m}$

11. $q = 58.03 \mathrm{L/s}$

x	0^{-1}	0	10^{-}	10^{+}	30
H/m	12	10.6	2.26	0.696	0.174
H_F/m	12	7.82	−0.52	0.522	0

管内总水头线和测压管水头线见附图 1。

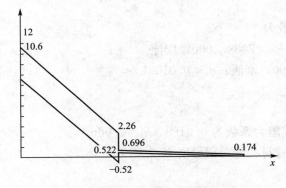

附图 1　计算题 11 答案

12. $p_1 = 752 \mathrm{kPa}$

第 6 章

一、选择题

1. D；2. B；3. A；4. C；5. D

二、实训题（略）

第 7 章

一、选择题

1. D；2. C；3. C；4. A；5. D

二、计算题

1. $\eta_h = 91.1\%$

2. $P = 6.6\text{kW}$

3. $n_1 = 1068\text{r/min}$

4. 原泵的比转数 $n_s = 82.5$；双吸泵比转数 $n_s = 58.4$；八级泵比转数 $n_s = 92.8$

5. $q_{vm} = 0.68\text{m}^3/\text{s}$；$H_m = 200\text{m}$；$P_m = 320\text{kW}$

6. 两台风机的比转数相等

7. （1）测点的全效率：

测点编号	1	2	3	4	5	6	7	8
η	0.821	0.858	0.895	0.912	0.909	0.883	0.856	0.822

（2）性能曲线：略

（3）铭牌参数：$\eta = 91.4\%$，$q_v = 8300\text{m}^3/\text{h}$，$p = 780\text{N/m}^2$，$P = 2\text{kW}$。

（4）无量纲性性能曲线：略

第 8 章

一、选择题

1. D；2. A；3. C；4. B；5. B

二、计算题

1. $[\Delta h] = 5.73\text{m}$

2. $[H_g] = 4.35\text{m}$

3. $H_g < 5.09\text{m}$，当泵的几何安装高度超过 5.09m 时，泵将发生汽蚀

4. 吸液池液面下降 $H_{s,\max} - \dfrac{p}{\rho g}$

5. $[H_g] = -5.0\text{m}$

6. $[H_g] = -2.02\text{m}$

7. （1）$[H_g] = 2.01\text{m}$，$H_g = 2.6\text{m} > [H_g]$，该泵不能正常工作

（2）$[H_g] = 0.7\text{m}$

第 9 章

一、选择题

1. D；2. B；3. D；4. D；5. C

二、计算题

1. 每台风机的流量 $q_{vA} = 38 \times 10^3\text{m}^3/\text{h}$，全压 $p = 2200\text{Pa}$，效率 $\eta = 85\%$（计算结果见附图 2）

2. 管路流量占并联运行时流量的百分比为 63%（计算结果见附图 3）

3. （1）工况点参数

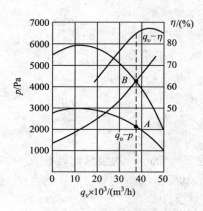

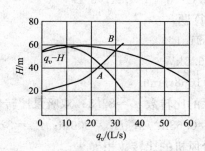

附图2　计算题1答案　　　　　　附图3　计算题2答案

$q_v/(10^{-3}\,\mathrm{m^3/s})$	0	2	4	6	8	10
H/m	19	19.30	20.22	21.74	23.86	26.60

泵的流量：$q_{vA}=8.5\times10^{-3}\,\mathrm{m^3/s}$

泵的扬程：$H_A=24.5\mathrm{m}$

泵的轴功率：$P=3.14\mathrm{kW}$

泵的效率：$\eta=65\%$

（2）阀门调节后：$q_{vB}=6.38\times10^{-3}\,\mathrm{m^3/s}$，$H_B=28.8\mathrm{m}$，$\eta=65\%$，$P_B=2.77\mathrm{kW}$；阀门消耗的功率：$\Delta P=0.65\mathrm{kW}$

（3）变速调节：$n'=2570\mathrm{r/min}$

计算结果见附图4

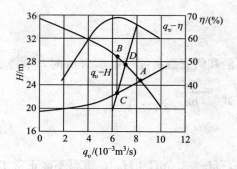

附图4　计算题3答案

参 考 文 献

[1] 杜广生. 工程流体力学 [M]. 北京：中国电力出版社，2004.

[2] 郭立君. 泵与风机 [M]. 北京：中国电力出版社，1996.

[3] 程俊骥. 泵与风机运行检修 [M]. 北京：机械工业出版社，2012.

[4] 陈礼. 流体力学及泵与风机 [M]. 北京：高等教育出版社，2005.

[5] 刘宏丽. 泵与风机应用技术 [M]. 北京：机械工业出版社，2012.

[6] 余宁. 流体与热工基础 [M]. 北京：中国建筑工业出版社，2005.

[7] 刘鹤年. 流体力学 [M]. 武汉：武汉大学出版社，2006.

[8] 孔珑. 工程流体力学 [M]. 4 版. 北京：中国电力出版社，2014.

[9] 蔡增基. 流体力学泵与风机 [M]. 北京：中国建筑工业出版社，1999.

[10] 付祥钊. 流体输配管网 [M]. 北京：中国建筑工业出版社，2001.

北京大学出版社高职高专土建系列规划教材

序号	书名	书号	编著者	定价	出版时间	印次	配套情况
		基 础 课 程					
1	工程建设法律与制度	978-7-301-14158-8	唐茂华	26.00	2012.7	6	ppt/pdf
2	建设法规及相关知识	978-7-301-22748-0	唐茂华等	34.00	2014.9	2	ppt/pdf
3	建设工程法规(第2版)	978-7-301-24493-7	皇甫婧琪	40.00	2014.12	2	ppt/pdf/答案/素材
4	建筑工程法规实务	978-7-301-19321-1	杨陈慧等	43.00	2012.1	4	ppt/pdf
5	建筑法规	978-7-301-19371-6	董伟等	39.00	2013.1	4	ppt/pdf
6	建设工程法规	978-7-301-20912-7	王先恕	32.00	2012.7	3	ppt/ pdf
7	AutoCAD 建筑制图教程(第2版)	978-7-301-21095-6	郭 慧	38.00	2014.12	6	ppt/pdf/素材
8	AutoCAD 建筑绘图教程(第2版)	978-7-301-20540-8	唐英敏等	44.00	2014.7	1	ppt/pdf
9	建筑 CAD 项目教程(2010 版)	978-7-301-20979-0	郭 慧	38.00	2012.9	2	pdf/素材
10	建筑工程专业英语	978-7-301-15376-5	吴承霞	20.00	2013.8	8	ppt/pdf
11	建筑工程专业英语	978-7-301-20003-2	韩薇等	24.00	2014.7	2	ppt/ pdf
12	★建筑工程应用文写作(第2版)	978-7-301-24480-7	赵立等	50.00	2014.7	1	ppt/pdf
13	建筑识图与构造(第2版)	978-7-301-23774-8	郑贵超	40.00	2014.12	2	ppt/pdf/答案
14	建筑构造	978-7-301-21267-7	肖 芳	34.00	2014.12	4	ppt/ pdf
15	房屋建筑构造	978-7-301-19883-4	李少红	26.00	2012.1	4	ppt/pdf
16	建筑识图	978-7-301-21893-8	邓志勇等	35.00	2013.1	2	ppt/pdf
17	建筑识图与房屋构造	978-7-301-22860-9	贠禄等	54.00	2013.8	1	ppt/pdf /答案
18	建筑构造与设计	978-7-301-23506-5	陈玉萍	38.00	2014.1	1	ppt/pdf /答案
19	房屋建筑构造	978-7-301-23588-1	李元玲等	45.00	2014.1	1	ppt/pdf
20	建筑构造与施工图识读	978-7-301-24470-8	南学平	52.00	2014.8	1	ppt/pdf
21	建筑工程制图与识图(第2版)	978-7-301-24408-1	白丽红	29.00	2014.7	1	ppt/pdf
22	建筑制图习题集(第2版)	978-7-301-24571-2	白丽红	25.00	2014.8	1	pdf
23	建筑制图(第2版)	978-7-301-21146-5	高丽荣	32.00	2013.2	4	ppt/pdf
24	建筑制图习题集(第2版)	978-7-301-21288-2	高丽荣	28.00	2014.12	5	pdf
25	建筑工程制图(第2版)(附习题册)	978-7-301-21120-5	肖明和	48.00	2012.8	3	ppt/pdf
26	建筑制图与识图(第2版)	978-7-301-24386-2	曹雪梅	36.00	2014.9	1	ppt/pdf
27	建筑制图与识图习题册	978-7-301-18652-7	曹雪梅等	30.00	2012.4	4	pdf
28	建筑制图与识图	978-7-301-20070-4	李元玲	28.00	2012.8	5	ppt/pdf
29	建筑制图与识图习题集	978-7-301-20425-2	李元玲	24.00	2012.3	4	ppt/pdf
30	新编建筑工程制图	978-7-301-21140-3	方筱松	30.00	2014.8	2	ppt/ pdf
31	新编建筑工程制图习题集	978-7-301-16834-9	方筱松	22.00	2014.1	2	pdf
		建 筑 施 工 类					
1	建筑工程测量	978-7-301-16727-4	赵景利	30.00	2013.8	11	ppt/pdf /答案
2	建筑工程测量(第2版)	978-7-301-22002-3	张敬伟	37.00	2013.5	5	ppt/pdf /答案
3	建筑工程测量实验与实训指导(第2版)	978-7-301-23166-1	张敬伟	27.00	2013.9	2	pdf/答案
4	建筑工程测量	978-7-301-19992-3	潘益民	38.00	2012.2	2	ppt/ pdf
5	建筑工程测量	978-7-301-13578-5	王金玲等	26.00	2011.8	3	pdf
6	建筑工程测量实训（第2版）	978-7-301-24833-1	杨凤华	34.00	2015.1	1	pdf/答案
7	建筑工程测量(含实验指导手册)	978-7-301-19364-8	石 东等	43.00	2012.6	3	ppt/pdf/答案
8	建筑工程测量	978-7-301-22485-4	景 铎等	34.00	2013.6	1	ppt/pdf
9	建筑施工技术	978-7-301-21209-7	陈雄辉	39.00	2013.2	4	ppt/pdf
10	建筑施工技术	978-7-301-12336-2	朱永祥等	38.00	2012.4	7	ppt/pdf
11	建筑施工技术	978-7-301-16726-7	叶 雯等	44.00	2013.5	6	ppt/pdf /素材
12	建筑施工技术	978-7-301-19499-7	董伟等	42.00	2011.9	2	ppt/pdf
13	建筑施工技术	978-7-301-19997-8	苏小梅	38.00	2013.5	3	ppt/pdf
14	建筑工程施工技术(第2版)	978-7-301-21093-2	钟汉华等	48.00	2013.8	5	ppt/pdf
15	基础工程施工	978-7-301-20917-2	董伟等	35.00	2012.7	2	ppt/pdf
16	建筑施工技术实训(第2版)	978-7-301-24368-8	周晓龙	30.00	2014.12	2	pdf
17	建筑力学(第2版)	978-7-301-21695-8	石立安	46.00	2014.12	5	ppt/pdf
18	★土木工程实用力学	978-7-301-15598-1	马景善	30.00	2013.1	4	pdf/ppt
19	土木工程力学	978-7-301-16864-6	吴明军	38.00	2011.11	2	ppt/pdf

序号	书名	书号	编著者	定价	出版时间	印次	配套情况
20	PKPM 软件的应用(第2版)	978-7-301-22625-4	王 娜等	34.00	2013.6	2	pdf
21	建筑结构(第2版)(上册)	978-7-301-21106-9	徐锡权	41.00	2013.4	2	ppt/pdf/答案
22	建筑结构(第2版)(下册)	978-7-301-22584-4	徐锡权	42.00	2013.6	2	ppt/pdf/答案
23	建筑结构	978-7-301-19171-2	唐春平等	41.00	2012.6	4	ppt/pdf
24	建筑结构基础	978-7-301-21125-0	王中发	36.00	2012.8	2	ppt/pdf
25	建筑结构原理及应用	978-7-301-18732-6	史美东	45.00	2012.8	1	ppt/pdf
26	建筑力学与结构(第2版)	978-7-301-22148-8	吴承霞等	49.00	2014.12	5	ppt/pdf/答案
27	建筑力学与结构(少学时版)	978-7-301-21730-6	吴承霞	34.00	2014.8	3	ppt/pdf/答案
28	建筑力学与结构	978-7-301-20988-2	陈水广	32.00	2012.8	1	pdf/ppt
29	建筑力学与结构	978-7-301-23348-1	杨丽君等	44.00	2014.1	1	ppt/pdf
30	建筑结构与施工图	978-7-301-22188-4	朱希文等	35.00	2013.3	2	ppt/pdf
31	生态建筑材料	978-7-301-19588-2	陈剑峰等	38.00	2013.7	2	ppt/pdf
32	建筑材料(第2版)	978-7-301-24633-7	林祖宏	35.00	2014.8	1	ppt/pdf
33	建筑材料与检测	978-7-301-16728-1	梅 杨等	26.00	2012.11	9	ppt/pdf/答案
34	建筑材料检测试验指导	978-7-301-16729-8	王美芬等	18.00	2014.12	7	pdf
35	建筑材料与检测	978-7-301-19261-0	王 辉	35.00	2012.6	5	ppt/pdf
36	建筑材料与检测试验指导	978-7-301-20045-2	王 辉	20.00	2013.1	3	ppt/pdf
37	建筑材料选择与应用	978-7-301-21948-5	申淑荣等	39.00	2013.3	2	ppt/pdf
38	建筑材料检测实训	978-7-301-22317-8	申淑荣等	24.00	2013.4	1	pdf
39	建筑材料	978-7-301-24208-7	任晓菲	40.00	2014.7	1	ppt/pdf/答案
40	建设工程监理概论(第2版)	978-7-301-20854-0	徐锡权等	43.00	2014.12	5	ppt/pdf/答案
41	★建设工程监理(第2版)	978-7-301-24490-6	斯 庆	35.00	2014.9	1	ppt/pdf/答案
42	建设工程监理概论	978-7-301-15518-9	曾庆军等	24.00	2012.12	5	ppt/pdf
43	工程建设监理案例分析教程	978-7-301-18984-9	刘志麟等	38.00	2013.2	2	ppt/pdf
44	地基与基础(第2版)	978-7-301-23304-7	肖明和等	42.00	2014.12	2	ppt/pdf/答案
45	地基与基础	978-7-301-16130-2	孙平平等	26.00	2013.2	3	ppt/pdf
46	地基与基础实训	978-7-301-23174-6	肖明和等	25.00	2013.10	1	ppt/pdf
47	土力学与地基基础	978-7-301-23675-8	叶火炎等	35.00	2014.1	1	ppt/pdf
48	土力学与基础工程	978-7-301-23590-4	宁培淋等	32.00	2014.1	1	ppt/pdf
49	建筑工程质量事故分析(第2版)	978-7-301-22467-0	郑文新	32.00	2014.12	3	ppt/pdf
50	建筑工程施工组织设计	978-7-301-18512-4	李源清	26.00	2014.12	7	ppt/pdf
51	建筑工程施工组织实训	978-7-301-18961-0	李源清	40.00	2014.12	4	ppt/pdf
52	建筑施工组织与进度控制	978-7-301-21223-3	张廷瑞	36.00	2012.9	3	ppt/pdf
53	建筑施工组织项目式教程	978-7-301-19901-5	杨红玉	44.00	2012.1	2	ppt/pdf/答案
54	钢筋混凝土工程施工与组织	978-7-301-19587-1	高 雁	32.00	2012.5	2	ppt/pdf
55	钢筋混凝土工程施工与组织实训指导(学生工作页)	978-7-301-21208-0	高 雁	20.00	2012.9	1	ppt
56	建筑材料检测试验指导	978-7-301-24782-2	陈东佐等	20.00	2014.9	1	ppt
57	★建筑节能工程与施工	978-7-301-24274-2	吴明军等	35.00	2014.11	1	ppt/pdf
58	建筑施工工艺	978-7-301-24687-0	李源清等	49.50	2015.1	1	pdf/ppt/答案
工 程 管 理 类							
1	建筑工程经济(第2版)	978-7-301-22736-7	张宁宁等	30.00	2014.12	6	ppt/pdf/答案
2	★建筑工程经济(第2版)	978-7-301-24492-0	胡六星等	41.00	2014.9	1	ppt/pdf/答案
3	建筑工程经济	978-7-301-24346-6	刘晓丽等	38.00	2014.7	1	ppt/pdf/答案
4	施工企业会计(第2版)	978-7-301-24434-0	辛艳红等	36.00	2014.7	1	ppt/pdf/答案
5	建筑工程项目管理	978-7-301-12335-5	范红岩等	30.00	2012.4	9	ppt/pdf
6	建设工程项目管理(第2版)	978-7-301-24683-2	王 辉	36.00	2014.9	1	ppt/pdf/答案
7	建设工程项目管理	978-7-301-19335-8	冯松山等	38.00	2013.11	3	pdf/ppt
8	★建设工程招投标与合同管理(第3版)	978-7-301-24483-8	宋春岩	40.00	2014.12	2	ppt/pdf/答案/试题/教案
9	建筑工程招投标与合同管理	978-7-301-16802-8	程超胜	30.00	2012.9	2	pdf/ppt
10	工程招投标与合同管理实务	978-7-301-19035-7	杨甲奇等	48.00	2011.8	3	pdf
11	工程招投标与合同管理实务	978-7-301-19290-0	郑文新等	43.00	2012.4	2	ppt/pdf
12	建设工程招投标与合同管理实务	978-7-301-20404-7	杨云会等	42.00	2012.4	2	ppt/pdf/答案/习题库

序号	书名	书号	编著者	定价	出版时间	印次	配套情况
13	工程招投标与合同管理	978-7-301-17455-5	文新平	37.00	2012.9	1	ppt/pdf
14	工程项目招投标与合同管理(第2版)	978-7-301-24554-5	李洪军等	42.00	2014.12	2	ppt/pdf/答案
15	工程项目招投标与合同管理(第2版)	978-7-301-22462-5	周艳冬	35.00	2014.12	3	ppt/pdf
16	建筑工程商务标编制实训	978-7-301-20804-5	钟振宇	35.00	2012.7	1	ppt
17	建筑工程安全管理	978-7-301-19455-3	宋健等	36.00	2013.5	4	ppt/pdf
18	建筑工程质量与安全管理	978-7-301-16070-1	周连起	35.00	2014.12	8	ppt/pdf/答案
19	施工项目质量与安全管理	978-7-301-21275-2	钟汉华	45.00	2012.10	1	ppt/pdf/答案
20	工程造价控制(第2版)	978-7-301-24594-1	斯庆	32.00	2014.8	1	ppt/pdf/答案
21	工程造价管理	978-7-301-20655-3	徐锡权等	33.00	2013.8	3	ppt/pdf
22	工程造价控制与管理	978-7-301-19366-2	胡新萍等	30.00	2014.12	4	ppt/pdf
23	建筑工程造价管理	978-7-301-20360-6	柴琦等	27.00	2014.12	4	ppt/pdf
24	建筑工程造价管理	978-7-301-15517-2	李茂英等	24.00	2012.1	4	pdf
25	工程造价案例分析	978-7-301-22985-9	甄凤	30.00	2013.8	1	pdf/ppt
26	建设工程造价控制与管理	978-7-301-24273-5	胡芳珍等	38.00	2014.6	1	ppt/pdf/答案
27	建筑工程造价	978-7-301-21892-1	孙咏梅	40.00	2013.2	1	ppt/pdf
28	★建筑工程计量与计价(第2版)	978-7-301-22078-8	肖明和等	58.00	2014.12	5	pdf/ppt
29	★建筑工程计量与计价实训(第2版)	978-7-301-22606-3	肖明和等	29.00	2014.12	4	pdf
30	建筑工程计量与计价综合实训	978-7-301-23568-3	龚小兰	28.00	2014.1	1	pdf
31	建筑工程估价	978-7-301-22802-9	张英	43.00	2013.8	1	ppt/pdf
32	建筑工程计量与计价——透过案例学造价(第2版)	978-7-301-23852-3	张强	59.00	2014.12	3	ppt/pdf
33	安装工程计量与计价(第3版)	978-7-301-24539-2	冯钢等	54.00	2014.8	2	pdf/ppt
34	安装工程计量与计价综合实训	978-7-301-23294-1	成春燕	49.00	2014.12	3	pdf/素材
35	安装工程计量与计价实训	978-7-301-19336-5	景巧玲等	36.00	2013.5	4	pdf/素材
36	建筑水电安装工程计量与计价	978-7-301-21198-4	陈连姝	36.00	2013.8	3	pdf/ppt
37	建筑与装饰装修工程工程量清单	978-7-301-17331-2	翟丽旻等	25.00	2012.8	2	pdf/ppt/答案
38	建筑工程清单编制	978-7-301-19387-7	叶晓容	24.00	2011.8	2	ppt/pdf
39	建设项目评估	978-7-301-20068-1	高志云等	32.00	2013.6	2	ppt/pdf
40	钢筋工程清单编制	978-7-301-20114-5	贾莲英	36.00	2012.2	2	ppt / pdf
41	混凝土工程清单编制	978-7-301-20384-2	顾娟	28.00	2012.5	1	ppt / pdf
42	建筑装饰工程预算	978-7-301-20567-9	范菊雨	38.00	2013.6	2	pdf/ppt
43	建设工程安全监理	978-7-301-20802-1	沈万岳	28.00	2012.7	1	pdf/ppt
44	建筑工程安全技术与管理实务	978-7-301-21187-8	沈万岳	48.00	2012.9	2	pdf/ppt
45	建筑工程资料管理	978-7-301-17456-2	孙刚等	36.00	2014.12	5	pdf/ppt
46	建筑施工组织与管理(第2版)	978-7-301-22149-5	翟丽旻等	43.00	2014.12	3	ppt/pdf/答案
47	建设工程合同管理	978-7-301-22612-4	刘庭江	46.00	2013.6	1	ppt/pdf/答案
48	★工程造价概论	978-7-301-24696-2	周艳冬	31.00	2015.1	1	ppt/pdf/答案
		建 筑 设 计 类					
1	中外建筑史(第2版)	978-7-301-23779-3	袁新华等	38.00	2014.2	2	ppt/pdf
2	建筑室内空间历程	978-7-301-19338-9	张伟孝	53.00	2011.8	1	pdf
3	建筑装饰CAD项目教程	978-7-301-20950-9	郭慧	35.00	2013.1	2	ppt/素材
4	室内设计基础	978-7-301-15613-1	李书青	32.00	2013.5	3	ppt/pdf
5	建筑装饰构造	978-7-301-15687-2	赵志文等	27.00	2012.11	6	ppt/pdf/答案
6	建筑装饰材料(第2版)	978-7-301-22356-7	焦涛等	34.00	2013.5	1	ppt/pdf
7	★建筑装饰施工技术(第2版)	978-7-301-24482-1	王军	37.00	2014.7	1	ppt/pdf
8	设计构成	978-7-301-15504-2	戴碧锋	30.00	2012.10	2	ppt/pdf
9	基础色彩	978-7-301-16072-5	张军	42.00	2011.9	2	pdf
10	设计色彩	978-7-301-21211-0	龙黎黎	46.00	2012.9	1	ppt
11	设计素描	978-7-301-22391-8	司马金桃	29.00	2013.4	2	ppt
12	建筑素描表现与创意	978-7-301-15541-7	于修国	25.00	2012.11	3	Pdf
13	3ds Max效果图制作	978-7-301-22870-8	刘晗等	45.00	2013.7	1	ppt
14	3ds max室内设计表现方法	978-7-301-17762-4	徐海军	32.00	2010.9	1	pdf
15	Photoshop效果图后期制作	978-7-301-16073-2	脱忠伟等	52.00	2011.1	2	素材/pdf
16	建筑表现技法	978-7-301-19216-0	张峰	32.00	2013.1	2	ppt/pdf
17	建筑速写	978-7-301-20441-2	张峰	30.00	2012.4	1	pdf
18	建筑装饰设计	978-7-301-20022-3	杨丽君	36.00	2012.2	1	ppt/素材

序号	书名	书号	编著者	定价	出版时间	印次	配套情况
19	装饰施工读图与识图	978-7-301-19991-6	杨丽君	33.00	2012.5	1	ppt
20	建筑装饰工程计量与计价	978-7-301-20055-1	李茂英	42.00	2013.7	3	ppt/pdf
21	3ds Max & V-Ray 建筑设计表现案例教程	978-7-301-25093-8	郑恩峰	40.00	2014.12	1	ppt/pdf
	规 划 园 林 类						
1	城市规划原理与设计	978-7-301-21505-0	谭婧婧等	35.00	2013.1	2	ppt/pdf
2	居住区景观设计	978-7-301-20587-7	张群成	47.00	2012.5	1	ppt
3	居住区规划设计	978-7-301-21031-4	张 燕	48.00	2012.8	2	ppt
4	园林植物识别与应用	978-7-301-17485-2	潘利等	34.00	2012.9	1	ppt
5	园林工程施工组织管理	978-7-301-22364-2	潘利等	35.00	2013.4	1	ppt/pdf
6	园林景观计算机辅助设计	978-7-301-24500-2	于化强等	48.00	2014.8	1	ppt/pdf
7	建筑·园林·装饰设计初步	978-7-301-24575-0	王金贵	38.00	2014.10	1	ppt/pdf
	房 地 产 类						
1	房地产开发与经营(第2版)	978-7-301-23084-8	张建中等	33.00	2014.8	2	ppt/pdf/答案
2	房地产估价(第2版)	978-7-301-22945-3	张 勇等	35.00	2014.12	2	ppt/pdf/答案
3	房地产估价理论与实务	978-7-301-19327-3	褚菁晶	35.00	2011.8	2	ppt/pdf/答案
4	物业管理理论与实务	978-7-301-19354-9	裴艳慧	52.00	2011.9	1	ppt/pdf
5	房地产测绘	978-7-301-22747-3	唐春平	29.00	2013.7	1	ppt/pdf
6	房地产营销与策划	978-7-301-18731-9	应佐萍	42.00	2012.8	2	ppt/pdf
7	房地产投资分析与实务	978-7-301-24832-4	高志云	35.00	2014.9	1	ppt/pdf
	市 政 与 路 桥 类						
1	市政工程计量与计价(第2版)	978-7-301-20564-8	郭良娟等	42.00	2013.8	5	pdf/ppt
2	市政工程计价	978-7-301-22117-4	彭以舟等	39.00	2013.2	1	ppt/pdf
3	市政桥梁工程	978-7-301-16688-8	刘 江等	42.00	2012.10	2	ppt/pdf/素材
4	市政工程材料	978-7-301-22452-6	郑晓国	37.00	2013.5	1	ppt/pdf
5	道桥工程材料	978-7-301-21170-0	刘水林等	43.00	2012.9	1	ppt/pdf
6	路基路面工程	978-7-301-19299-3	偶昌宝等	34.00	2011.8	1	ppt/pdf/素材
7	道路工程技术	978-7-301-19363-1	刘 雨等	33.00	2011.12	1	ppt/pdf
8	数字测图技术实训指导	978-7-301-22679-7	赵 红	27.00	2013.6	1	ppt/pdf
9	城市道路设计与施工	978-7-301-21947-8	吴颖峰	39.00	2013.1	1	ppt/pdf
10	建筑给排水工程技术	978-7-301-25224-6	刘 芳等	46.00	2014.12	1	ppt/pdf
11	建筑给水排水工程	978-7-301-20047-6	叶巧云	38.00	2012.2	1	ppt/pdf
12	市政工程测量(含技能训练手册)	978-7-301-20474-0	刘宗波等	41.00	2012.5	1	ppt/pdf
13	公路工程任务承揽与合同管理	978-7-301-21133-5	邱 兰等	30.00	2012.9	1	ppt/pdf/答案
14	★工程地质与土力学(第2版)	978-7-301-24479-1	杨仲元	41.00	2014.7	1	ppt/pdf
15	数字测图技术应用教程	978-7-301-20334-7	刘宗波	36.00	2012.8	1	ppt
16	数字测图技术	978-7-301-22656-8	赵 红	36.00	2013.6	1	ppt/pdf
17	水泵与水泵站技术	978-7-301-22510-3	刘振华	40.00	2013.5	1	ppt/pdf
·18	道路工程测量(含技能训练手册)	978-7-301-21967-6	田树涛等	45.00	2013.2	1	ppt/pdf
19	桥梁施工与维护	978-7-301-23834-9	梁 斌	50.00	2014.2	1	ppt/pdf
20	铁路轨道施工与维护	978-7-301-23524-9	梁 斌	36.00	2014.1	1	ppt/pdf
21	铁路轨道构造	978-7-301-23153-1	梁 斌	32.00	2013.10	1	ppt/pdf
	建 筑 设 备 类						
1	建筑设备基础知识与识图(第2版)	978-7-301-24586-6	靳慧征等	47.00	2014.12	2	ppt/pdf/答案
2	建筑设备识图与施工工艺	978-7-301-19377-8	周业梅	38.00	2011.8	4	ppt/pdf
3	建筑施工机械	978-7-301-19365-5	吴志强	30.00	2014.12	5	pdf/ppt
4	智能建筑环境设备自动化	978-7-301-21090-1	余志强	40.00	2012.8	1	pdf/ppt
5	流体力学及泵与风机	978-7-301-25279-6	王 宁等	35.00	2015.1	1	pdf/ppt/答案

　　相关教学资源如电子课件、电子教材、习题答案等可以登录 www.pup6.com 下载或在线阅读。

　　扑六知识网(www.pup6.com)有海量的相关教学资源和电子教材供阅读及下载(包括北京大学出版社第六事业部的相关资源），同时欢迎您将教学课件、视频、教案、素材、习题、试卷、辅导材料、课改成果、设计作品、论文等教学资源上传到 www.pup6.com，与全国高校师生分享您的教学成就与经验，并可自由设定价格，知识也能创造财富。具体情况请登录网站查询。

　　如您需要样书用于教学，欢迎登录第六事业部门户网(www.pup6.cn)申请，并可在线登记选题来出版您的大作，也可下载相关表格填写后发到我们的邮箱，我们将及时与您取得联系并做好全方位的服务。

　　联系方式：010-62756290，010-62750667，yangxinglu@126.com，pup_6@163.com，欢迎来电来信咨询。